河海大学"211工程"三期资助研究生系列教材

U0381159

有机污染化学

CHEMISTRY OF
ORGANIC POLLUTION
(2ND EDITION)

（第二版）

陆光华　　刘建超◎编著

河海大学出版社
HOHAI UNIVERSITY PRESS
·南京·

内 容 简 介

本教材共八章，内容包括环境中的有机污染物、有机污染物的迁移、有机污染物的转化、有机污染物的生态效应、有机分子结构描述符、有机物结构-性质-活性关系、有机污染环境的生物修复及新型有机污染物的研究进展等。本教材着眼于运用化学的理论和方法研究潜在有害有机物在环境中的迁移、转化规律及对生态环境的影响，重点阐述典型有机污染物的环境行为及生态和人类健康风险。同时针对本领域热点研究问题，系统介绍研究思路、研究方法和最新研究进展。

本书作为环境相关专业研究生的专业基础课教材，在讨论各圈层污染化学时，对相关的基础环境化学理论和知识要点进行了梳理，在此基础上，围绕学科发展前沿和学术热点进行研究案例分析，同时给出了重要专业术语的中英文对照。这些特点对于环境相关专业研究生夯实专业基础和从事科学研究，都有所裨益。

本教材自 2011 年出版以来，一直在学术型和专业型研究生课程中连续使用。本次再版，笔者结合长期研究生培养和教学实践过程中的积累，充分吸收国内外环境领域有机污染物相关研究的前沿成果，融入环保行业发展的新知识、新技术、新工艺、新方法，对相关知识点和研究案例进行了更新和优化设计。

图书在版编目(CIP)数据

有机污染化学 / 陆光华，刘建超编著. - - 2 版. - -
南京：河海大学出版社，2020.12
　　ISBN 978 - 7 - 5630 - 6792 - 3

　　Ⅰ. ①有… 　Ⅱ. ①陆… ②刘… 　Ⅲ. ①有机污染物—
环境污染化学 　Ⅳ. ①X131

　　中国版本图书馆 CIP 数据核字(2020)第 269019 号

书　　名	有机污染化学(第二版)	
书　　号	ISBN 978 - 7 - 5630 - 6792 - 3	
责任编辑	张　砾　沈　倩	
特约校对	王新月　董　涛	
封面设计	徐娟娟	
出版发行	河海大学出版社	
地　　址	南京市西康路 1 号(邮编:210098)	
电　　话	(025)83737852(总编室)　(025)83722833(营销部)	
经　　销	江苏省新华发行集团有限公司	
排　　版	南京布克文化发展有限公司	
印　　刷	广东虎彩云印刷有限公司	
开　　本	718 毫米×1000 毫米　1/16	
印　　张	21.5	
字　　数	433 千字	
版　　次	2020 年 12 月第 1 版	
印　　次	2020 年 12 月第 1 次印刷	
定　　价	48.00 元	

目录

第一章

环境中的有机污染物

随着近代工农业的发展,有机化合物的生产、使用和排放与日俱增,其污染遍及全球的各个角落,如河流、湖泊、海洋以及地下水等。甚至在一些人类涉足稀少的地区,如南北极、高山雪地等,也可觅其踪迹。这些物质进入环境,积累在植物和动物组织里,甚至进入生物生殖细胞,破坏或者改变遗传物质,影响子代发育和种群健康。有机化合物的环境污染已成为全球性环境问题之一。

第一节 水体中的有机污染物

水体中的有机污染物主要来源于生活污水、工业废水和农业废水。生活污水包括各种洗涤水,总特点是氮、硫、磷含量高,有机污染物多为天然有机质,如尿素、蛋白质、纤维素、脂肪、淀粉、糖类等。农业废水包括农村污水和灌溉排水,是水体有机污染的广大面源,直接导致水体农药污染和水体富营养化。工业废水是造成我国水环境污染的主要污染源,工业废水排放量占废水总排放量的三分之二,且排放的有机污染物组成复杂,种类繁多。

一、 耗氧有机污染物

工业废水和生活污水中,含有大量的碳氢化合物、蛋白质、脂肪、木质素等有机污染物。这些物质排入河流、湖泊和水库里,被分解时会消耗水中的氧,故称这些污染物为耗氧有机污染物。其污染程度可用溶解氧(DO)、5 日生化需氧量(BOD_5)、化学耗氧量(COD)、总有机碳(TOC)、总需氧量(TOD)等各种指标来表示。

天然水体内溶解氧浓度一般为 $5\sim10\ mg/L$。有机物质排入水体后,先被好氧微生物分解,使水中的溶解氧急剧降低.造成溶解氧缺乏。如果水中溶解氧耗尽,有机物又被厌氧微生物分解,即发生腐败现象,产生甲烷、硫化氢、氨等恶臭物质,使水变质发臭。

在污水中除了大部分是含碳的有机物外,还有一类含氮的有机物,如蛋白质、尿素等。由于水中某些微生物的作用,在含氮有机物进入水中时,会逐渐被分解,变为组成较简单的化合物。例如,蛋白质分解成氨基酸及氨等。

如果水中没有氧,氨就是有机氮分解后的最后产物。如果水中有氧,则先将氨氧化成亚硝酸盐,进而氧化成为硝酸盐。这样,复杂的有机氮化合物就变为无机化合物——硝酸盐。硝酸盐是含氮有机物分解后的最终产物。

二、 有机金属结合物

水体中有很多金属污染物。在多数情况下,水中的金属均以有机络合物或化合物状态存在。其中水体中常见的配位体有:氰根、草酸根、羟基、甲基、乙基、吡啶、腐殖质、腐殖酸等。环境水体中如有简单配位体则形成简单络合物,如$(CH_3)_2Pb$、$[Zn(NH_3)_6]^{2+}$等。如果遇到复杂配位体,则会形成复杂的螯合物。

水体中许多天然有机物质(如植物残体、泥炭腐核质、微生物和动植物生活过程中所分泌的有机物质)以及许多人工合成有机物质(如洗涤剂、农药、表面活性剂等),都会有一些螯合配位体,它们能与重金属生成一系列稳定的螯合物。在水体有机螯合剂中,腐殖质是最重要的螯合剂,腐殖质能起螯合作用的主要基团是分子侧链上的各种含氧官能团,如—COOH、—OH,可能还有>C═O 和—NH$_2$ 等。环境中几乎所有的重金属离子与腐殖质均能形成螯合物。腐殖质与 Fe、Al、Ti、U、V 等金属离子形成的螯合物易溶于中性、弱酸性、弱碱性环境中,使这些元素以螯合物形式迁移。有人估测,淡水中 90% 以上的铜和汞都被腐殖质所络合,而其他金属以这种方式被束缚的不到 11%,海水中 99% 以上的腐殖质都与钙和镁络合,原因是钙和镁的浓度相当高。

在污染水体中,研究比较多的有机金属化合物是汞、锡、铅等,通常把硅、硒、砷与碳相连的化合物也列为有机金属化合物。

汞在工业上消耗量很大,常用作汞齐、催化剂等,在医药上亦有广泛的用途。当汞进入环境后,首先形成甲基汞进而污染环境。日本水俣事件就是由于在醋酸酐转变为氯乙烯的生产过程中,使用硫酸汞作催化剂,使无机汞转变为甲基汞。有机汞主要是指 CH_3Hg^+ 和 CH_3HgCH_3。此外还有杀菌剂,如 CH_3HgCl、C_2H_5HgCl、C_6H_5HgCl 等。

有机锡化合物广泛应用于农业、化工、交通、卫生等方面,与其他有机金属相比,其商品种类最多。醋酸三苯基锡、氢氧化三苯基锡在农业上用于防治真菌引起的农作物病害,它们还能使昆虫产生厌食性,也是昆虫的化学绝育剂。三丁基锡具有杀死革兰氏阳性菌的能力,可以作为木材防腐剂、消毒剂。为了防止海洋中船虫对木材船壳的侵蚀,可使用加入三丁基锡或三苯基锡毒性添加剂的海洋油漆;聚氯乙烯(PVC)在高温条件下(180～200 ℃)或在长时间受光照射后会放出 HCl,导致发黄变脆,如果在 PVC 中加入二烷基有机锡和一烃基有机锡作为化学稳定剂则能防止其老化。加入有机锡的 PVC 多用于制造轻便水管、排水管、食品级 PVC 材料、屋顶材料、玻璃窗材料和窗架等。二氯化二甲基锡、二氯化一甲基锡和三氯化一丁基锡可以代替四氯化锡,用作玻璃上二氧化锡镀层材料。当有机锡蒸气与热玻璃表面接触时(500～600 ℃),有机锡分解并氧化,在玻璃表面形成氧化锡薄层。用这种方法处理的玻璃具有抗破裂性、光泽性和导电性等,控制二氧化锡厚度可制造出特性不同的玻璃。另外,有机锡还用作硅酮硫化的催化剂,以及乙醇和异氰酸盐生成聚氨酯的酯化反应的催化剂等。

有机铅化合物是有机金属化合物中的一大分支,数量有 1 200 余种,但环境化学家们最关心的只是种类有限的四烷基铅、它们的盐及其分解产物。四烷基铅作为汽油添加剂,用量多,毒性大,运输和使用过程中会"跑、冒、滴、漏"进入环境。据统计,1977 年西方国家铅产量的 10% 用作汽油添加剂,但由于后来限制了汽油中的铅量,1983 年已降为 5%。水中四甲基铅和四乙基铅易被二氧化硅吸附,二氧化硅还会加速它们分解,它们进入水体后,易变为水溶性铅化物。

硒是一种分散性元素,几乎所有生命和原生命物质中都有微量硒,对于有机硒在天然水中存在与否一直是有争议的。在某些缺氧水域,发现有机硒浓度很大,认为与氨基酸总浓度有关。大多数有机硒是在活性机体内经代谢而产生硒的蛋白质衍生物,如硒代胱氨酸和硒代蛋氨酸。硒在环境中可甲基化,主要是生物甲基化,其结果生成二甲基硒、二甲基联硒等。

三、 石油化工有机污染物

随着石油工业的发展,石油对水体的污染愈来愈严重。主要污染途径包括:① 船舶带入。目前石油总产量的 60% 由海上运输,石油随洗舱水、压舱水和其他含油废水进入水体,再加上船舶事故,污染很严重。② 工业排放含油的水。据估计全世界每年排入河流和海洋的石油为 300 万～500 万 t。③ 海底开采石油。全世界约有 40% 的石油来自海底,海底油田开发,特别是井喷会把大量石油注入海中。④ 大气石油烃的沉降。全世界每年由工厂、船舶、车辆排放逸入大气的石油烃大约有 6 800 万 t,其中绝大部分被氧化,还有 400 万 t 通过沉降返回地表,污染水体。

石油比水轻,新鲜原油的比重为 0.829～0.896,油品进入水体后,首先成为浮油,在油膜扩展和漂流过程中,石油轻组分(C_1～C_5)迅速挥发,估计新鲜原油能挥发 25%～30%,低碳芳香烃(C_6～C_8)和烷烃(C_4～C_8)及一些非碳氢化合物溶解在动荡水体中,在水面形成油膜。低碳直链烷烃的溶解度大致与它们的蒸汽压成正比。每增加二个碳,溶解度下降 10 倍,如 C_6 的溶解度为 100 mg/L,C_{16} 为 0.001 mg/L。

浮油在水体中,由于风浪击荡,会发生乳化作用,成为乳化油。乳化油滴平均

直径为 $0.5~\mu m$,体积为 $6\times10^{-14}~mL$,表面积为 $8\times10^{-9}~cm^2$。依此计算 1 mL 油约产生 1.6×10^{13} 个油滴,总面积约为 13 m^2。

油膜、油滴可贴在水体中的微粒上或水生生物上,不断下沉和扩散。油质进入水体后,会向水体表面和深处扩展,污染范围愈扩愈大。

石油的主要成分是烃类,占 $97\%\sim99\%$,按其分子结构的不同,主要可分为烷烃类(C_nH_{2n+2})、环烷烃类(C_nH_{2n})、芳香烃类(C_nH_{2n-6})三类,其余是含氧化合物(如苯酚)、含硫化合物(如硫醇)和含氮化合物,它们通常只占石油成分的 $1\%\sim2\%$。

现就石油及石油化工中几种主要污染物叙述如下:

1. 甲烷(CH_4)

甲烷俗名沼气,纯品为无色、无味、无毒的可燃性气体,相对密度为 0.466(在沸点时),微溶于水。天然气中含甲烷 $80\%\sim97\%$,沼气中含甲烷 70%。在水体环境中,树叶、树枝等所含的纤维素在水底经微生物的作用,腐烂分解而产生甲烷。它亦是水体发生甲基化的主要材料。

2. 环己烷(C_6H_{12})

环己烷又名六氢化苯,分子量为 84.16,是一种无色有汽油气味的液体,相对密度为 0.779,熔点 6.5 ℃,沸点 87.7 ℃,易挥发,易燃烧,在水中溶解度为 0.12 g/L,有毒。氧化后可得环己酮或己二酸。环己烷存在于塑料、合成纤维、酚等生产废水中,在聚乙烯纤维生产废水中其浓度为 70 mg/L。根据卫生毒理指标,规定生活饮用水体中环己烷最高允许浓度为 0.1 mg/L,渔业水体中的最高允许浓度为 0.01 mg/L。

3. 苯(C_6H_6)

苯为无色液体,易燃,分子量为 78.12,熔点 55.53 ℃,沸点 80.1 ℃,在 22 ℃水中的溶解度为 0.82 mg/L。在石油化工、化学制药、有机合成、合成橡胶、塑料、炸药、离子交换树脂、油漆、涂料、人造革及焦化厂等废水中苯的含量在 $100\sim150$ mg/L 范围内。

4. 酚类化合物

酚是芳香烃的衍生物,在芳香环上含有羟基(—OH)的化合物称为酚类化合物。根据羟基数目多少可以分为单元酚,如苯酚、甲酚(邻甲酚、对甲酚、间甲酚)、二甲酚(2,4-二甲酚,3,5-二甲酚)、2-萘酚、β-萘酚等;芳香环上有两个羟基的称为二元酚,如邻苯二酚、间苯二酚、对苯二酚;芳香环上有三个以上羟基的称为多元酚,如均苯三酚又名间苯三酚、联苯三酚等。

酚类化合物具有特殊的臭味,易溶于水,易被氧化。苯酚是酚类化合物中最简单的一种,简称酚,俗称石碳酸。常温下可挥发,放出一种特殊的芳香刺激性臭味。久存后易被空气氧化,呈淡红色、红色或褐红色,易溶于水。

甲酚又称煤酚，为无色或红黄色的液体，在空气中遇日光可变为棕色或棕黑色，易溶于碱性溶液、多种有机溶剂以及肥皂溶液，其 50％ 的肥皂溶液，俗称来苏儿。通常市售的甲酚多为几种异构体的混合物。

甲酚和苯酚的化学活性及毒性类似，在空气和水中两者多同时存在，故一般都同时测定，并换算成苯酚含量。

五氯酚为白色针状结晶，几乎不溶于水，能溶于多种有机溶剂，其钠盐即为五氯酚钠，为白色固体，粗制品为深灰色粉末，易溶于水，有强烈的臭味。因它们对各种微生物及昆虫具有很强的毒杀能力，故主要用于防腐、防霉等。

自然界存在着 2 000 余种酚类化合物，大部分是植物生命活动的结果。随着工业生产的发展，酚污染主要是指含酚废水对水体的污染。产生含酚废水的工业企业很多，主要有焦化厂、煤气发生站、炼油厂、石油化工厂、造纸厂、塑料厂、农药厂、印刷厂、木材防腐厂等。一般来说，每生产 1 t 焦炭生成 0.2～0.3 t 含酚废水。炼油废水含挥发酚量为 1.0～1.5 g/L，工业煤气发生站废水含酚 1.0～3.2 g/L。产生酚及酚类化合物的车间废水中含酚浓度 15 g/L，有的为 30～40 g/L。酚对植物生长、动物生存均有毒害。

5. 硫醇

硫醇是难溶于水的物质，有强烈的特殊气味，主要存在于石油加工生产和硫酸盐纸浆工业废水中，在硫酸盐纸浆工业废水中浓度为 330～670 mg/L。

甲硫醇在硫醇盐纸浆厂生产废水中浓度为 33.2～668 mg/L，嗅觉阈为 0.000 25 mg/L。乙硫醇在水中的嗅觉阈为 0.000 19 mg/L，对鱼的致死浓度为 0.4 mg/L。丁硫醇在水中的嗅觉阈为 0.006 mg/L，含量达 0.06 mg/L 时鱼肉即有难闻的气味。戊硫醇在水中的嗅觉阈为 0.02 mg/L。

四、 水体中有机致癌物质

癌症是目前世界上死亡率高的高发病之一，人类癌症 90％ 左右是由环境因素引起的。在致癌的环境因素中，已知有化学致癌、生物致癌和物理致癌三个因素，其中化学致癌是主要因素。到目前为止，共调查了 6 000 余种化学物质，其中有六分之一到四分之一有致癌性，还有一些能引起致畸和致突变作用。

水体中的致癌物质，大部分是因污染而带入的，也有在水中发生化学变化而产生的。例如，炼焦废水中的焦油中含有多种致癌芳香烃；印染废水的染料中含有多种致癌芳香胺；农药中的有机氯化合物；富含腐殖质的饮水加氯消毒产生的致癌氯代烃；植物营养物中的亚硝基化合物；富含氮素的水体在缺氧环境中产生的胺类化合物等。目前已确证的水中的有机致癌物质及其致癌部位见表 1-1。

表 1-1 确证的水中有机致癌物质及其致癌部位

有机化合物名称	肿瘤部位	
芳香族胺	1. 二苯肼胺、酰胺、硝基化合物	肝、乳腺、Zymlsd 腺
	2. 乙酰胺	肝、胃、中枢神经系统、乳腺、Zymlsd 腺
	3. 丙烯腈	
二恶烷类	4. 1,4-二恶烷	肝
卤代脂烷烃	5. 四氯化碳	肝
	6. 氯仿	肝、肾
	7. 双氯乙基醚	肺
	8. DDT	肝
	9. 1,2-二氯乙烷	子宫内膜、乳腺、肺、前胃、循环系统
	10. 碘代甲烷	肺
卤代脂环烃	11. 狄氏剂	肝
卤代芳香烃	12. 六氯苯	甲状腺、肝
	13. 2,4,6-三氯苯酚	肝、造血系统
单环芳香烃	14. 苯	造血系统
	15. 苯并芘	皮肤、前胃、腹部、肺、乳腺
多环芳香烃	16. 苯并荧蒽	皮肤
	17. 茚并(1,2,3-cd)芘	皮肤
乙烯基卤化物	18. 4,4'-DDE	肝
	19. 氯乙烯	肝脑、血、淋巴、肺、肾、Zymlsd 腺
	20. 亚乙烯基氯	肾、肺、肝、乳腺

五、 肥皂、洗涤剂和洗涤剂助剂

肥皂是高级脂肪酸盐。例如,硬脂酸 $C_{17}H_{35}COOH$ 和 NaOH 反应生成的硬脂酸钠 $C_{17}H_{35}COO^-Na^+$。普通肥皂里另外两个常见的组分是棕榈酸钠 $C_{17}H_{31}COO^-Na^+$ 和油酸钠 $C_{17}H_{33}COO^-Na^+$。

肥皂的清洁作用主要是来自它的乳化能力。这个概念可以从肥皂的阴离子的双重性来了解。结构分析表明,硬脂酸根是由一个离子化羧酸根为"首"和一个长链烃为"尾"组成。当有油、脂肪及其他不溶于水的有机物存在时,肥皂阴离子"尾部"倾向于溶解在有机物中,而"头部"仍保留在水中。因此,肥皂将水中有机物乳化或悬浮起来了。在此过程中,阴离子形成了"胶束"。肥皂能降低水的表面张力。25 ℃时,纯水的表面张力是 71.8 dyn/cm,而溶解了肥皂后就降低为 25~30 dyn/cm。

肥皂用作清洁的缺点是它与二价阳离子反应生成难溶的脂肪酸盐,通常是钙盐和镁盐,它们根本不起清洁剂的作用。此时,这些难溶的"凝结物"会在衣服和洗衣机上形成难看的斑点。如果肥皂用量足够多时,它与水中所有的二价阳离子作用形成难溶的脂肪酸盐,从而把这些阳离子除去,过量的肥皂起到了很好的清消作用。这种方法常用于洗澡或洗脸,因为此时允许有难溶的钙镁沉淀物存在。然而肥皂用作洗衣时,洗衣用水必须除去水中的钙和镁或使之与聚磷酸盐络合,使水得到软化后方可采用。

虽然难溶的钙、镁盐类的形成使肥皂在洗衣服、器皿和其他物质时实际上失去了清洁剂的作用,但从环境保护的角度来看具有明显的优点。当肥皂刚进入污水中,通常就与钙或镁盐形成沉淀,这样就可消除肥皂在水体中可能造成的影响。最后通过生物降解作用,肥皂就可从环境中完全除去,除了产生不多的泡沫之外,不会引起很大的污染问题。

合成洗涤剂具有较好的清洁效果。它与钙和镁等"硬度离子"不形成难溶的盐。这种合成洗涤剂是较强酸的盐。因此,在酸性水中它不会沉淀出来,而这正是肥皂的不良特征。

合成洗涤剂常含有表面活性剂(surfactant),它可降低水的表面张力,增加水的"润湿性"。直到 20 世纪 60 年代初期最常用的表面活性剂是烷基苯磺酸盐 ABS,它是烷基苯的磺化产物:

ABS,烷基苯磺酸盐

ABS 的结构中含有支链,所以它的生物降解速率很小。非生物降解的洗涤剂,在污水处理厂及污水出口处出现了明显的泡沫层,干扰了污水处理厂的操作。有时,活性污泥厂的整个曝气池都被泡沫覆盖。这种难降解的洗涤剂对污水处理还有许多不良影响,例如,降低污水的表面张力,影响胶体的反絮凝作用,造成固体的漂浮,油脂和油的乳化,影响有益细菌正常生长等。因此,ABS 就被可生物降解的 LAS 所代替。LAS 即 α-十二烷基苯磺酸盐,它的通式为:

LAS,α-十二烷基苯磺酸盐

LAS 结构中苯环的位置可连接在除烷基链两端以外的任何碳原子上。因为 LAS 的烷基部分没有支链,也不含对生物降解有害的叔碳原子,所以 LAS 的可生物降解性较 ABS 强。自从 LAS 取代了 ABS 以后,洗涤剂中表面活性剂引起的问题(例如对鱼的毒性)大大减少,同时水中表面活性剂的含量亦显著降低。

洗涤剂引起的环境问题并不是由于改善水的润湿性的表面活性剂,而是由于加入了洗涤剂助剂。它与硬度离子结合使洗涤剂溶液至碱性,并且大大改善了洗涤剂中表面活性剂的作用。固体洗涤剂商品一般含有 10%～30% 的表面活性剂。此外,大多数洗涤剂仍含有聚磷酸盐(1982 年的产品约含 6%),它与钙离子络合起到洗涤剂助剂的作用。洗涤剂的其他组分包括防腐性的硅酸钠,酰胺类泡沫稳定剂,固体悬浮剂羧基甲基纤维素,稀释剂 Na_2SO_4 和其他吸附水的成分。所有这些物质中聚磷酸盐是最引人关注的环境污染物。磷酸盐洗涤剂被认为是水中磷酸盐的主要来源。人们普遍认为磷酸盐是天然水体中最易控制的必需的藻类营养物。从洗涤剂中去除磷酸盐已成为改善环境的主要目标。现在一些地方已经颁布了限制磷酸盐洗涤剂的法规,而要寻找一种满意的物质代替聚磷酸盐还是比较困难的。可导致沉淀的洗涤剂助剂例如碳酸钠、硅酸钠可沉淀钙离子成为碳酸盐和硅酸盐。这些难溶的产物可沉积在衣服上,并使其发硬。有些含有导致沉淀的助剂使洗涤剂碱性增强,以致引起公害。还有的助剂是强络合剂,从重金属离子迁移来考虑,这类助剂也有未解决的问题。

第二节 大气中的有机污染物

大气中的有机污染物主要来自各种天然源和人为污染源。大气中有机污染物的作用可分为两大类:第一类包括直接作用,例如由于接触氯乙烯而引起癌症;第二类作用就是形成二级污染物,特别是在光化学烟雾的生成中,这种作用通常比较重要。

一、天然源有机污染物

在大气中发现的有机化合物大多是由天然源产生的。在这些来源中植物是最重要的。由植物来源释放到大气中的不同化合物,其总数为 367 种。其他的天然来源包括微生物、森林火灾、动物废料和火山。

乙烯是由植物排放的最简单的有机化合物之一,可由种类繁多的植物产生并排放到大气中。由于乙烯含有双键,它很容易与大气中的羟基自由基(HO·)和氧化物质反应。来自植物源的乙烯是大气化学过程中一个活泼的参与者。

大多数由植物排放出来的烃类是萜烯族。萜烯是可通过水蒸气蒸馏获得的一大类有机化合物,主要存在于精油中。能产生萜烯的植物大多数都属于松柏科、桃金娘科和柑橘属。α-蒎烯是松节油的主要成分,是由树木排出的最常见的萜烯之一。在柑橘果实和松针中发现了萜烯苎烯,在三角叶杨、核树属植物、栎属植物、甜树胶以及白色云杉树排出的化合物中鉴定出异戊烯(2-甲基-1,3-丁二烯)。树木排出的其他已知的萜烯还包括β-蒎烯、香叶烯、罗勒烯和α-萜品烯。

萜烯由若干个异戊二烯单位组成,通常每一个分子具有两个或更多的双键。由于这些结构特征,萜烯是大气中最易反应的化合物之一。萜烯能迅速与羟基自由基反应,同时它也与大气中其他的氧化剂反应,特别是臭氧。松节油是一种常见的混合物,由于它与大气中的氧反应生成过氧化物,然后形成硬树脂,已广泛应用于油漆中。在大气中,α-蒎烯和异戊烯等化合物很可能进行类似的反应而生成特殊的物质。

酯类是植物排出的含量最大的化合物。这些酯类化合物是许多植物具有芳香味的主要原因。作为植物挥发性物质而产生的典型酯类有香茅醇甲酸酯、乙酸肉桂酯、丙烯酸乙酯、松柏醇苯甲酸酯等。尽管酯的含量及种类变化很大,但由于其排放到大气中的浓度很小,因此它们不大可能对大气化学过程有明显的影响。

二、 人为源有机污染物

1. 大气中的脂肪烃

由于烃类在燃料中的广泛应用,它们也是大气有机污染物的主要成分。石油产品,主要是汽油,是大气中发现的由人类活动带来的大多数烃类污染物质的来源。烃类可以直接或作为其他烃类的不完全燃烧的副产物进入大气。这些副产物不饱和且相对活泼。大多数烃污染源产生 45％左右的活泼烃类,在未控制的汽车尾气中仅有大约三分之一的烷烃,剩余的部分可分为大约相等的相对活泼的烯烃和芳烃。

烯烃由各种过程进入大气,包括由内燃机和涡轮机、铸造工序和石油精炼的排放过程。这些化合物主要用作单体,它们进行聚合反应产生高聚物,后者用作塑料(聚乙烯、聚丙烯、聚苯乙烯)、合成橡胶(丁苯橡胶、聚苯乙烯)、乳胶漆(丁苯橡胶)以及其他用途。

所有这些化合物在大气中的含量都很低。烯烃除了直接排放外,还可以由烷烃的不完全燃烧和在高温下裂解产生,特别是在内燃机中形成。

在大气中发现的典型炔烃是乙炔和 1-丁炔,前者用作焊接的燃料,后者用于合成橡胶的制备。与烯烃相比,这些化合物在大气中一般比较少见。

2. 大气中的芳香烃

芳香族化合物被广泛用于工业,它们除了用作溶剂外,还被用来制备其他的化学试剂,例如在高聚物中的单体和增塑剂。在前面提到苯乙烯作为塑料的单体以及合成橡胶的组分。无铅汽油的重要组分是单环芳香化合物,它替代了含铅汽油。此外,芳香族化合物是作为燃烧副产物而产生的,因此这些化合物是大气中常见的污染物。

大气已发现大约 55 种含有一个苯环的烃类以及大约 30 种萘的烃类衍生物。此外,几种含有两个或更多个非共轭环(在环与环之间不共享同一个 π 电子云)的化合物,作为大气污染物已被检测出来。必须指出的是,这些芳香烃中许多是作为烟草烟雾的主要组分被检测出来的,所以它们在室内环境的重要性比在室外环境大得多。

由于多环芳烃(PAHs)的蒸气压很低,它们以气溶胶的形式存在于大气中。这些化合物是烃类中最稳定的,并且具有低的氢碳比,它们是通过所有的烃类,甚至像甲烷一样简单的烃类的不完全燃烧而生成的。煤的氢碳比略小于1,所以它的不完全燃烧或高温分解是多环芳烃的主要来源,且多环芳烃以颗粒物存在于大气中。含碳和氢的有机物在超过 700 ℃的高温下热解或不完全燃烧时均可生成

PAHs。如果有机物还含有其他元素，如氧、氮、硫等，就可能生成带有杂环的多环芳烃。由于在环境中热解和不完全燃烧现象到处都可发生，因此这类污染物在大气环境中存在比较普遍。表 1-2 中列出了我国北京地区苯并（a）芘（BaP）的排放情况。估计全世界 BaP 的排放量约为 5 000 t/a。

大量研究表明，多环芳烃是分布最广的致癌物质之一，而 BaP 则是其中致癌最强者。BaP 最早是从煤焦油中分离出来的，从致癌角度说，属于间接致癌物质。即 BaP 进入人体后，经过酶的作用，形成代谢产物，成为最终致癌物质（二氢二醇环氧化物）才能引起癌变。

表 1-2　北京市 1982 年大气中 PAH 和 BaP 浓度及每人每日吸入量

地区 季节	对照 （圆明园）		居民区 （东城）		商业区 （西单）		工业区 （石景山）	
	冬	夏	冬	夏	冬	夏	冬	夏
BaP(ng/m³)	21.39	3.80	66.44	9.84	45.80	8.49	39.07	15.91
每日每人吸入量（ng）	86	15	222	39	183	34	156	64
PAH(ng/m³)	234.89	41.71	763.19	103.64	592.80	98.53	475.14	170.89
每日每人吸入量（ng）	940	167	3.12	415	2 371	394	1 901	648

3. 大气中的醛和酮

醛和酮是应用广泛的工业化试剂。例如，在美国每年生产 10^9 kg 甲醛，用来制造塑料、树脂、油漆、染料和炸药。甲醛在大气中以气态存在。与气溶胶缔合的典型甲醛，其含量在内陆大气中为 40 ng/m³，在城市大气中为 65 ng/m³，而在干净的沿海大气中则少于 2 ng/m³。虽然这些浓度水平比大气中气相甲醛要低得多，但比通过甲醛的水溶解度和其在气相中的浓度所预计的浓度水平约高 10^3 倍，这个矛盾可归因于气态甲醛和包含在气溶胶颗粒物内的物质（如双硫化物、醇类、酚类和胺类）之间生成加成化合物。

在其他重要的羰基化合物中，乙醛是广泛生产的有机化学试剂，用来制造乙酸、塑料等。丙酮作为溶剂应用于橡胶、皮革和塑料工业，每年生产近 10^9 kg。

羰基化合物除了通过烃类的光化学氧化反应产生，还可以由许多来源和工艺过程进入大气，主要包括内燃机废气的直接排放、喷漆、聚合物的制造、印刷、石油化学试剂以及油漆的生产。甲醛和乙醛由微生物制造，而且乙醛由某种植物排放。乙醛作为大气中自由基的来源仅次于 NO₂，乙醛通过吸收光子而产生自由基。这是因为羰基是一个生色基，一个易于吸收光谱中近紫外区光的分子基团。通常，醛吸收一个光子生成活泼的化合物,这个化合物离解为甲醛自由基(HCO)和烷基自由基。

由于存在双键和羰基,大气中的不饱和醛是特别活泼的。最常见的是丙烯醛。它是一种强的催泪剂,可用作工业化学试剂,并且是作为燃烧的副产物而生成。

酮在大气中常常发生光化学离解。在连接羰基和烷基的键中,有一个键发生离解,产生的自由基与大气中的 O_2 以及其他化学物质反应。

4. 大气中其他含氧化合物

大气中其他类型的含氧有机化合物,包括脂肪醇、酚类、醚类和羧酸。

虽然醇类有许多用途,但常见的用途是制备其他化学试剂。甲醇被广泛用作溶剂以及在与水的混合物中作为防冻剂。乙醇是普遍应用的溶剂,也是生产乙醛、乙酸、乙醚、氯乙烷、溴乙烷以及几种重要酯(如乙二酸乙二酯)的原料。甲醇和乙醇与汽油的混合物均能用作摩托车的燃料,乙二醇是一种常见的抗冻化合物。

大气中的许多脂肪醇具有挥发性,这也导致它们在大气污染物中占主要地位。排放到大气中的其他醇有 1-丙醇、2-丙醇、丙二醇、1-丁醇,甚至包括十八(烷)醇。醇能进行光化学反应,反应的起点是羟基自由基将氢除去。较低级的醇易溶于水,而较高级的醇具有低蒸气压。

已知大气中的不饱和醇大多数是燃烧副产物。典型的不饱和醇是 2-丁烯-1-醇,可从汽车尾气中检测出。

酚作为水污染物比大气污染物更为人所熟知,常见的酚有苯酚、邻-甲酚、间-甲酚、对-甲酚、α-萘酚。酚由煤的热解产生,而且是炼焦工业的主要副产物。因此,在煤炼焦以及类似工序的局部场所中,酚可能是难处理的空气污染物。

相对其他含氧有机化合物而言,醚在大气污染物并不常见,但是乙醚蒸气在密闭的工作场所中具有易燃性。两种环醚环氧乙烷和环氧丙烷是重要的工业化学试剂,环氧乙烷是乙二醇生产过程中的一个中间体。环醚四氢呋喃是重要的工业溶剂。

大气中存在大量的羧酸,这些羧酸中大多数可能是有机化合物光化学氧化反应的产物。由于有机酸的低蒸气压和高水溶性,它们是大气中气溶胶的常见组分,也是大气中清除的有机物质中常见的形式之一。大气中有机酸可以通过气相反应形成,也可以通过溶解在水溶胶的其他有机物质的反应而生成。

5. 大气中的有机卤化物

有机卤化物广泛用作溶剂、工业化学试剂生产的起始原料。由于有机卤化物的挥发性和持久性,它们容易进入大气,是常见的大气污染物。三种比较重要的低分子量有机氯化合物是二氯化乙烯、氯乙烯和过氯乙烯。氯乙烯用于聚氯乙烯塑料的生产,长时间或过分暴露于氯乙烯中,可导致血管内瘤的生成。二氯化乙烯致癌的可能性仍然是一个有争议的问题。

大气中三种最大量的有机氯化物是氯甲烷 CH_3Cl、甲基氯仿 CH_3CCl_3 和四氯化碳 CCl_4。氯甲烷的平均对流层浓度，按体积计算大约为 0.61×10^{12} L/L，而四氯化碳则大约是 0.12×10^{12} L/L。四氯化碳和甲基氯仿来源于人类活动。作为工业生产及用途的产物甲基氯仿每年排放到全球大气中的量约为 7×10^9 g。这个化合物在大气中相对稳定，残留时间估计为 1～8 年。因此，甲基氯仿可以与氟氯烃同样的方式威胁同温层中的臭氧层。氯甲烷在大气中的寿命为 2～3 年，并且相对浓度较高。它不是一种最广泛生产的有机化学试剂，所以有人提出海洋可能是它们的天然来源。

有机卤化物以蒸气相或与气溶胶混合而进入大气。近年减少了氯化烃农药的使用，使得这些化合物在大气中的含量降低。停止生产多氯联苯以后，一般是通过燃烧含有多氯联苯的物质而进入大气的。这些防火耐降解化合物广泛用作电容和变压器中的液体非电介质冷冻剂。其他用途包括黏合剂、印刷和复印纸、油漆中的增塑剂以及工业用液体的强加剂。后者一般应用于真空泵、液压系统和滑轮机。

多氯联苯从应用和处理它们的地点散布到地球的周围，其主要的方式可能是大气传递。虽然在都市区域多氯联苯主要与颗粒物质结合，但在农村地区，这些化合物大多以气相存在。气相多氯联苯倾向于积累在植物的叶上。在吸收多氯联苯的能力上，不同种类的植物表现出很大的差异。

在对流层中，所有氢原子被卤原子取代的芳基卤化物是十分不活泼的。这些化合物中具有较大挥发性，可能到达同温层并且在那里进行高能量的光离解反应。羟基自由基可以从部分卤代烷烃中取得一个氢原子，引起链反应。这种反应与烷烃的链反应是相似的，其不同在于一种最终产物是 HCl，而它是酸性大气污染物。

6. 大气中的有机氮化合物

作为污染物而被发现的有机氮化合物可以分为胺类、酰胺类、腈类、硝基化合物或杂氮化合物。

胺类是由氨上的一个或更多的氢原子被烷基取代而构成的化合物。分子量较低的胺是挥发性的。低分子量的胺使腐烂的鱼具有特殊的臭味。最简单和最重要的芳香胺是苯胺，用于染料、酰胺、摄影用化学试剂以及药物的生产。有机物质腐烂时产生胺，这与蛋白质废物的腐烂情况特别相符，所以炼油厂和肉类加工厂是胺的重要来源，由污水处理厂产生的某种臭味也是由这些化合物造成的。

腈主要来源于工业，存在于大气中的丙烯腈和乙腈是合成橡胶生产过程的产物。作为大气污染物的腈类大多数都是低分子量的脂肪腈或不饱和腈，或是只具有一个苯环的芳香腈。

硝基化合物的通式是 RNO_2。作为大气污染物的硝基化合物有硝基甲烷、硝基乙烷和硝基苯。分子式中的 R 分别是甲基、乙基和苯基。这些化合物通过工业来源而产生。带硝基含氮量高的化合物，特别是过氧乙酰硝酸酯(PAN)，是都市大气中烃类的光化学氧化反应的最终产物。但是，通常不把它们归入硝基化合物一类中。

烟草烟雾中含有大量杂环氮化合物。在这些杂环氮化合物中，许多是通过植物的燃烧生成并进入大气。炼焦炉是这一组化合物的另一主要来源。除了吡啶衍生物以外，某些杂环氮化合物是吡咯的衍生物。杂环氮化合物几乎全部以与气溶胶相缔合的方式存在于大气中。

作为大气污染物，值得关注的另一类含氮化合物是亚硝胺。这类化合物中包括许多已知的致癌物，如已被检测出来的 N,N-二甲基亚硝胺和 N,N-二乙基亚硝胺。

第三节　土壤中的有机污染物

大气中绝大多数污染物经过迁移转化之后降落到地面上，最终进入地表水，或进入土壤，因此大气是土壤中污染物质的重要来源。

矿物燃料燃烧会放出大量二氧化硫、氮氧化物和重金属化合物等，二氧化硫在大气中氧化之后可形成硫酸随降水落到地面，或形成硫酸盐被吸附在颗粒物质上降落。氮氧化物转变成硝酸盐最后沉降在地面上。NO 和 NO_2 在土壤中很快被氧化为硝酸盐。汽车尾气中含有一定量的铅，也降落在公路两旁的土壤中。

土壤污染物的另一个来源是为了获得农作物的丰收而向田地施用的化肥，以及为了控制害虫和杂草而施用的农药。未被植物吸收的化肥被雨水冲刷而进入湖泊，会引起水体的富营养化。由于农药在环境中的稳定程度不同，可保留不同的时间。

固体废物的堆放也是污染土壤的另一原因。特别是生活垃圾，其中包含各种污染物质，会严重地污染垃圾堆附近的土地，也会污染附近的地表水和地下水。

向田地施用农药之后，经过一段时间，农药的残留量和存在状态主要取决于农药本身的性质、结构以及环境条件。对于新型农药的使用，通常要考虑如下因素：土壤对农药的吸附作用；农药被淋溶到天然水中对水体的危害；农药对土壤中微生物及其他动物的毒害作用；是否在环境中会产生毒性更大的降解产物等。当然，由于土壤本身的物理化学性质决定了它具有一定的处理污染物的能力，如它可有效地吸附农药而减少对土壤中微生物的危害。同时，对于污染物的微生物降解和化学降解土壤也是一个很好的场所。

1. 含氯农药

（1）DDT

DDT（二氯二苯基三氯乙烷）是应用比较早的含氯农药,在水中受热时会很快地失去一个 HCl 而生成 DDE（二氯二苯基二氯乙烯）,DDE 再进一步转变成 DDA（二氯二苯基乙酸）是非常慢的,因为 DDE 中两种基团均不活泼,因此通常环境中检出的多为 DDE。

o,p-DDT 和甲氧滴滴涕则比较容易降解,这是因为土壤中的微生物比较容易同化它们。在这一过程中有一种酶在起催化作用,而这种酶也存在于昆虫体内,即在昆虫体内甲氧滴滴涕易于被降解,因此对昆虫来说它的毒性远小于 DDT。

第二次世界大战之后,DDT 得到了广泛的应用。早在 1948 年就有人报告说 DDT 杀虫能力已不如开始使用时那么有效,同样其他几种农药几年之后杀虫效率也下降。这样就迫使人们不得不用增加药的剂量来控制害虫。DDT 的用量增加到开始用量的一百倍,方取得同样的效果。这样就使得环境中大量地积累了 DDT 和 DDE。

人们发现,具有抗 DDT 能力的苍蝇受到正常剂量的 DDT 作用会落到地上,但经过一段挣扎之后可以复苏。假定这种抗药性基于一个解毒的过程,本来苍蝇体内是不存在使 DDT 转变成 DDE 的酶,因此它对 DDT 是敏感的。当苍蝇体内存在这种酶时,便产生了对 DDT 的抗药性。当苍蝇中毒晕倒后,经过一段时间,苍蝇体内酶的催化作用使 DDT 转变为 DDE,所以苍蝇就得以复苏。

（2）高丙体六六六

六六六的制备是将活泼的氯原子加成到苯环上,产物可有八种不同结构,其中只有四种异构体量比较多。这些异构体中氯原子取代基的方向有所不同,其中 α 体为 53%～70%,β 体为 3%～14%,γ 体为 11%～18%,δ 体为 6%～10%,只有 γ 体有明显的杀虫作用。但早期已把这种异构体的混合物广泛使用,因此在环境中积累了大量的六六六。为减少对环境的污染,已改用含 γ 体较高的六六六,即高丙体六六六。

六六六是一种惰性的含氯有机化合物,在水溶液中能够缓慢地脱掉 HCl,由于它非常稳定,因此在环境中残留时间较长。

（3）多氯戊环衍生物

常见的农药有氯丹、七氯、艾试剂和狄试剂。

这种类型的农药在环境中是非常稳定的,双环的几何形状不易于形成碳阴离子。如果正的中心碳原子与三个取代基均在同一平面上,碳阳离子更稳定。这些化合物易于被土壤中的微生物、植物和动物氧化而破坏,但其氧化产物的毒性更大。

艾试剂和狄试剂受紫外光照射在酶的催化下可生成"光解狄试剂",这种二环有机氯化物对昆虫的作用机理与DDT相似。但它的作用位置是在中枢神经系统的神经节。由于发现它们有致癌作用,1974年美国已停止生产艾试剂和狄试剂。

(4) 2,4-D

2,4-D(2,4-二氯苯氧基乙酸)和2,4,5-T(2,4,5-三氯苯氧乙酸)除草剂,可以杀死宽叶植物,对于牧场草几乎没有伤害,因此可以用来除杂草。这种化合物类似植物生长激素吲哚基醋酸,由于大量使用而引起植物变态生长。

纯的2,4-D和2,4,5-T在环境中很快被降解。这种化合物可被微生物分解形成酚,酚可进一步降解,另一个产物为乙二酸,这种化合物对环境的远期影响较小。

2,4-D的环境问题在于生产过程中所产生的杂质二噁英。实验表明,在生产2,4,5-T过程中所产生的二噁英对动物是有毒的,而且有致畸作用。如每 g 土壤中有 32 μg 二噁英,鸟类、猫、狗、马等动物与其接触便可被杀死。

(5) 有机氯化物的远期效应和全球分布

由于含氯化合物作为农药的广泛使用,它在环境中的远期影响已成为当今世界环境保护中的一个严重问题。在观察食物链端点的鸟类,如雕、鹰、猎鹰、鹈鹕等的数目时,发现了这种化合物的毒性效应。实验表明,它可使鸟类交配推迟,并且生下壳很薄的卵。对于鸟类和它们的卵的分析证实,其中含有大量的有机氯化合物。室内实验证明,用DDT或多氯联苯(PCBs)喂养鸟时,便可生下薄皮蛋。鸟类的肝脏内存在有机氯化物,使细胞色素 P-450、氧化酶含量增加,导致鸟类的交配期推迟。目前已证实,巴比妥盐类和多环芳烃化合物可促使氧化酶升高。同时发现 DDT、DDE、狄试剂和 PCBs 也有这种效应。这种酶可以催化甾族激素的氧,因此可影响交配期。对于鸟类,随着氧化酶的增加,甾族激素的量下降,因此就推迟了时间。

目前,有机氯化物已存在于全球各地,在从来没有用过农药的地方也发现了有机氯化物的存在,如在两极的动物体内,海洋上空的空气中。这是污染物在全球性循环过程中形成的。鉴于有机氯农药的毒性较大,环境中停留时间比较长,很多国家已经停止生产和使用。但由于长时间使用,环境中已积累相当多的量,在若干年内仍然是一个严重的问题。

2. 有机磷杀虫剂

有机磷化合物的化学性质与对害虫的作用机理与氯化物完全不同,常用的有机磷杀虫剂包括乙酰甲胺磷(杀虫灵)、谷硫磷(保棉磷)、二嗪农(地亚农)、敌敌畏、乐果、敌杀磷(二恶磷)、乙伴磷、乙硫磷(一二四 O)、倍硫磷(百治屠)、地虫磷、马拉硫磷、对硫磷(一六○五)、甲伴磷(三九一一)、速灭磷(磷君)、磷胺(大灭虫)、杀虫畏(杀虫威)、敌百虫等。

这些有机磷化合物对于多种昆虫均有较强的杀伤能力,因此在消灭害虫的同时也杀伤一些益虫,它们对脊椎动物也有较高的毒性,因此在使用过程中对人也有一定的危险性。马拉硫磷比较安全,因为哺乳动物对它有降解作用,其中的酯易于被存在于脊椎动物体内的酯酶水解。而昆虫体内却不存在这种酯酶。哺乳动物的半致死剂量是:马拉硫磷为 500～1 500 mg/kg,硝苯硫磷酯为 6～12 mg/kg,甲基硝苯硫磷酯为 25～50 mg/kg。

有机磷杀虫剂的毒性作用是基于干扰从一个神经细胞向另一个神经细胞传递过程中的神经冲动。当神经冲动达到神经细胞的端点时,它将驱动分泌出少量的乙酰胆碱。乙酰胆碱活化了附近的神经细胞的接受体,从而使神经冲动传给了下一个细胞。然后乙酰胆碱再被胆碱酶催化水解成胆碱和乙酸,有机磷化物能使胆碱酶固定,而不能再催化分解乙酰胆碱。由于乙酰胆碱的积累而过度刺激神经细胞,从而产生抽搐和心律不规则等症状。

有机磷杀虫剂在环境中可很快水解,但比较重要的问题是某些有机磷化合物经降解后会产生毒性更强的化合物。例如,硝苯硫磷酯容易被空气中的氧或酶催化氧化成其他的衍生物,这种衍生物的毒性大于其本身的四倍。

第四节 优先监测的有机污染物

目前已知的化学品有 700 万种之多,而进入环境的化学物质已达 10 万种。因此不论从人力、物力、财力或从化学毒物的危害程度和出现频率的实际情况,人们不可能对每一种化学品都进行监测、实行控制,而只能有重点、针对性地对部分污染物进行监测和控制。这就必须确定一个筛选原则,对众多有毒污染物进行分级排队,从中筛选出潜在危害大,在环境中出现频率高的污染物作为监测和控制对象。经过优先选择的污染物称为环境优先污染物,简称为优先污染物(priority pollutants)。对这类环境优先污染物进行的监测称为优先监测。美国是最早对工业污染实施优先监测的国家,早在 20 世纪 70 年代后期就对各工业类型的污染源和排放的有毒污染物及其处理技术,排放限制做出规定,要求排放优先污染物的厂家对工业废水、废气进行处理,并对排放的优先污染物实施优先控制与优先监测。"中国环境优先监测研究"也已完成,提出了"中国环境优先污染物黑名单",包括14 种化学类别共 68 种有毒化学物质,其中有机物占 58 种。

表 1-3 与表 1-4 分别列出了美国和中国优先监测的有机污染物"黑名单"。

表 1-3　美国优先有机污染物名单

1. 二氢苊	23. 2-氯苯酚
2. 丙烯醛	24. 氯仿
3. 丙烯腈	二氯苯类
4. 苯	25. 1, 2-二氯苯
5. 联苯胺	26. 1, 3-二氯苯
6. 四氯化碳	27. 1, 4-二氯苯
氯代苯类	二氯联苯胺类
7. 氯苯	28. 3, 3-二氯联苯胺
8. 1, 2, 4-三氯苯	二氯乙烯类
9. 六氯苯	29. 1, 2-二氯乙烯
氯乙烷类	30. 反 1, 2-二氯乙烯
10. 1, 2-氯乙烷	31. 2, 4-二氯苯酚
11. 1, 1, 1-三氯乙烷	二氯丙烷和二氯丙烯类
12. 六氯乙烷	32. 1, 2-氯丙烷
13. 1, 1-二氯乙烷	33. 反 1, 3-氯丙烷
14. 1, 1, 2-三氯乙烷	34. 2, 4-二甲基苯酚
15. 1, 1, 2, 2-四氯乙烷	二硝基甲苯类
16. 氯乙烷	35. 2, 4-二硝基甲苯
氯烷基醚类	36. 2, 6-二硝基甲苯
17. 双(氯甲基)醚(1981.2取消)	37. 1, 2-二苯肼
18. 双(二氯乙基)醚	38. 乙苯
19. 二氯乙基乙烯基醚	39. 蒽
氯萘类	卤代醚类
20. 2-氯萘	40. 4-氯苯基苯醚
氯苯酚	41. 4-溴苯基苯醚
21. 2, 4, 6-三氯甲酚	42. 双(2-氯异丙基)醚
22. 对氯间甲酚	43. 双(2-氯乙氧基)甲烷

（续表）

卤甲烷类	69. 邻苯二甲酸二正辛酯
44. 二氯甲烷	70. 邻苯二甲酸二乙酯
45. 氯代甲烷	71. 邻苯二甲酸二甲酯
46. 溴代甲烷	多环芳烃
47. 溴仿	72. 苯并(a)蒽
48. 二氯二溴甲烷	73. 苯并(a)芘
49. 三氯氟甲烷	74. 3,4-苯并荧蒽
50. 二氯氟甲烷	75. 苯并(k)荧蒽
51. 氯溴甲烷	76. 屈
52. 六氯丁二烯	77. 苊
53. 六氯环戊二烯	78. 蒽
54. 异佛尔酮	79. 苯并(ghi)苝
55. 萘	80. 芴
56. 硝基苯	81. 菲
硝基苯酚类	82. 二苯并(a，b)蒽
57. 2-硝基苯酚	83. 茚并(1，2，3-cd)芘
58. 4-硝基苯酚	84. 芘
59. 2，4-硝基苯酚	85. 四氯乙烯
60. 4，6-二硝基-邻甲苯酚	86. 甲苯
亚硝胺类	87. 三氯乙烯
61. N-亚硝基二甲胺	88. 氯乙烯
62. N-亚硝基二苯胺	农药和代谢物
63. N-亚硝基二正丙胺	89. 艾试剂
64. 五氯苯酚	90. 狄试剂
65. 苯酚	91. 氯丹
邻苯二甲酸酯类	DDT 和代谢物
66. 邻苯二甲酸二(2-乙基己基)酯	92. 4，4'-DDT
67. 邻苯二甲酸丁基卞酯	93. 4，4'-DDE
68. 邻苯二甲酸二正丁基	94. 4，4'-DDD

（续表）

95. α-硫丹	104. γ-六六六
96. β-硫丹	105. δ-六六六
97. 硫丹硫酸酯	多氯联苯（PCBs）
异狄试剂和代谢物	106. PCB-1242
98. 异狄试剂	107. PCB-1254
99. 异狄氏醛	108. PCB-1221
七氯和代谢物	109. PCB-1232
100. 七氯	110. PCB-1248
101. 七氯环氧化物	111. PCB-1260
六氯环己烷类	112. PCB-1060
102. α-六六六	113. 毒杀芬
103. β-六六六	114. 2,3,7,8-四氯二苯-对-二噁英

表 1-4　中国环境优先有机污染物"黑名单"

1. 二氯甲烷	16. 对二甲苯
2. 三氯甲烷	17. 氯苯
3. 四氯甲烷	18. 邻二氯苯
4. 1,2-二氯乙烷	19. 对二氯苯
5. 1,1,1-三氯乙烷	20. 六氯苯
6. 1,1,2-三氯乙烷	21. 多氯联苯
7. 1,1,2,2-四氯乙烷	22. 苯酚
8. 三氯乙烯	23. 间甲酚
9. 四氯乙烯	24. 2,4-二氯酚
10. 三溴甲烷	25. 2,4,6-三氯酚
11. 苯	26. 五氯酚
12. 甲苯	27. 对硝基酚
13. 乙苯	28. 硝基苯
14. 邻二甲苯	29. 对硝基甲苯
15. 间二甲苯	30. 2,4-二硝基甲苯

（续表）

31. 三硝基甲苯	45. 酞酸二甲酯
32. 对硝基氯苯	46. 酞酸二丁酯
33. 2, 4－二硝基氯苯	47. 酞酸二辛酯
34. 苯胺	48. 六六六
35. 二硝基苯胺	49. 滴滴涕
36. 对硝基苯胺	50. 敌敌畏
37. 2, 6－二氯硝基苯胺	51. 乐果
38. 萘	52. 对硫磷
39. 荧蒽	53. 甲基对硫磷
40. 苯并(b)荧蒽	54. 除草醚
41. 苯并(k)荧蒽	55. 敌百虫
42. 苯并(a)芘	56. 丙烯腈
43. 茚并(1, 2, 3－cd)芘	57. N－亚硝基二甲胺
44. 苯并(g, h, l)芘	58. N－亚硝基二正丙胺

第五节　持久性有机污染物

一、 持久性有机污染物的分类

持久性有机污染物（persistent organic pollutants，POPs）是一类在自然环境中难以降解，并能在全球范围内长距离迁移；被生物体摄入后不易分解，并沿着食物链浓缩富集；具有致癌、致畸、致突变性及内分泌干扰作用的特殊污染物。在联合国环境规划署（UNEP）主持下，为了推动 POPs 的淘汰和削减、保护人类健康和环境免受 POPs 的危害，包括中国在内的 92 个国家于 2001 年 5 月 23 日在瑞典首都共同签署了《关于持久性有机污染物的斯德哥尔摩公约》，简称"POPs 公约"。2004 年 5 月 17 日，"POPs 公约"生效。首批列入公约控制的 POPs 共有 12 种（类），其类别及用途见表 1-5。

表 1-5　首批控制的 POPs 清单

中文名称	英文名称	类别	用途
滴滴涕	DDT	有机氯农药	用于防治棉田后期害虫、果树和蔬菜害虫及防治蚊蝇传播疾病
狄氏剂	dieldrin	有机氯农药	用于控制白蚁、纺织品类害虫、森林害虫、棉作物害虫和地下害虫,以及防治热带蚊蝇传播疾病
异狄氏剂	endrin	有机氯农药	用于棉花和谷物等大田作物
艾氏剂	aldrin	有机氯农药	用于防治地下害虫和某些大田、饲料、蔬菜、果实作物害虫
氯丹	chlordane	有机氯农药	用于防治高粱、玉米、小麦、大豆及林业苗圃等地下害虫
七氯	heptachlor	有机氯农药	用于防治地下害虫、棉花后期害虫及禾本科作物及牧草害虫;具有杀灭白蚁、火蚁、蝗虫的功效
六氯苯	hexachloro-benzene	有机氯农药	用于种子杀菌、防治麦类黑穗病和土壤消毒;也用作有机合成和化工生产中的中间体
灭蚁灵	mirex	有机氯农药	广泛用于防治白蚁、火蚁等多种蚁虫
毒杀芬	camphechlor	有机氯农药	用于棉花、谷物、坚果、蔬菜、林木以及牲畜体外寄生虫的防治
多氯联苯	PCBs	有机氯化合物	用于蓄电池、变压器、电力电容器的绝缘散热介质,以及用作制冷剂和润滑剂
二噁英	PCDDs	氯代杂环化合物	主要来源于城市和工业垃圾焚烧
多氯二苯并呋喃	PCDFs	氯代杂环化合物	主要用于有机合成或用作溶剂

二、 持久性有机污染物的特性

POPs 在环境中难以降解,存在一定的挥发性,可以通过"全球蒸馏效应"和"蚱蜢跳效应"长距离传输,在更广泛范围内迁移。同时此类物质较强的亲脂憎水性,可沿食物链逐级放大对处于高营养级的生物或人类健康造成潜在威胁。因此,持久性、生物累积性和迁移性是 POPs 的主要环境特点。

（1）持久性。POPs在环境中对于正常的生物降解、光解和化学分解作用有较强的抵抗能力，一旦释放到环境中，可以在大气、水体、土壤和底泥等环境介质中存留数年甚至数十年或更长时间。近期野外调查结果表明，此类物质仍然广泛存在。

（2）生物累积性。POPs具有低水溶性、高脂溶性的特性，极易在生物体内积蓄，并且经过食物链逐步放大，最终使最高级捕食者体内的POPs浓度比环境中的浓度高出多个数量级。自从Sladen等人在1966年从罗期岛的阿德利企鹅内脏中检测到DDT以来，作为南极海洋食物链高营养层消费者，企鹅、贼鸥、海燕以及海豹等海洋高等动物体内POPs都有检出，POPs通过生物链传递，最终在这些顶级生物体内富集。

（3）迁移性。POPs可以通过"全球蒸馏效应"和"蚱蜢跳效应"在全球范围内迁移，地球两极没有工业污染源，但在过年几十年中，在极地采集到的环境样品中POPs均有检出。可以说，从大气到海洋，从湖泊、江河到内陆池塘，从遥远的南极大陆到荒凉的雪域高原，从苔藓、谷物等植物到鱼类、飞鸟等动物，甚至人奶、血液中无处不在。《关于远距离越境空气污染物公约》提出了16种需要加以控制的POPs。

（4）危害性

POPs大多是强亲脂且憎水的复杂有机卤化物，化学性质稳定，脂溶性好，此类物质一旦通过各种途径进生物体或人体内就会在生物体内的脂肪组织、胚胎和肝脏等器官中积累下来，到一定程度后就会对生物体的肝脏造成损害并可影响生物体诸如免疫功能、神经系统、生殖遗传等各个方面。如有机氯杀虫剂特别是DDE可影响食肉鸟类蛋壳的厚度。生产杀虫剂和除草剂的女工乳腺癌死亡率与其接触PCDDs的剂量有关。国际癌症组织于1997年将PCDDs定为一级致癌物，PCBs和PCDFs定为三级致癌物。此外，研究发现POPs还可能影响人的智力水平。

三、 POPs清单的新成员

由于传统POPs对生物和人体造成的巨大危害，其生产和使用逐步被禁止。在这种情况下，许多具有类似理化性质的替代化学品被生产出来，并广泛使用。近年来，随着这些物质在全球范围内的环境介质中不断被检测，其生态毒性和风险已经引起了人们的高度关注。《关于持久性有机污染物的斯德哥尔摩公约》（POPs公约）很重要的一个特点是有增列机制，这保证了公约与时俱进的活力。至今，公约已完成了六次增列，管制清单从一开始的12种，增加至28种，未来也可能会有更多的POPs被增列进来。表1-6为目前《关于持久性有机污染物的斯德哥尔摩公约》管制的化学药品清单列表。

表1-6 《关于持久性有机污染物的斯德哥尔摩公约》管制的化学药品清单

公约要求	附件A 应采取必要的法律和行政措施,禁止和消除的化学药品	附件B 应限制生产和使用的化学品	附件C 应采取控制措施减少或消除的源自无意生产的污染物
首批受控(12种) (2001.5)	艾氏剂、狄氏剂、异狄氏剂、七氯、毒杀芬、多氯联苯、氯丹、灭蚁灵、六氯苯	DDT	多氯二苯并对二噁英、多氯二苯并呋喃、六氯苯、多氯联苯
第一次增列(9种) (2009.5)	十氯酮、五氯苯、六溴联苯、α-六氯环己烷、β-六氯环己烷、商用五溴二苯醚、商用八溴二苯醚	全氟辛烷磺酸及其盐类和全氟辛基磺酰氟	五氯苯
第二次增列(1种) (2011.4)	硫丹		
第三次增列(1种) (2013.5)	六溴环十二烷		
第四次增列(3种) (2015.5)	六氯丁二烯、五氯苯酚及其盐类和酯类、多氯萘		多氯萘
第五次增列(3种) (2017.5)	短链氯化石蜡、十溴二苯醚		六氯丁二烯
第六次增列(3种) (2019.3)	三氯杀螨醇、全氟辛酸、全氟己烷磺酸盐		

思考题与习题

1. 从环境保护的角度考虑,肥皂的危害小于洗涤剂中的 ABS 表面活性剂,原因何在?

2. 在洗涤剂助剂中不用 Na_3PO_4 代替 $Na_5P_5O_{10}$ 的理由是什么?

3. 由溶解的 NaCl 和 Na_2SO_4 所形成的盐度,对生物体主要的损害是什么?

4. 查阅以下水体污染的实例资料:

(1) POPs;(2) 金属有机结合物;(3) 农药。

5. 持久性有机污染物有哪些主要特性？

6. 大气中的天然源有机污染物有哪些，其主要来源有哪些？

7. 简述大气中人为源有机污染物有哪些及其来源。

8. 试述大气中主要有机污染物的性质。

9. 土壤中含氯农药有哪些？其主要危害有哪些？

10. 试分析主要有机磷农药的毒性及其致毒机理。

11. 多环芳烃具有很强的致癌性，试分析如何减少多环芳烃的产生。

12. 试述减少环境中的有机污染物的措施有哪些？

主要参考文献

［1］岳贵春，吴吉琨，杜尧国. 环境化学［M］. 长春：吉林大学出版社，1991.

［2］唐森本，王欢畅，葛碧洲等. 环境有机污染化学［M］. 北京：冶金工业出版社，1995.

［3］［美］Manahan SE，环境化学［M］. 陈甫华等译. 天津：南开大学出版社，1993.

［4］王晓蓉. 环境化学［M］. 南京：南京大学出版社，1993.

［5］汪群慧. 环境化学［M］. 哈尔滨：哈尔滨工业大学出版社，2008.

［6］KAWANO M，TANABE S. Biological accumulation of chlordane compounds in marine organisms from the northern North Pacific and Bering Sea［J］. Mar Pull Bull，1986，17：512-516.

［7］MANIRAKIZA P，COVACI A，NIZIGIVMANA L，et al. Persistent chlorinated pesticides and polychlorinated biphenyls in selected fish species from LakeTanganyika，Burundd，Africa［J］. Environ Pollut，2002，117；454-462.

［8］SLADEN WJL，MENZIC GM，REICHEL WL. DDT Residues in Adelic penguins and a crabeater seal from Antarctica［J］. Nature，1966，210；670-673.

［9］ALEGRIA HA. Organochlorine pesticides in ambient air of Belize，Central America［J］. Environ Sci Technol，2000，34；1953-1958.

［10］NOREN K，MEIRONYTE D. Certain organochlorine and organobromine contaminants in swedish human milk in perspective of past 20-30 years［J］. Chemosphere，2000，40；111-123.

第二章

环境中有机污染物的迁移

迁移是污染物的主要环境行为之一，是指污染物在环境介质内部或环境介质之间的物理运动，反映的是污染物浓度的时间和空间变化。有机污染物的迁移行为包括扩散与沉降、挥发、吸附-解吸等。

第一节 有机污染物的扩散与沉降

大气中的有机污染物主要来源于化石燃料的不充分燃烧、工业污染源的排放、机动车尾气的排放、垃圾焚烧及电子设备拆解排放等。进入大气中的有机污染物在风力、气流、沉积等作用下发生扩散和沉降。

一、扩散

污染物在大气中的扩散取决于风、湍流、浓度梯度等因素。风可以使污染物向下风向扩散，湍流可使污染物向各个方向扩散，浓度梯度可使污染物发生质量扩散，其中风和湍流起主导作用。气块做有规律运动时，其速度在水平方向的分量成为风，铅直方向上的风量中具有小尺度有规则运动中的铅直速度可达每秒几米以上，就称之为对流（也称气流）。污染物可做水平运动，自排放源向下风向迁移，从而得到稀释，也可随空气的垂直对流运动升到高空而扩散。在各种气象因素的影响下，进入大气的污染物能够进行分子扩散，气团扩散。其中气团扩散可分为风力扩散和气流扩散。除此之外，污染源排放到大气中的污染物在迁移扩散的过程中还受到其他因素的影响，如由于天气形势和地理地势造成的逆温现象以及污染源本身的特性等。

1. 风力扩散

在各种气象因子影响下，进入大气的污染物具有自然的扩散稀释和浓度趋于均一的趋势。风力即是此类气象因子之一。大气水平运动形成风。当污染物进入大气时，污染物在风力的带动下于较小范围内向各方向进行扩散。

风力是以下四种水平方向力的合力：①水平气压梯度力，其方向由高气压到低气压；②摩擦力，包括运动空气层与地面之间的外摩擦力及空气层与流向或速度不同的邻近空气层之间的内摩擦力；③由地球自转的偏向力；④空气的惯性离心力。这四种水平方向的力中，第一种力是引起风的原动力，其他三种是在空气始动之后才产生并发生作用。由外摩擦力介入而产生的风因流经起伏不平(即粗糙度不等)的地形而具有湍流性质,使由风力载带的污染物在较小的范围内向各个方向扩散。

风力是既有大小又有方向的一个矢量。风力大小用风速表示,是单位时间内空气团块所移动的水平距离,常用 m/s 作计值单位。污染物迁移的距离跟风力有关,风力越大,污染物沿下风向扩散得越远,稀释得越彻底。风向与污染物走向直接相关,习惯上将风的来向定位风向,可用 16 个方向表示(如东风、东南风、南东南风)。

风向对于建设项目的选址和总图布置很重要。如工厂主要烟囱(排气筒)、有毒有害物质原料、成品的贮存设施、装卸站等,宜布置在厂区常年主导风向的下风向。生活垃圾填埋场应当在夏季主导风向的下风向。

2. 气流扩散

与水平方向的风力相对应,垂直方向流动的空气成为气流。它关系到污染物在上下方向间的扩散迁移。

气流的发生和强弱与大气稳定度有关。稳定大气不产生气流,而大气稳定度越差,气流越强,则污染物在纵向的扩散稀释速率越快。假设在空气介质中的一定高度上有一个气团,其温度、压力、均与周围空气相等,当这一气团受到某一外力的作用而使其上升时,由于在较高处的周围空气气压和气温较低,气团就会发生膨胀。假设气团膨胀过程是一个绝热过程,这时气团的温度随气团膨胀而下降,这种温度随高度升高而降低变化率称为气团的干绝热递减率,用符号 r_d 表示(通常情况下 $r_d = 1 \ ℃/100 \ m$)。环境中空气气温的垂直递减率用 r 表示(通常情况下对流层空气的 r 平均值为 $0.65 \ ℃/100 \ m$)。

当气团的干绝热递减率 r_d 小于环境空气的气温垂直递减率 r 时,气团在向上运动的过程中,气团内部的温度高于相应高度的环境空气的温度,使气团的密度小于环境空气的密度,气团就会向上运动,这种为不稳定大气状态。反之,当气团的干绝热温度递减率 r_d 大于环境空气的气温垂直递减率 r 时,气团在向上运动的过程中,气团内部的温度会低于相应高度的环境空气的温度,使气团的密度大于环境空气的密度,气团就不会向上运动,为稳定大气。处于稳定大气中的这种气团会向下运动直到气团的密度与大气的密度相等时,气团就停留在这个高度。当气团的干绝热温度递减率 r_d 等于空气的气温垂直递减率 r 时,处于环境空气中的某一气团就会在某一高度保持静止,既不向上运动也不向下运动,此时的环境空气为中性状态。

由此可见,当大气处于不稳定状态时,有利于污染物的垂直扩散;当大气处于稳定状态和中性状态时,污染物就不能在垂直方向上扩散。

低层大气中污染物的分散在很大程度上取决于对流和湍流的混合程度。垂直运动程度越大,用于稀释污染物的大气容积量越大。

对于一静态平衡的大气的流体元,有式(2-1)成立:

$$\frac{\mathrm{d}p}{\mathrm{d}z} = -\rho g \tag{2-1}$$

式中:p——大气压强;

　　ρ——大气密度;

　　g——重力加速度;

　　z——高度。

对于受热而获得浮力,正进行向上加速运动的气块,有式(2-2)成立:

$$\frac{\mathrm{d}v}{\mathrm{d}t} = -g - \frac{1}{\rho'}\left(\frac{\mathrm{d}p}{\mathrm{d}z}\right) \tag{2-2}$$

式中:$\dfrac{\mathrm{d}v}{\mathrm{d}t}$——气块加速度;

　　ρ'——受热气块密度。

由于该气块与周围空气中的压力相等的,将式(2-1)的 $\mathrm{d}p$ 代到式(2-2)中,得到式(2-3):

$$\frac{\mathrm{d}v}{\mathrm{d}t} = \left(\frac{\rho - \rho'}{\rho}\right)g \tag{2-3}$$

分别写出向上加速运动的气块与周围空气的理想气体状态方程,并考虑到压力相等,可得式(2-4):

$$p = \rho RT = \rho' RT' \tag{2-4}$$

用温度代替密度,便可得式(2-5):

$$\frac{\mathrm{d}v}{\mathrm{d}t} = \left(\frac{T' - T}{T}\right)g \tag{2-5}$$

式(2-5)即为由于温差而造成气块获得浮力加速度的方程。由此可以看到,受热气块会不断上升,直到 T' 与 T 相等为止,这时气块与周围大气达到中性平衡,通常把这个高度称为对流混合层上限,或最大混合层高度(MMD),稳定大气时的最大混合层高度明显比较低。

夜间最大混合层高度较低,白天则升高。夜间逆温较重情况下,最大混合层高度甚至可以达到零,而在白天可能有 2 000~3 000 m。季节性的冬季平均最大温度层高度最小,夏初为最大。当最大混合层高度小于 1 500 m 时,城市会普遍出现污染现象。

二、沉降

大气中的污染物在大气中受重力的影响会向下运动,这种现象为污染物的沉降。污染物的沉降分为两种,即干沉降和湿沉降。

1. 干沉降

干沉降是指粒子在重力作用下或与地面及其他物体碰撞后,发生沉降而被去除。干沉降又称干去除。干积速度以在某一特定高度内污染物的沉降速度表示,用"长度/时间"作为量纲。而该特定高度内污染物平均浓度与干沉积速度之积称为干沉积率,用"质量/(面积·时间)"作为量纲。沉降速率与颗粒的粒径、密度、空气运动粘滞系数有关。对具有较大粒径的大气悬浮颗粒物,其干沉积速度可用斯托克斯定律表述,一般通过实测"灰尘自然沉降量"来求得直径大于 30 μm 的颗粒物的干沉积率,即"降尘量"参数。其公式为

$$v = \frac{g D_p (\rho_1 - \rho_2)}{18\eta} \qquad (2-6)$$

式中:v——沉降速率,cm/s;

　　g——重力加速度,980 cm/s^2;

　　D_p——粒子直径,cm;

　　ρ_1,ρ_2——分别为粒子和空气的密度,g/cm^3;

　　η——空气粘度,Pa·s。

设某种粒径的粒子浓度最大的高度为 H,则其沉降时间(滞留时间)可表示为式(2-7):

$$\tau = \frac{H}{v} \qquad (2-7)$$

式中:H——气溶胶粒子所处高度,m;

　　v——气溶胶粒子沉降速度,cm/s。

对于粒径较小的气溶胶粒子,其沉降速率差别较大。粒径为 0.1 μm 时,v 为 8×10^{-5} cm/s;粒径为 1.0 μm 时,v 为 4×10^{-3} cm/s;粒径为 10 μm 时,v 为 0.3 cm/s。

例如,在 5 000 m 的高空,粒径为 1.0 μm 的粒子沉降到地面,需要 3 年 11 个半月的时间。而对粒径为 10 μm 的粒子,则仅需 19 d(不考虑风力等气象条件的影响)。由此可见,干沉降对于去除大颗粒悬浮物是有效途径之一,但对于小颗粒则不然。有人认为,从全球范围来计算,靠干沉降去除的悬浮物的量只占总悬浮颗粒物(TSP)量的 10%~20%。因此,干燥的大陆悬浮颗粒物可以传输到距离很远

的下风向地区。

干沉降除了因重力作用而降落外,粒径小于 0.1 μm 的颗粒,可靠布朗运动扩散,相互碰撞而凝聚成较大的颗粒,通过大气扩散到地面或碰撞而去除。

2. 湿沉降

大气中所含污染物能溶于水或被水润湿,这种污染物在对流层大气中可以通过降水而沉降到地面的过程叫作湿沉降。湿沉降是消除大气中污染物的重要途径之一。

(1)雨除

悬浮颗粒物中有相当一部分细粒子可以作为形成云的凝结核,特别是粒径小于 0.1 μm 的粒子。这些凝结核成为云滴的中心,通过凝结和碰撞过程,云滴不断增加成雨滴。若整个大气层温度都低于 0 ℃时,云中的冰、水和水蒸气通过冰—水的转化过程可生成雪晶。对于那些粒径小于 0.05 μm 的粒子,由于布朗运动、扩散漂移或热漂移可使其黏附在云滴上或溶解于云滴中。一旦形成雨滴(或雪晶),在适当的气象条件下,凝结作用能使小粒子汇集成大粒子(雨滴或雪晶会进一步长大而形成雨或雪),继而降落在地面上,完成悬浮颗粒物从大气中的去除,此过程称之为雨除(或雪除)。

(2)冲刷

在降雨(或降雪)过程中,雨滴(或雪晶、雪片)不断地将大气中的微粒携带、溶解或冲刷下来,使大气悬浮物颗粒及污染物含量减少。这种以直接兼并的方式"收集"悬浮颗粒的效率随着粒子直径的增大而增大。通常,雨滴可兼并粒径大于 2 μm 的粒子。

一般情况下,雨除对半径小于 1 μm 的颗粒物去除效率高,特别是具有吸湿性和可溶性的颗粒物。冲刷则对半径为 4 μm 以上的颗粒物效率较高。一般通过湿沉降去除的颗粒物占大气颗粒物总量的 80%～90%。

大气中的气体污染物溶于水溶液的过程遵循亨利定律,即在一定的温度和平衡状态下,气体在液体中的溶解度与该气体在气相中的平衡分压成正比例。

$$[X] = K_H \times p_X \qquad (2-8)$$

式中:$[X]$——气体在溶液中的浓度;

　　K_H——亨利常数;

　　p_X——气体在气相中的平衡分压。

不同温度下的亨利常数可根据克劳修斯—克拉佩龙方程求得:

$$\frac{\mathrm{dln}K_H}{\mathrm{d}T} = \frac{\Delta H}{RT^2} \qquad (2-9)$$

式中：ΔH——气体溶于水的过程的焓变，J/mol；

$\quad\quad\ R$——理想气体摩尔常数，8.314 5 J/(mol·K)；

$\quad\quad\ T$——温度，K。

在应用亨利定律时应该注意如下几项：①该定律只适用于稀溶液，且溶质在气相和在容积中的分子状态必须相同，否则不能使用亨利定律。②对于亨利常数大于 10^{-2} 的气体，可以认为它基本上能完全被水吸收。③在计算气体分压时，需要对水蒸气的分压进行校正。气相中气体的总压减去水蒸气的分压就等于干燥空气的总压，干燥空气的总压乘以该气体的体积分数为亨利定律中该气体的分压，如式（2-10）所示：

$$p_X = (p_{总} - p_{水}) \times (气体\ X\ 的体积分数) \quad\quad (2-10)$$

第二节　有机污染物的挥发

挥发作用是有机物质从溶解态转入气相态的一种重要迁移过程，在自然环境中要考虑许多有机污染物的挥发作用，特别是卤代脂肪烃和芳香烃，都具有挥发性，从水中挥发到大气中后，加速其对人体健康的影响。挥发速率依赖于有机物的性质和水体的特征。如果物质是高挥发性的，那么挥发作用是其迁移的一个重要的过程。但由于有机污染物的归趋是多种过程的贡献，因此对于挥发性较小的物质，挥发作用也不能忽视。此外，疏水性有机污染物自水体挥发至大气是其主要迁移途径之一。

一、亨利定律

亨利定律是英国的威廉·亨利（William Henry）在 1803 年研究气体在液体中的溶解度规律时发现的，可表述为：在一定温度下，某种气体在溶液中的浓度与液面上该气体的平衡压力成正比。实验表明，只有当气体在液体中的溶解度不很高时该定律才是正确的，此时的气体实际上是稀溶液中的挥发性溶质，气体压力则是溶质的蒸气压。因此，亨利定律还可表述为：在一定温度下，稀薄溶液中溶质的蒸气分压与溶液浓度成正比。

$$H_c = \frac{p}{c_w} \quad\quad (2-11)$$

式中：p——污染物在水面大气中的平衡分压，Pa；

$\quad\quad c_w$——污染物在水中的平衡浓度，mol/m^3。

在文献报道中，测定 H_c 的常用式（2-12）表示：

$$H_c = \frac{c_a}{c_w} \tag{2-12}$$

式中：c_a——有机毒物在空气中的浓度，mol/m^3。

对于微溶化合物（摩尔分数≤0.02），估算公式为：

$$H_c = \frac{p_s \times M_w}{S_w} \tag{2-13}$$

式中：p_s——纯化合物的饱和蒸气压，Pa；

$\quad\quad M_w$——分子量；

$\quad\quad S_w$——化合物在水中的溶解度。

也可将 H_c 转换为无量纲形式：

$$H'_c = \frac{0.12 \times p_s \times M_w}{T \times S_w} \tag{2-14}$$

需要强调的是，亨利定律适用的浓度范围是摩尔分数≤0.02。存在于大气中的一些有机物气体在 25 ℃ 水中的亨利常数见表 2-1。

表 2-1　有机气体在 25 ℃ 水中的亨利常数

气体	$K_H/mol(L \cdot Pa)$	气体	$K_H/mol/(L \cdot Pa)$
苯	1.84×10^{-6}	苯并芘	9.5×10^{-3}
氯苯	2.90×10^{-6}	苯酚	2.5×10^{-2}
硝基苯	4.55×10^{-4}	五氯苯酚	3.6×10^{-3}
甲苯	1.68×10^{-6}	硝基苯酚	2.9×10^{-3}
萘	2.17×10^{-5}	氯仿	2.3×10^{-6}
蒽	1.16×10^{-4}	溴仿	2.0×10^{-5}

二、挥发作用的双膜理论

描述挥发过程的气—液传质双膜理论是由惠特曼（W. G. Whitman）和刘易斯（L. K. Lewis）于 20 世纪 20 年代提出的，双膜理论是基于化学物质从水中挥发时必须克服来自近水表层和空气层的阻力而提出的，这种阻力控制着化学物质由水向空气迁移的速率。双膜理论把整个相际传质过程简化为溶质通过两层有效膜的分子扩散过程,该理论较好地解释了有机物从水体中挥发过程。图 2-1 为双膜理论示意图。双膜理论的基本论点为:①在气液两相接触时,两相之间有一相界面,相界面两侧分别存在气膜与液膜,膜内物质按分子扩散方式迁移,膜的厚度随流体流动状态而变化。流速愈大,膜厚度愈小。②相界面气/液达到平衡,无传质阻力。压力差或浓度差存在气膜($P_{Ai} - P_A$)和液膜($C_w - C_{wi}$)内,全部阻力存在两膜内。③界面上的气、液两相呈平衡,相界面上没有传质阻力,即浓度梯度(或分压梯度)为零。④浓度梯度在两个膜层中的分布是线性的。

Liss 和 Slater 等在 20 世纪 70 年代得出挥发速率常数 K_V 的基本公式:

$$K_V = \left[\frac{1}{K_1} + \frac{RT}{H_C K_g} \right]^{-1} \qquad (2-15)$$

式中:K_1——液膜传质系数(cm/h);

$\quad\quad K_g$——气膜传质系数(cm/h);

$\quad\quad H_C$——亨利常数($m^3 \cdot Pa/mol$);

$\quad\quad R$——气体常数[8.131 Pa $\cdot m^3/(mol \cdot K)$];

$\quad\quad T$——绝对温度(K)。

由于水分子通过气膜的传质系数 $K_g(H_2O)$ 大致是 3 000 cm/h,而二氧化碳(或苯)分子通过液膜的传质系数 $K_1(CO_2)$ 约为 20 cm/h,[K_1(苯)= 2.52 cm/h],所以 $K_g = 3\,000 \times (18/M_w)^{1/2}$;$K_l = 20 \times (44/M_w)^{1/2}$[或 $K_l = 2.52 \times (78/M_w$ 量$)^{1/2}$]。

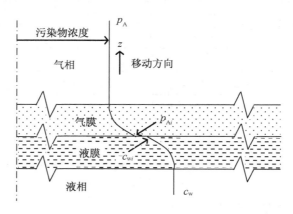

图 2-1　双膜理论示意图

Smith 等在 80 年代改进了经典的双膜理论,采用式(2-16)估算化合物的挥发速率常数:

$$K_V = \frac{1}{L} \left[\frac{1}{K_l^o \left(\dfrac{D_l^c}{D_l^o} \right)^m} + \frac{RT}{H_c K_g^w \left(\dfrac{D_g^c}{D_g^w} \right)^n} \right]^{-1} \tag{2-16}$$

式中：K_V——有机物的挥发速率常数(h^{-1})；

　　L——水体深度(cm)；

　　K_l^o——氧气的液相传质系数(cm)；

　　R——气体常数$[8.205 \times 10^{-3}\ \mathrm{m^3 \cdot atm/(mol \cdot K)}]$；

　　T——绝对温度(K)；

　　D_l^c / D_l^o——有机物与氧气的液相扩散系数比；

　　H_c——有机物的亨利常数$(\mathrm{m^3 \cdot atm/mol})$；

　　K_g^w——水的气相传质系数$(\mathrm{cm/h})$；

　　m——与液相湍流有关的常数$(0.5 \sim 1.0)$；

　　n——与气相湍流有关的常数$(0.5 \sim 1.0)$；

　　$\dfrac{D_g^c}{D_g^w}$——有机物与水的气相扩散系数比。

三、挥发速率

挥发作用是有机污染物从溶解相转入气相的一种重要迁移过程，其动力学过程可由式(2-17)描述：

$$\frac{\partial c}{\partial t} = -K_V \left(c - \frac{p}{H_c} \right) \frac{1}{Z} = -K'_V \left(c - \frac{p}{H_c} \right) \tag{2-17}$$

式中：c——溶解相中有机物的浓度；

　　K_V——挥发速率常数；

　　K'_V——单位时间混合水体的挥发速率常数；

　　Z——水体的混合深度；

　　p——在所研究的水体上面，有机污染物在大气中的分压；

　　H_c——亨利定律常数 $\mathrm{Pa \cdot m^3/mol}$。

多数情况下大气中有机污染物的分压为零，所以式(2-17)可简化为：

$$\frac{\partial c}{\partial t} = -K'_V c \tag{2-18}$$

根据总污染物浓度(c_T)计算时可改写为：

$$\frac{\partial c}{\partial t} = -K_{vm} c_T \tag{2-19}$$

$$K_{vm} = -\frac{K_V \alpha_w}{Z} \qquad (2-20)$$

式中：α_w——有机污染物可溶解相分数。

研究实例

赵元慧、郎佩珍等针对松花江有机污染状况,选取 37 种有机污染物为研究对象,在室内和江边进行模拟实验,测定并预测了有机物的挥发速率。

1. 挥发速率模式

根据改进的双膜理论(式 2-16),同种化合物在不同条件下挥发速率常数(K_V)值不同(见表 2-2),计算参数见表 2-3。由式(2-16)可知:K_V 值主要受以下因素影响。(1)受空气和水的湍流作用的影响,当空气湍流作用(m)和水的湍流作用(n)增大时,氧气的液相传质系数(K_l^o)和水的气相传质系数(K_g^w)也增大,因 K_V值增大;(2)温度的影响温度升高,水的黏度减少,蒸发量增大,导致 K_l^o 和 K_g^w 也增大,所以 K_V 值增大;(3)表面活性剂的影响,当有表面活性剂存在时,其在水面形成有机层,阻碍了有机物的挥发,需对(2-16)式进行修正:

$$K_V = \frac{1}{L}\left[\frac{1}{K_l^o\,(D_l^c/D_l^o)^m} + \frac{RT}{H_c K_g^w\,(D_g^c/D_g^w)^n} + \frac{RT}{H_c K_s}\right]^{-1} \qquad (2-21)$$

式中,K_S 是表面传质系数;此外,沉积物、悬浮颗粒和鱼体等吸附与解吸均影响挥发速率常数。

2. 室内模拟结果

一般认为有机物的挥发为一级动力学过程:

$$-\frac{\mathrm{d}c}{\mathrm{d}t} = K_V c \qquad (2-22)$$

解方程(2-22)得:

$$c = c^0 e^{-K_v t} \qquad (2-23)$$

式中,c^0 和 c 为初始和 t 时水中有机物浓度。由实测得挥发动力学数据及式(2-23)就可回归计算出 K_V 值,结果见表 2-2。从表 2-2 中可以看出预测值和实测值相近,因此可以用双膜理论预测有机物的挥发速率。

根据求出的 K_V 值和式(2-23),用计算机分别模拟了模拟池和模拟槽内水中有机物浓度随时间的变化关系(图 2-2)。由图 2-2 可见,预测值和实测值相近,因此,可以认为有机物挥发为一级动力学过程。

表 2-2 挥发速率常数和参数

| 化合物 | 室内模拟槽 | | 江边模拟池 | H_c | D_l^c/D_l^o | D_g^c/D_g^w |
	K_V实测 (h^{-1})	K_V预测 (h^{-1})	K_V预测 (h^{-1})	atm·m³/mol		
四氯乙烷		0.053	0.16	3.8×10^{-4}	0.37	0.30
六氯乙烷	0.043	0.058	0.15	2.5×10^{-3}	0.31	0.26
四氯乙烯	0.047	0.075	0.18	0.015	0.38	0.30
六氯丁二烯		0.057	0.14	0.026	0.29	0.24
苯		0.10	0.22	5.5×10^{-2}	0.55	0.37
乙苯		0.087	0.17	6.6×10^{-3}	0.45	0.29
1,2,4-三甲苯		0.030	0.20	7.1×10^{-3}	0.41	0.28
间二氯苯		0.069	0.17	3.6×10^{-3}	0.36	0.29
1,2,3-三氯苯	0.050	0.059	0.16	1.3×10^{-3}	0.33	0.21
1,2,4,5-四氯苯	0.032	0.044	0.13	9.8×10^{-4}	0.28	0.19
六氯苯	0.013	0.033	0.12	6.8×10^{-4}	0.23	0.16
硝基苯	8.6×10^{-3}	6.3×10^{-3}	0.052	1.3×10^{-5}	0.39	0.26
邻-二硝基苯		3.0×10^{-7}	3.4×10^{-6}	1.0×10^{-9}	0.29	0.20
2,6-二硝基甲苯	6.0×10^{-3}	3.3×10^{-3}	0.030	7.9×10^{-6}	0.32	0.27
对-硝基甲苯	8.0×10^{-3}	2.0×10^{-3}	0.016	4.5×10^{-6}	0.32	0.27
对-硝基苯甲醚		1.0×10^{-3}	1.0×10^{-4}	3.6×10^{-6}	0.33	0.22
对-硝基氯苯		2.6×10^{-4}	3.3×10^{-3}	8.8×10^{-7}	0.32	0.22
间硝基氯苯	7.8×10^{-3}	4.9×10^{-4}	4.6×10^{-3}	1.4×10^{-6}	0.32	0.22
3,4-二氯硝基苯	5.7×10^{-3}	8.0×10^{-4}	6.7×10^{-3}	2.0×10^{-6}	0.29	0.20
2,5-二氯硝基苯		8.0×10^{-4}	6.7×10^{-3}	2.0×10^{-6}	0.29	0.20
辛烷		0.075	0.21	3.2	0.43	0.29
癸烷		0.065	0.18	4.2	0.37	0.25
十二烷		0.058	0.16	5.9	0.33	0.22
十六烷					0.27	0.19
十七烷					0.26	0.18

（续表）

化合物	室内模拟槽		江边模拟池	H_{C} atm·m³/mol	D_l^c/D_l^o	D_g^c/D_g^w
	K_V实测 (h^{-1})	K_V预测 (h^{-1})	K_V预测 (h^{-1})			
十八烷					0.25	0.17
二十烷					0.23	0.16
二十一烷					0.23	0.15
萘	0.057	0.16		4.6×10^{-4}	0.39	0.28
β-甲基萘					0.37	0.25
苯甲酸甲酯					0.38	0.26
邻苯二甲酸二乙酯	4.0×10^{-4}	3.7×10^{-3}		1.2×10^{-6}	0.27	0.18
邻苯二甲酸二丁酯	1.0×10^{-4}	7.8×10^{-4}		2.8×10^{-7}	0.23	0.16
α-666	2.1×10^{-3}	0.019		6.0×10^{-6}	0.26	0.22
β-666	2.0×10^{-4}	1.7×10^{-3}		4.5×10^{-7}	0.26	0.22
γ-666	2.7×10^{-3}	0.024		7.8×10^{-6}	0.26	0.22
δ-666	3.0×10^{-4}	7.8×10^{-4}		2.1×10^{-7}	0.26	0.22

表 2-3 参数值

	K_l^o (cm/h)	K_g^w (cm/h)	L (cm/h)	T (K)	m	n
室内模拟槽	4.4	1 220	25	291	1	1
江边模拟池	12.3	10 446	25	298	1	1

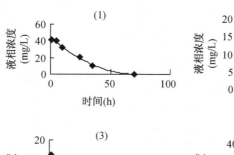

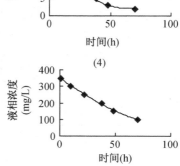

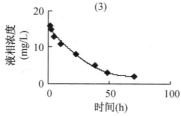

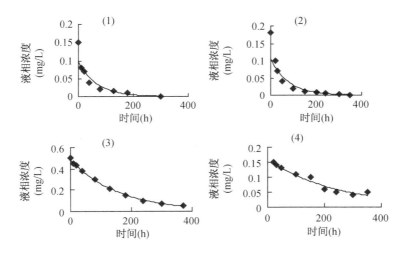

图 2-2　模拟池中有机物挥发速率曲线(实线为预测值,◆为实测值)

上图(1)1,2,3-三氯苯(2)十二烷 (3)六氯丁二烯(4)苯甲酸甲酯

下图(1)四氯乙烯(2)六氯乙烷(3)硝基苯(4)3,4-二氯硝基苯

3. 江边模拟结果

在松花江半拉山断面进行现场模拟实验,所用的参数见表 2-3,用双膜理论预测的挥发速率常数见表 2-2。图 2-3 是用双膜理论预测的结果,从图 2-3 中可见预测值和实测值符合较好,这进一步验证了双膜理论的实用性。

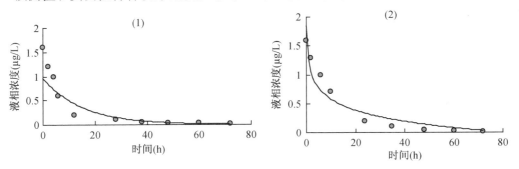

图 2-3　江边模拟池中四氯乙烯(1)、六氯乙烷(2)浓度

随时间变化的关系(实线为预测值,·为实测值)

4. 双膜理论预测时所需参数的测定和估算

(1) 复氧速率常数

$$\ln \frac{\left[(O_2)_s - (O_2)_t\right]}{\left[(O_2)_s - (O_2)_0\right]} = -k_l^0 t \qquad (2-24)$$

式中：$(O_2)_s$——氧在溶液温度时的饱和浓度(mg/L)；

$\quad\quad (O_2)_t$——时间为 t 时氧的浓度(mg/L)；

$\quad\quad (O_2)_0$——时间为 0 时氧的浓度(mg/L)；

$\quad\quad k_l^0$——复氧速率系数(h^{-1})。

测定不同时间的溶解氧值，则可用式(2-24)计算出 k_l^0 值，结果见表2-3。

复氧速率的估算用的是 Churchill 的经验式：

$$k_l^0(20℃) = 0.209V^{0.969}/L^{1.673}(h^{-1}) \tag{2-25}$$

$$k_l^0(T) = k_l^0(20℃)1.025^{(T-20)} \tag{2-26}$$

式中，V 为河流流速(m/s)；L 为河流平均深度(m)。

（2）水的气相传质系数

设水的蒸发量为 N^w(mol·cm^{-2}/h)，根据 Fick 定律得：

$$N^w = \frac{k_g^w(p_s^w - p^w)}{RT} \tag{2-27}$$

式中，p_s^w 和 p^w 为温度 T 时水的饱和蒸气压和实际分压(atm)。

由测得的蒸发量和相对湿度就可计算出水的气相传质系数 k_g^w，结果见表2-3。

（3）亨利常数

亨利常数可以根据分子的蒸气压和水中的溶解度来估算：

$$H_c = \frac{16.04p^0M}{TS} \tag{2-28}$$

式中：p^0——纯有机物的蒸气压(atm)；

$\quad\quad M$——有机物的分子量；

$\quad\quad T$——绝对温度(K)；

$\quad\quad S$——有机物的溶解度(mg/L)。

（4）气相和液相扩散系数

气相和液相扩散可由分子量(M)来估算，结果见表2-2。

$$D_g = 1.9M^{-2/3} \tag{2-29}$$

$$D_l = 2.2 \times 10^{-4}M^{-2/3} \tag{2-30}$$

5. 结论

模拟实验测定得到了37种有机物的挥发速率，得出有机物的挥发符合一级动力学过程，可以用双膜理论预测有机物的挥发速率常数。

第三节 有机污染物的吸附

本节主要介绍有机化合物在土壤(沉积物)—水之间的分配过程,分配系数主要与土壤中有机质的含量和土壤颗粒的粒径有关。在土壤—水体系中,非离子性有机化合物可通过溶解作用分配到土壤有机质中,并经过一定时间达到分配平衡,此时有机化合物在土壤有机质和水中含量的比值称为分配系数。土壤(沉积物)—水之间的分配过程包含两种机理:(1)分配作用,即在水溶液中有机质对有机化合物的溶解作用。在溶质的整个溶解范围内,吸附等温线都是线性的,与表面吸附位无关,只与有机化合物的溶解度相关。(2)吸附作用,土壤矿物质对有机化合物的吸附作用。其吸附等温线是非线性的,并存在着竞争吸附,同时在吸附过程中往往要放出大量的热,来补偿反应中熵的损失。

一、Langmuir 吸附理论模型

Langmuir 吸附理论模型可用来解释有机污染物在自然沉积物上的吸附规律。

1. 单纯溶液的吸附

对于单纯溶液,Langmuir 方程为:

$$\frac{x}{m} = \frac{\left(\frac{x}{m}\right)_m bC}{1+bC} \tag{2-31}$$

式中,$\frac{x}{m}$ 是溶质的吸附量,$\left(\frac{x}{m}\right)_m$ 是溶质的饱和吸附量,b 是吸附系数,C 是溶质的平衡浓度。从方程(2-31)可知,吸附等温线为一曲线。

2. 混合溶液的吸附

对于有 i 种溶质的溶液,Langmuir 方程为:

$$\left(\frac{x}{m}\right)_i = \frac{\left(\frac{x}{m}\right)_{m,i} b_i C_i}{1+\sum_i b_i C_i} \tag{2-32}$$

若各溶质的浓度都很小,$b_i C_i \ll 1$,且 $\sum_i b_i C_i \ll 1$,则式(2-32)化为:

$$\left(\frac{x}{m}\right)_i = \left(\frac{x}{m}\right)_{m,i} b_i C_i = K_i C_i \tag{2-33}$$

其中：
$$K_i = \left(\frac{x}{m}\right)_{m,i} b_i \tag{2-34}$$

由式(2-33)可以得出：当各溶质的浓度都很小，各溶质的吸附等温线皆为直线，而且彼此之间互不影响。

若有被强烈吸附的溶质1，且其浓度 C_1 很大，而其他各溶质的浓度都很小，则 $1 + \sum_i b_i C_i = b_1 C_1$，由(2-32)式得：

$$\left(\frac{x}{m}\right)_1 = \left(\frac{x}{m}\right)_{m,1} \quad (\text{当 } i = 1 \text{ 时}) \tag{2-35}$$

$$\left(\frac{x}{m}\right)_1 = \frac{\left(\frac{x}{m}\right)_{m,i} b_i C_i}{b_1 C_1} = K_i C_i \quad (\text{当 } i \neq 1 \text{ 时}) \tag{2-36}$$

其中：
$$K_i = \frac{\left(\frac{x}{m}\right)_{m,i} b_i}{b_1 C_1} \tag{2-37}$$

从式(2-36)可知，当有一种强烈吸附的主要溶质存在时，其他痕量溶质的吸附等温线也成直线。

二、分配系数

有机化合物在土壤与水之间的分配可用分配系数 K_p 表示：

$$K_p = \frac{c_s}{c_w} \tag{2-38}$$

为了引入悬浮颗粒物的浓度，有机物在水与颗粒物之间平衡时总浓度可表示为：

$$c_T = c_s \cdot c_p + c_w \tag{2-39}$$

式中：c_s——分别是有机毒物在颗粒物上的平衡浓度 $\mu g/kg$；

c_w——分别是有机毒物在沉积物和水中的平衡浓度，$\mu g/L$；

c_T——单位溶液体积内颗粒物上和水中有机毒物质量的总和，$\mu g/L$；

c_p——单位溶液体积上颗粒物的浓度，kg/L。

为表征类型各异组分复杂的沉积物和水之间的吸着常数，引入标化的分配系数(K_{oc})：

$$K_{oc} = \frac{K_p}{X_{oc}} \qquad (2-40)$$

式中：X_{oc}——沉积物中有机碳的质量分数。

考虑到颗粒大小产生的影响：

$$K_p = K_{oc}[0.2(1-f)X_{oc}^s + fX_{oc}^f] \qquad (2-41)$$

式中：f——细颗粒的质量分数（$d < 50 \ \mu m$）；

$\quad X_{oc}^s$——粗沉积物组分的有机碳含量；

$\quad X_{oc}^f$——细沉积物组分的有机碳含量。

憎水有机物的 K_{oc} 与辛醇-水分配系数 K_{ow} 之间存在相关关系，例如对烷基苯、氯代苯和 PCBs 系列化合物而言，它们之间的经验公式如下：

$$\log K_{oc} = 0.74\log K_{ow} + 0.15 \qquad (2-42)$$

有机物的辛醇-水分配系数与其在水中的溶解度有着内在的关系，针对脂肪烃、芳香烃、多氯联苯、有机氯和有机磷农药的经验公式为：

$$\log K_{ow} = 5.00 - 0.670\log\left(\frac{S_w \times 10^3}{M}\right) \qquad (2-43)$$

式中：S_w——有机物在水中的溶解度（mg/L）；

$\quad M$——有机物的分子量。

研究实例

本课题组以太湖水源地苯脲类（PUHs）农药为研究对象，构建了实验室水-沉积物系统，研究了 PUHs 农药的吸附-解吸行为。

1. 材料与方法

（1）实验方法

太湖水源地沉积物的性质见表 2-4。在进行吸附实验之前，将冷冻干燥并过筛的沉积物样品在 121 ℃、1.3 bar 条件下进行高压灭菌 20 min，以防发生生物降解而影响吸附实验结果。根据预实验的结果，吸附实验采用固液比为 1∶5，已达到最佳的吸附量，接近初始投加量的 50%～70%，以便于目标物的检测。目标物用甲醇制成储备液，然后用 0.01 M CaCl₂ 溶液溶解目标物的储备液，使甲醇占比低于 0.1%。水相使用 CaCl₂ 溶液用以提高水相离心并可以减少阳离子交换量。实验时先称取 5 g 沉积物置于 100 mL 锥形瓶中，所有锥形瓶用铝箔包裹以防光解，然后加入 25 mL 0.01 M CaCl₂ 溶液，在 25±1 ℃ 条件下，在恒温振荡器里以 150 rpm 振荡 24 h 以达到泥水平衡，然后再加入一定量的目标化合物，构成水-沉积物系统。

表 2-4　太湖水源地沉积物的性质

沉积物	f_{oc}(%)	黏粒(%)	粉粒(%)	沙粒(%)	pH	CEC
吴江	0.71	5.49	47.28	47.23	7.26	17.89
西氿	1.34	8.17	46.86	44.97	7.17	24.45
渔洋山	0.75	5.96	35.41	58.64	7.03	12.32
南泉	0.56	4.13	32.07	63.79	6.23	10.06
金墅港	1.12	4.76	46.24	49.00	8.09	20.78
锡东	1.06	5.17	43.46	51.38	7.76	18.67

（2）样品预处理

采集的水样用 0.45 μm 的醋酸纤维滤膜过滤以截留悬浮颗粒物,提高水样的稳定性,然后加入内标物进行固相萃取。过水样前,依次用 5 mL 甲醇和 5 mL 超纯水活化 C18 固相萃取柱（500 mg,6 mL,Waters）。以 3～5 mL/min 的流速对水样进行富集,过完水样后的萃取柱用 10 mL 的超纯水淋洗,然后在真空状态下干燥 30 min 以完全去除萃取柱里的水分。最后用 4 mL 乙腈/甲醇（1∶1,V/V）溶液对目标物进行洗脱,洗脱液用温和氮气缓慢吹至近干,残留物用甲醇溶解定容至 1 mL,收集在 1.5 mL 棕色色谱瓶中,-20 ℃ 条件下保存待测。

沉积物样品中目标化合物的萃取采用加速溶剂萃取法（ASE）,与索氏提取、超声萃取、微波萃取等方法相比,ASE 具有方便快速、溶剂用量少、萃取液与萃取残渣直接分离、萃取效率高、安全、全自动等突出优点。具体操作步骤如下:称取冷冻干燥并研磨好的沉积物样品 2 g,与硅藻土混合均匀后放入 22 mL 萃取池中。萃取溶剂为甲醇,萃取温度 100 ℃,萃取压力 1 500 psi,预热时间 5 min,静态提取时间 5 min,冲洗体积 60%,氮气吹洗时间 90 s,静态循环 3 次。萃取后,将 35 mL 左右的萃取液用定量浓缩仪浓缩至 1 mL 以下,然后用甲醇定容至 1 mL,移入棕色色谱瓶中,-20 ℃ 条件下保存待测。

（3）分析检测

三种 PUHs 采用超高效液相色谱质谱联用仪（UPLC/MS/MS）进行分析检测。色谱分离采用的是配有型号为 Waters BEH C18 色谱柱（2.1 mm × 100 mm, 1.7 μm）的 Waters ACQUITY 超高效液相色谱,柱温控制在 40 ℃,流动相为 A（0.1%甲酸＋2%甲醇的超纯水）和 B（0.1%甲酸的甲醇溶液）,流速设定为 0.4 mL/min,进样体积为 5 μL。运用梯度洗脱的方法对目标物进行分析。质谱分析使用 Waters ACQUITYXevo TQ 三重四级杆质谱仪,离子源为电喷雾离子源 ESI;电离模式均为正离子模式（ESI＋）；离子源温度为 150 ℃；采集方式为多重反应检测模式（MRM）；雾化气脱溶剂气和碰撞气分别选择高纯氮和高纯氩，流速分别为 900 L/Hr 和 0.15 mL/min，脱溶剂气温度为 500 ℃。

2. 结果与讨论

在进行吸附实验之前，对采集的样品所赋存的目标化合物本底浓度值进行检测，如表 2-5，实验数据显示目标物的本底浓度值远低于本节实验室设计的浓度，所以在结果分析中可以忽略不计。

（1）吸附动力学

选取有机碳含量和黏粒含量较高的西氿沉积物与有机碳含量低和砂粒含量高的南泉沉积物进行 48 h 的吸附动力学实验，在相应的时间点采集的上清液和沉积物样品进行定量检测，结果如图 2-4。

表 2-5　水、悬浮颗粒物和沉积物目标物背景值

采样点	水样（ng/L）			沉积物（ng/g）			悬浮颗粒物（ng/g）		
	敌草隆	利谷隆	异丙隆	敌草隆	利谷隆	异丙隆	敌草隆	利谷隆	异丙隆
吴江	16.02	3.99	17.48	33.8	37.45	36.25	ND	ND	ND
西氿	1.21	ND	66.4	7.85	9.40	9.9	0.36	ND	19.12
渔洋山	10.88	1.91	11.26	4.01	5.60	5.15	NQ	ND	ND
南泉	19.88	ND	16.65	4.85	9.01	5.65	ND	ND	ND
金墅港	14.36	ND	16.18	24.55	8.40	99.2	4.49	5.62	4.87
锡东	6.20	ND	3.2	14.05	18.30	12.95	ND	ND	ND

注：ND 未检出，NQ＜LOQ。

经过 48 h 反应后，对照组的 3 种目标化合物的浓度损失均低于 8%，表明在实验过程中目标化合物的水解、挥发以及器壁对该类物质的吸附量可以忽略不计。根据整个反应系统的物质量守恒结果显示，系统中目标化合物的损失在 20%～30% 之间，这些损失可能源于化合物的生物降解，虽然对实验装置及沉积物进行高压灭菌处理，并不能保证系统中不存在细菌，由于系统反应周期在 3 d 左右（包含预平衡 24 h），空气中细菌可能在滴加目标物或者取样过程中进入系统，导致目标物损失。另外，西氿沉积物的损失量明显高于南泉沉积物，而西氿的黏土颗粒含量高于南泉，从而加速目标化合物的降解。由图 2-4 可以看出，反应 12 h 所有目标物达到平衡，所以选取 12 h 作为下一阶段实验的平衡时间。

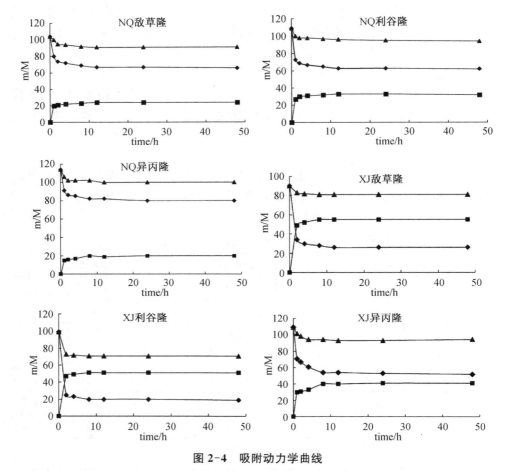

图 2-4 吸附动力学曲线

(XJ 西汜沉积物,NQ 南泉沉积物;▲反应系统中目标物总量与初始投入量之比,◆水相中目标物量与初始投入量之比,■沉积物中目标物量与初始投入量之比;M 为初始投入量,m 为反应体系/水相/沉积物中目标物含量)

（2）吸附等温线

根据吸附动力学实验的结果显示,在平衡 12 h 后,系统中添加的 PUHs 多于 80% 的是可以被回收的。在此基础上进行吸附等温线实验,12 h 吸附达到平衡后,利用液相平衡浓度以及推算出的固相浓度绘制吸附等温线(图 2-5)。利用 Freundlich 方程进行拟合,得到一系列相关吸附系数。由图 2-5 可以看出由 Freundlich 方程拟合的相关系数 R^2 值在 0.965~0.998 之间,具有良好的相关性。Freundlich 指数 n 的值在 0.92~1.06 之间,表明在实验设定的浓度范围内,3 种苯脲类农药在采取的 6 点太湖沉积物中基本上呈线性吸附。

从图 2-5 中绘制的吸附等温线可以看出,三种苯脲类农药的吸附亲和力各不相同,利谷隆在 6 种沉积物中表现出最强的吸附性能,接下来依次是敌草隆和异丙隆。在表 2-6 中呈现出在西氿沉积物中 3 种苯脲类农药的吸附系数最高,其次由高到低依次是锡东、金墅港、吴江、渔洋山和南泉。一般来说,吸附系数的高低与沉积物的有机碳含量和沉积物特性有关。高的吸附系数对应较高的有机碳含量或者相对良好的沉积物特性(即黏粒所占比例高而砂粒比例低),而且有机碳含量是影响吸附的最主要影响因素。结合沉积物的粒径、有机碳含量等参数(表 2-4),西氿沉积物的有机碳含量是最高的,对应的吸附系数也高于其他沉积物。另外,渔洋山和吴江的有机碳含量基本相同,就砂粒含量而言渔洋山高于吴江,吴江的吸附系数高于渔洋山。因此砂粒含量的多少也会影响目标化合物的吸附。

表 2-6 苯脲类农药在沉积物中的相关吸附系数(K_d 和 $\log K_{oc}$ 数值是各个实验点数据的平均值)

采样点	化合物	吸附			解吸			K_d	$\log K_{oc}$	HI
		K_f	n	R^2	K_f	n	R^2			
吴江	敌草隆	8.73	0.92	0.997	13.8	0.87	0.993	7.28	2.38	0.946
	利谷隆	11.4	0.92	0.997	21.4	0.85	0.989	9.59	3.16	0.924
	异丙隆	1.77	0.98	0.988	4.68	0.78	0.988	1.87	3.33	0.796
西氿	敌草隆	14.5	0.98	0.993	31.62	0.87	0.977	19.6	2.42	0.888
	利谷隆	23.1	0.99	0.998	39.8	0.98	0.992	28.5	3.01	0.989
	异丙隆	2.86	1.02	0.997	9.77	0.67	0.996	3.19	3.13	0.657
渔洋山	敌草隆	8.58	0.93	0.998	11.8	0.82	0.988	5.92	2.23	0.882
	利谷隆	10.9	0.96	0.998	17.0	0.89	0.988	7.96	2.90	0.927
	异丙隆	1.67	0.97	0.986	3.80	0.72	0.987	1.27	3.08	0.742
南泉	敌草隆	2.03	0.92	0.983	1.91	0.93	0.989	2.52	2.30	1.010
	利谷隆	4.06	0.91	0.994	4.90	0.99	0.994	4.23	2.79	1.087
	异丙隆	0.30	1.02	0.985	1.47	0.67	0.983	0.82	3.05	0.872
金墅港	敌草隆	9.47	1.03	0.998	7.76	0.97	0.996	6.94	2.34	0.942
	利谷隆	17.4	0.95	0.997	16.2	0.87	0.982	11.1	2.92	0.916
	异丙隆	1.89	1.06	0.994	2.75	0.88	0.995	2.26	3.08	0.830
锡东	敌草隆	10.3	0.93	0.974	12.8	0.84	0.954	8.84	2.17	0.903
	利谷隆	16.6	0.96	0.988	21.3	0.91	0.979	12.9	2.65	0.947
	异丙隆	1.98	1.00	0.965	3.89	0.70	0.981	2.89	2.88	0.700

本研究中3种苯脲类农药在不同沉积物中的分配系数 $\log K_{oc}$ 是根据在吸附实验中所测得的数据计算得到的，数值由大到小依次是利谷隆＞敌草隆＞异丙隆，与这3种苯脲类农药的辛醇水分配系数 $\log K_{ow}$ 的大小顺序不一致(如表2-7)。异丙隆的 $\log K_{ow}$ 高于敌草隆，而却有着较低的分配系数，说明苯脲类农药的吸附性能不仅与沉积物有机质的溶解作用有关，而且还有化合物本身的性质有关。运用经验预测模型推算出的 $\log K_{oc}$ 的值与实验测得的数值相比较，如表2-7所示，异丙隆的推算值与实测值的结果最为相近，而其余两种均低于实测值。可能原因是利谷隆和敌草隆分子结构中均含有 Cl 原子，而 Cl 原子可以作为吸电子体增强化合物的氢键键合能力，从而促进利谷隆和敌草隆在沉积物中的吸附能力。

表 2-7　$\log K_{oc}$ 的实测值与模型计算值

目标物	$\log K_{ow}$	实测 $\log K_{oc}$ 值	模型推算 $\log K_{oc}$ 值 *
敌草隆	2.68	2.85	2.27
利谷隆	3.2	3.02	2.77
异丙隆	2.87	2.32	2.46

* 预测模型采用 $\log K_{oc} = 0.958, \log K_{ow} = 0.290$

（3）解吸动力学

当吸附达到平衡后，更换上清液为不含目标化合物的 $CaCl_2$ 溶液，继续 12 h 的解吸实验，实验结果如图2-4所示。3种苯脲类农药的解吸等温线或多或少的都会偏离各自的吸附等温线，并且大多数都位于吸附等温线的上方。利用 Freundlich 方程拟合的相关系数 R^2 值在 0.954～0.995 之间，说明也具有良好的线性相关性。3种苯脲类农药的解吸性能大小依次是利谷隆、敌草隆和异丙隆，顺序与吸附性能相一致。在不同的沉积物中，所有目标物的解吸系数在西氿沉积物中最高，其他的由高到低依次是吴江、锡东、渔洋山、金墅港和南泉。相比其他两种苯脲类农药，尽管异丙隆在所有的实验的沉积物中表现出较低的解吸速率，但是在南泉中的解吸速率要高于其他5种沉积物，这种不一致可能与沉积物的组成成分有关系，南泉沉积物有机碳含量低，砂粒含量高，有利于农药的解吸。PUHs 的解吸也是重要的过程，因为它决定了 PUH 在饮用水源地沉积物中的释放速率和潜在的流动性。

解吸滞后是一种常见现象，并且在研究许多有机污染物的吸附解吸过程中也出现过该现象，例如除草剂，PAHs，药物和个人护理产品等。解吸滞后的强弱用解吸滞后系数来判断，通过将解吸系数除以吸附系数得到解吸滞后指数（HI），结果见表2-6。一般来说，当 HI 值接近于 1 时，意味着解吸速率和吸附速率一样，没有发生滞后；当 HI 值小于 1 时，表示解吸速率低于吸附速率，发生滞后现象。从表2-6 中可以看出，异丙隆的 HI 值在 0.657～0.872 之间，在西氿沉积物中 HI 值最低,南泉最高。就敌草隆而言,除了在西氿和渔洋山沉积物中 HI 值低于 1,其余均接近于 1,而利谷隆在所有沉积物中 HI 值均接近于 1。从该结果中得出,异丙隆在所有沉积物中具有明显的解吸滞后现象。根据以往的研究发现,造成这种现象的因素有很多。首先,目标物与沉积物的特异性吸附位点的不可逆结合,这可能是由于目标化合物与沉积物组分之间发生了一系列的相互作用,例如无机表面的

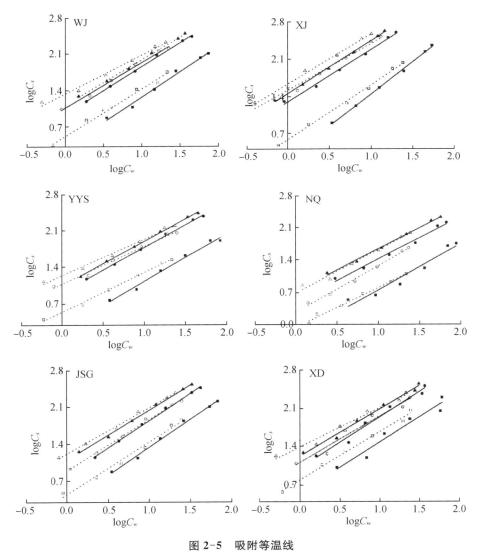

图 2-5　吸附等温线

(■异丙隆;●敌草隆;▲利谷隆;实心点表示吸附,空心点表示解吸,WJ,YYS,XD,XJ,JSG 和 NQ 指吴江、渔洋山、锡东、西氿、金墅港和南泉)

配体交换键或芳香族化合物与含有芳族部分的天然有机物（NOM）之间形成 $\pi-\pi$ 相互作用。此外，由复杂的外部质量传递和颗粒内扩散引起的缓慢解吸动力学也可能导致解吸滞后。西汊沉积物的有机碳和黏粒含量是最高的，而异丙隆在该沉积物中 HI 值是最低的，在 HI 值和黏土含量（$R^2 = 0.62$）或 f_{oc}（$R^2 = 0.47$）之间似乎存在反相关。

（4）沉积物特性对吸附的影响

根据以上实验的结果发现，沉积物对苯脲农药的吸附机制不仅是有机质的溶解作用，还有其他影响机制，例如沉积物的颗粒组成等。为了进一步确定沉积物特性（如颗粒组成，pH 和阳离子交换量）对苯脲类农药吸附的影响，下面通过相关分析来进一步研究三种苯脲类农药的吸附系数 K_f 和沉积物特性之间的关系，见表 2-8。

表 2-8　三种苯脲类农药的吸附系数 K_f 与沉积物特性的相关系数（R）

R	K_f 异丙隆	K_f 敌草隆	K_f 利谷隆	f_{oc}, %	pH	CEC	黏粒, %	粉粒, %
K_f 敌草隆	0.999*							
K_f 利谷隆	0.949*	0.954*						
f_{oc}, %	0.865*	0.877*	0.977*					
pH	0.619	0.605	0.675	0.640				
CEC	0.890*	0.885*	0.947*	0.913*	0.673			
黏粒, %	0.808	0.813	0.738	0.653	0.200	0.778		
粉粒, %	0.957*	0.947*	0.886*	0.781	0.539	0.916*	0.888*	
砂粒, %	−0.948*	−0.940*	−0.876*	−0.773	−0.494	−0.908*	−0.919*	−0.997*

＊. 在 0.05 水平（双侧）上显著相关。

在相关分析过程中，充分考虑沉积物特性与吸附系数 K_f 之间的关系，由表 2-8 相关矩阵可以看出，除了砂粒含量与 K_f 值呈负相关外，其余参数均呈正相关，其中有机碳、砂粒和 CEC 含量均与三种 PUHs 的 K_f 值具有显著相关性（$p < 0.05$）。沉积物中的有机碳作为有机污染物的重要吸附剂，它控制疏水化合物在水和沉积物颗粒之间的吸附和解吸。高有机碳含量能够有效地固定苯脲类农药从而促进吸附，以往的研究也证实有机碳含量是影响利谷隆、敌草隆和异丙隆吸附的关键性因素，并且疏水作用对于非离子态的 PUHs 在沉积物中的吸附起重要作用。通常，细颗粒表现出丰富的有机物质和较大比表面积，因此这些细颗粒可以更容易地吸

附非极性有机化合物。我们的研究结果表明,沉积物中的细颗粒,特别是粉砂颗粒,在 PUHs 吸附中比砂粒有着更重要的作用。与黏土含量相比,沉积物中有机碳的含量与粉粒含量的相关性更为显著。在吸附实验中发现,当有机碳含量基本相同时,黏粒和粉粒含量的多少对吸附的影响很显著,例如苯脲类农药在渔洋山与吴江沉积物的吸附。另外,CEC 与三种 PUHs 的 K_f 值具有显著正相关性,表明 CEC 能够促进 PUHs 在沉积物中的吸附。CEC 主要由黏土片之间的中间层中的离子交换位点组成。虽然土壤中 CEC 的强度与有机碳和黏土矿物所带负电荷位点密切相关,事实上,本研究中测试沉积物的有机碳含量与 CEC 呈正相关($R = 0.913, p < 0.05$),因此,K_f 与 CEC 呈现出显著正相关性。pH 与 K_f 值无显著相关性,说明太湖沉积物中 pH 的大小对非离子态的 PUHs 吸附的影响不显著。

3. 结论

(1) Freundlich 方程可以很好地拟合敌草隆、利谷隆和异丙隆的吸附解吸等温线,R^2 值均大于 0.965;在实验室研究的浓度范围内,n 值介于 0.92~1.06 之间,3 种苯脲类农药在沉积物中的吸附基本呈线性。

(2) 3 种苯脲类农药在不同沉积物中的分配系数 K_d 与有机碳的含量呈正相关,利用经验预测公式推算出的 $\log K_{oc}$ 值中,与异丙隆的实验值相近,而敌草隆和利谷隆比实测值偏小,说明沉积物对目标化合物的吸附作用不仅与有机质的溶解作用有关系,而且还与化合物本身的结构有关系。

(3) 3 种苯脲类农药在不同沉积物中的解吸过程中存在滞后现象,异丙隆表现更为明显,原因是异丙隆更容易与有机质表面生成氢键。HI 值与沉积物的有机碳含量成反比,表明有机碳含量是造成解吸滞后的主要原因。

(4) 沉积物中有机碳、粉粒含量和 CEC 与 K_f 值呈显著正相关,是影响苯脲类农药吸附的主要因素。

思考题与习题

1. 有机污染物在不同环境介质中存在哪些迁移行为?

2. 什么是干、湿沉降?影响因素有哪些?

3. 有机化合物在土壤—水之间的分配机理是什么?

4. 有机化合物在土壤与水之间的分配系数的表示方法及影响因素?

5. 如何用双膜理论估算化合物的挥发速率常数?影响挥发速率常数的因素有哪些?

6. 双膜理论预测时所需的参数有哪些？分别是如何测定的？

7. 某有机物的分子量为 129,溶解在含有悬浮物的水体中,若悬浮物中 80% 为细颗粒,有机碳含量为 5%,其余粗颗粒有机碳含量为 1%,已知该有机物在水中溶解度为 0.025 mg/L,其分配系数是多少？

8. 某有机物的分子量为 137,饱和蒸汽压为 2.92×10^3 Pa,20 ℃时在水中的溶解度为 275 mg/L,计算其亨利定律常数。

主要参考文献

［1］戴树桂. 环境化学[M]. 北京:高等教育出版社,1997.

［2］赵睿新. 环境污染化学[M]. 北京:化学工业出版社,2004.

［3］汪群慧. 环境化学[M]. 哈尔滨:哈尔滨工业大学出版社,2008.

［4］王晓蓉. 环境化学[M]. 南京:南京大学出版社,1993.

［5］郎佩珍. 松花江中有机物的变化及毒性[M]. 长春:吉林科学技术出版社,1998.

［6］赵元慧,郎佩珍,龙风山. 模拟实验测定江河中有机物的挥发速率[J]. 环境科学,1990, 12(3):55-59.

［7］SABLJIC A, GUSTEN H, VERHAAR H, HERMENS J. QSAR modeling of soil sorption. Improvements and systematics of $\log K_{oc}$ *vs* $\log K_{ow}$ correlations[J]. Chemosphere, 1995,31:4489-4514.

［8］LU GH, HOU KK, LIU JC. Sorption and desorption of selected phenyl urea herbicides in laboratory water-sediment systems[C]. IOP Conf. Series:Earth and Environmental Science,2018,191:012021.

第三章

有机污染物的转化

有机污染物的转化是指其形态和化学结构发生变化,从一种物质变成另外一种物质。有机污染物在环境中发生一系列转化过程,生成中间产物或者完全矿化,其生态毒性和环境风险也随之发生变化。有机污染物的转化过程主要有水解、光解、生物降解等。

第一节　水解作用

水解反应是指在环境介质中有机分子 RX 与水分子的化学反应过程。在这类反应中,原来分子中的 C—X 键被打断并形成了新的 C—O 键的加合反应以及消去反应等,反应式可表示为:

$$RX + H_2O \rightleftharpoons ROH + HX$$

反应步骤还可以包括一个或多个中间体的形成,有机物通过水解反应而改变了原化合物的化学特性。对于许多有机化合物来说,水解作用是其在环境中消失的重要途径。饱和卤代烃、酰胺、胺类、氨基甲酸酯、羧酸酯、酞酸酯、磷酸酯、磷酸酯、磺酸酯、硫酸酯、环氧化物、腈等均可发生水解反应。

常见的水解反应有:

$$CH_3-CH_2-\underset{Br}{CH}-CH_3 \xrightarrow{H_2O} CH_3-CH_2-\underset{OH}{CH}-CH_3 + Br^- + H^+$$

$$\bigcirc-COOC_2H_2 \xrightarrow{H_2O} \bigcirc-COOH + C_2H_5OH$$

$$\bigcirc-CH_2C\equiv N \xrightarrow{H_2O} \bigcirc-CH_2COOH + NH_3$$

$$CH_3O\underset{O}{C}NHC_6H_5 \xrightarrow{H_2O} CH_3OH + CO_2 + C_6H_5NH_2$$

2,4-D酯类 $\xrightarrow{H_2O}$ 2,4-D酸 + ROH

$$\triangledown_O \xrightarrow{H_2O} HOCH_2CH_2OH$$

邻苯二甲酸酯　　　　　　　邻苯二甲酸

酞酸酯(phthalates,PAEs)是邻苯二甲酸酯的统称,属于工业添加剂(塑化剂)。酞酸酯是塑料加工中使用最广泛的塑化剂之一,添加后可让微粒分子更均匀散布,因此能增加延展性、弹性及柔软度,常作为沙发、汽车座椅、橡胶管、化妆品及玩具的原料。近年来,这类化合物引起的环境健康危害,受到了广泛关注。研究发现,酞酸酯是一类内分泌干扰物,在人体和动物体内发挥着类似雌激素的作用,可干扰内分泌系统。2017 年 10 月 27 日,在世界卫生组织国际癌症研究机构公布的致癌物清单中,二(2-乙基己基)邻苯二甲酸酯被列为 2B 类致癌物。

有机污染物水解后并不能总是生成低毒产物。例如 2,4-D 脂类的水解作用就生成毒性更大的 2,4-D 酸。有机污染物的水解反应受 pH、温度、反应介质等因素影响。

在某一 pH 下,水解作用通常被认为是一级反应:

$$-\frac{\mathrm{d}c}{\mathrm{d}t} = K_h c \qquad (3-1)$$

式中:K_h——水解速率常数。

一级反应有明显依属性,因为这意味着化合物水解的半衰期与其浓度无关。所以,只要温度和 pH 等反应条件不变,从化合物高浓度得出的结果可外推出化合物低浓度时的半衰期:

$$t_{1/2} = \frac{0.693}{K_h} \qquad (3-2)$$

式中:$t_{1/2}$ 为低浓度时的半衰期。

实验表明,水解速率与 pH 有关,Mabey 等把水解速率归纳为由酸性或碱性催化中和的过程,因而水解的二级动力学模式:

$$-\frac{\mathrm{d}c}{\mathrm{d}t} = (K_b \alpha_{\mathrm{OH}} + K_a \alpha_{\mathrm{H}} + K_n \alpha_w) c \qquad (3-3)$$

式中:K_a[L/(mol·s)]——酸性催化过程的二级反应水解速率常数;

K_b[L/(mol·s)]——碱性催化过程的二级反应水解速率常数;

K_n(s^{-1})——中性过程的二级反应水解速率常数;

α_{OH}、α_H 和 α_w——氢氧化物、水合氢离子和 H_2O 的化学活性。

改变 pH 可得一系列 K_h，在 $\log K_h$—pH 图（如图 3-1）中，可得三个交点相对于三个 pH（I_{AN}、I_{AB} 和 I_{NB}），由此三值和图 3-1 中三式可计算出 K_a、K_b 和 K_n。其中：

$$I_{AN} = -\log\left(\frac{K_n}{K_a}\right) \quad I_{AB} = -\frac{1}{2}\log\frac{K_b K_w}{K_a} \quad I_{NB} = -\log\left(\frac{K_b K_w}{K_a}\right)$$

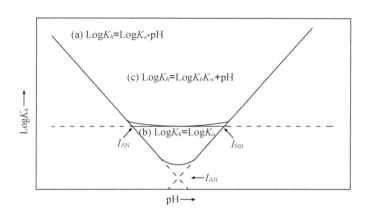

图 3-1　水解速率常数与 pH 关系

Mabey 和 Mill 提出，pH -水解速率曲线可以呈现 U 形或 V 形，这取决于与特定酸、碱催化过程相比较的中性过程的水解速率常数的大小。I_{AN}、I_{NB} 和 I_{AB} 为酸、碱催化中和过程中对 K_h 有显著影响的 pH。如果某类有机物在 $\log K_h$—pH 的图中的交点落在 pH＝5～8 范围内，则在预测各水解反应速率时，必须考虑酸碱催化作用的影响。表 3-1 列出了对有机官能团的酸碱催化起重要作用的 pH 范围。

应该指出，并不是所有水解过程都有三个速率常数，例如，当 $K_n＝0$ 时，则图 3-1 中就只表现出 I_{AB}。

如果考虑到吸附作用的影响，则

$$K_h = m(K_b \alpha_{OH} + K_a \alpha_H) + K_n \alpha_w \tag{3-4}$$

式中：m——有机化合物溶解态的分数。

水解速率还受到温度的影响。有机化合物水解速率随温度升高而增加。速率常数和温度间的关系通常可用 Arrhenius 方程来表示：

$$k = A e^{\frac{E_a}{RT}} \tag{3-5}$$

式中：E_a——该条件下的反应活化能；

A——指前因子；

R——摩尔气体常数；

T——热力学温度。

表 3-1　对有机官能团的酸碱催化起重要作用的 pH 范围

种类	酸催化	碱催化
有机卤化物	无	>11
环氧化物	3.8[①]	>10
脂肪酸酯	1.2～3.1	5.2～7.1[②]
芳香酸酯	3.9～5.2[①]	3.9～5.0[②]
酰胺	4.9～7[①]	4.9～7[②]
氨基甲酸酯	<2	6.2～9[②]
磷酸酯	2.8～3.6	2.5～3.6

注：① 水环境中 5<pH<8,酸催化是主要的；

　　② 水环境中 5<pH<8,碱催化是主要的。

第二节　光解作用

有机污染物的光解作用是指污染物吸收了光能所发生的分解反应。光解作用不可逆的分解过程,对许多有机污染物的环境行为具有十分重要的影响。大部分天然水环境会暴露在太阳光的照射之下,所以光解作用对于天然水中有机污染物的转化具有重要的作用。结构复杂的有机污染物通过光解反应可能产生很多中间产物,使其毒性和环境行为发生变化。一个有毒化合物的光解产物可能还是有毒的,例如,辐照 DDT 反应产生的 DDE,DDE 在环境中的滞留时间比 DDT 还长。有机污染物的光解速率依赖于化学和环境因素,化合物的结构、光的吸收性质、天然水的光迁移特征以及阳光辐射强度均是影响环境光解作用的重要因素。

一、 光化学反应基础

1. 光化学反应过程

分子、原子、自由基或离子吸收光子而发生的化学反应称光化学反应,大气光化学反应分为两个过程:初级过程和次级过程。

初级过程:化学物种吸收光量子形成激发态物种,其基本步骤为:

$$A + h\upsilon \rightarrow A^*$$

分子接受光能后可能产生三种能量跃迁:电子的(UV-vis),振动的(IR),转动的(NMR),只有电子跃迁才能产生激发态物种 A^*。

激发态物种能发生如下反应:

辐射跃迁,通过辐射磷光或荧光失活: $A^* \rightarrow A + h\upsilon$

碰撞失活,为无辐射跃迁: $A^* + M \rightarrow A + M$

光离解,生成新物质: $A^* \rightarrow B_1 + B_2$

与其他分子反应生成新物种: $A^* + C \rightarrow D_1 + D_2$

前两种属于光物理过程,后两种过程属于光化学过程。

次级过程:初级过程中反应物与生成物之间进一步发生的反应。

2. 光化学基本定律

当激发态分子的能量足够使分子内的化学键断裂,即光子的能量大于化学键时才能引起光离解反应。其次,为使分子产生有效的光化学反应,光还必须被所作用的分子吸收,即分子对某特定波长的光要有特征吸收光谱,才能产生光化学反应。

光被分子吸收的过程是单光子过程,由于电子激发态分子的寿命$<10^{-8}$ s,在如此短的时间内,辐射强度比较弱的情况下,只可能单光子过程,再吸收第二个光子的几率很小(光化学第二定律)。

光量子能量:

$$E = h\upsilon = \frac{hc}{\lambda}$$

其中:c——光速,$2.997\ 9 \times 10^{10}$ cm/s;

λ——光量子波长;

h——普朗克常数,6.626×10^{-34} J·s。

若一个分子吸收一个光量子,1 mol 分子吸收的总能量:

$$E = N_0 \times h\upsilon = N_0 \frac{h\upsilon}{\lambda}$$

$N_0 = 6.022 \times 10^{23}$,若 $\lambda = 400$ nm,$E = 299.1$ kJ/mol;若 $\lambda = 700$ nm,$E = 170.9$ kJ/mol。通常化学键的能量大于 170.9 kJ/mol,所以波长大于 700 nm 的光就不能引起光化学离解。

二、 天然水中有机物的光化学降解

天然水中有机污染物的光解过程可分为三类:直接光解,间接光解(敏化光解)和氧化反应。

1. 直接光解

直接光解反应是指有机分子直接吸收太阳光的光能,由基态变为激发态,然后在激发态下发生改变原来分子结构的一系列反应。

根据 Grothus-Draper 定律,只有吸收辐射(以光子的形式)的那些分子才会进行光化学转化。这意味着光化学反应的先决条件应该是污染物的吸收光谱要与太阳发射光谱在水环境中可利用的部分相适应。为了了解水体中污染物对光子的平均吸收率,首先必须了解水环境中光的吸收作用。

水环境中光的吸收作用:光以具有能量的光子与物质作用,物质分子能够吸收作为光子的光,如果光子的相应能量变化允许分子间隔能量级之间的迁移,则光的吸收是可能的。因此,光子被吸收的可能性强烈地随着光的波长而变化。一般说来,在紫外—可见光范围的波长的辐射作用,可以将有效的能量给最初的光化学反应。

虽然所有光化学反应都吸收光子,但不是每一个被吸收的光子均诱发产生一个化学反应,除了化学反应,被激发的分子还可能产生包括磷光、荧光的再辐射,因此一个分子被活化是由体系吸收光量子或光子进行的。光解速率只正比于单位时间所吸收的光子数,而不是正比于吸收的总能量。分子被激活后,可能进行光反应,也可能通过光辐射的形式进行"去活化"再回到基态,进行反应的光子占吸收总光子数之比,称为光量子产率(Φ)。

Φ＝生成或破坏的给定物种的摩尔数/体系吸收光子的摩尔数,

$\Phi \leqslant 1$,与波长无关。

在液相:
$$\Phi_d = -\frac{\mathrm{d}c}{\mathrm{d}t} \frac{1}{I_{ad}} \tag{3-6}$$

式中:I_{ad}——化合物吸收光的速率;

c——化合物浓度。

对某一个化合物来讲,Φ_d是恒定。但是对于许多化合物来说 Φ 值基本上不随波长而改变,所以应该考虑 Φ 和不同波长,可表示如下:

$$R_p = K_p \cdot c \tag{3-7}$$

其中:$K_a = \sum K_{a\lambda}$,$K_p = K_a \cdot \Phi$

K_a——污染物吸收不同波长光的速率常数；

K_p——光降解速率常数；

R_p——光解速率。

影响光解速率的因素：（1）水体中的氧浓度（可能是淬灭剂，可能无影响，可能参与光解反应）；（2）悬浮沉积物（增加光的衰减、改变化合物活性）。

应用污染物光化学反应半衰期这个概念，是确定测量光解速率的简便方法，半衰期是从光反应的量子产率得到的，与水体的光化学性质无关。半衰期可表示为：

$$t_{1/2} = \frac{0.693}{K_p} = \frac{0.693}{K_a \cdot \Phi} \tag{3-8}$$

表 3-2 列出了一些重要的有机污染物的直接光解的速率常数和半衰期，量子产率 Φ_d 测定波长为 313 nm 或 366 nm，速率常数 $K_p(\mathrm{d}^{-1})$ 和半衰期 $t_{1/2}(\mathrm{d})$ 测定条件为：仲夏、北纬 40°、表层水体、24 h 平均值。

表 3-2 一些有机污染物的直接光解动力学参数（Brezonik，1994）

化合物	Φ_d	K_p/d^{-1}	$t_{1/2}/\mathrm{d}$
蒽	0.003	8.5	0.081
苯并(a)蒽	0.003 3	10.5	0.066
	0.032	12.7	0.054
苯并(a)芘	0.000 89	11.7	0.059
	0.000 89	13.0	0.053
苯并(f)喹啉	0.014	11.5	0.06
	0.014	16.0	0.043
苯并(b)噻吩	0.1	0.049	14.1
9-H-咔唑	0.007 6	5.75	0.12
		6.63	0.10
7-H-二苯并(c,g)咔唑	0.002 8	16.7	0.041
二苯并(e,g)咔唑	0.003 3	20.9	0.033
二苯并噻吩	0.000 5	0.12	5.7
	0.000 5	0.13	5.3
3,3'-二氯代对二氨基联苯	—	25.6	0.002 7
DDE	0.3	0.75	0.92
二苯基汞	0.056	0.86	0.8
甲基对硫磷	0.000 17	0.077	9.0
萘	0.013	230.0	0.003

（续表）

化合物	Φ_d	K_p/d^{-1}	$t_{1/2}/\mathrm{d}$
	0.001 5	0.09	7.7
N-亚硝基阿特拉津	0.3	75.0	0.009 2
对硫磷	0.000 15	0.069	10.0
苯基醋酸汞	0.25	2.76	0.25
芘	0.002 2	9.3	0.074
喹啉	0.000 33	0.028	25.0
	0.000 33	0.031	22.3
氟乐灵	0.002	17.7	0.039

2. 间接光解

间接光解反应又称光敏反应，是由一种所谓的光敏剂物质，如天然水中的腐殖质或微生物，首先吸收太阳光能，成为激发态，这种处于激发态的光敏物质将其吸收的能量传递给基态的有机污染物分子，使之成为激发态并发生改变其分子结构的分解反应，而光敏物质又回到原来的基态。

2,5-二甲基呋喃在蒸馏水中将其暴露于阳光中没有反应，但是它在含有天然腐殖质的水中降解很快，这是由于腐殖质可以强烈地吸收波长小于 500 nm 的光，并将部分能量转移给 2,5-二甲基呋喃，从而导致其降解反应，这就是一种间接光解过程。所以在间接光解反应中，光敏剂起着非常重要的作用，但其自身并不发生分子结构的改变，只是起着类似于催化剂的作用。

间接光解的光量子产率可通过式 3-9 计算：

$$\Phi_s = \frac{-\mathrm{d}c}{\mathrm{d}t}/I_{as} \tag{3-9}$$

式中：I_{as}——敏化分子吸收光的速率；

c——污染物浓度。

然而，敏化光降解的光量子产率不是常数，与污染物浓度有关，即：

$$\Phi_s = Q_s \cdot c \tag{3-10}$$

式中：Q_s——常数。这可能是由于敏化分子贡献它的能量至一个污染分子时，与污染物分子的浓度成正比。

3. 氧化反应

氧化反应是指天然物质吸收光辐射而产生自由基或纯态氧（又称单一氧）等中间体，这些中间体又与化合物作用而生成转化产物。

在水环境中常见的氧化剂有单重态氧($^1O_2$),烷基过氧自由基($RO_2 \cdot$),烷氧自由基($RO \cdot$)或羟自由基($\cdot OH$)。这些自由基虽然是光化学反应的产物,但它们是与基态的有机污染物起作用的,所以将其单独作为氧化反应这一类。

文献中报道了一些过氧自由基 $RO_2 \cdot$ 对有机物的氧化,包括如下几类:

$RO_2 \cdot + CH_4 \longrightarrow RO_2H + H_3C \cdot$

$RO_2 \cdot + C_2H_4 \longrightarrow RO_2CH_2CH_2 \cdot$

$RO_2 \cdot + ArOH \longrightarrow RO_2H + ArO \cdot$

$RO_2 \cdot + ArNH_2 \longrightarrow RO_2H + ArNH \cdot$

有机物被氧化而消失的速率(R_{OX})为:

$$R_{OX} = K_{RO_2}[RO_2 \cdot]c + K_{1_{O_2}}[^1O_2]c + K_{OX}[OX]c \tag{3-11}$$

式中:K_{OX} 及 $[OX]$ 为其他没有确定的速率常数和氧化剂浓度。

三、 光催化降解

光催化降解是指有催化剂存在的条件下有机物的降解过程。通常是催化剂吸收光子,通过链反应,生成强氧化性/还原性的自由基,导致化合物降解。半导体光催化材料能够在光照下通过将低密度的太阳能转变为高密度的化学能从而用于破坏和降解结构稳定的有机污染物,具有优良的光吸收能力、高效、成本低、反应条件温和、污染物降解彻底等优点。

n 型半导体是常见的光催化剂。半导体粒子具有能带结构,一般由填满电子的低能价带和空的高能导带构成,价带和导带之间存在禁带。当用能量等于或大于禁带宽度(也称带隙,Eg)的光照射半导体时,价带上的电子(e^-)就会被激发跃迁至导带,同时在价带上产生相应的空穴(h^+),并在电场的作用下分离、迁移到粒子的表面。光致空穴有很强的得电子能力,具有强氧化性(其标准氢电极电位在 1.0~3.5 V,取决于半导体的种类和 pH 条件),可夺取半导体颗粒表面被吸附物质或溶剂中的电子,使原本不吸收光的物质被活化氧化;而光生电子具有很好的还原性(其标准氢电极电位在 +0.5~1.5 V),电子受体通过接受光生电子而被还原。

迁移到表面的光生电子和空穴既能参与光催化反应,同时也存在着电子与空穴复合的可能性。如果没有适当的电子和空穴俘获剂,储备的光能在几个毫秒的时间之内就会通过光致电子和空穴的复合,以热的形式释放,或释放出光子,发射荧光而消耗掉;当表面有适当的俘获剂(电子受体 O_2 和电子供体 Red)或表面空位来俘获电子或空穴时,复合就会受到抑制,光致电子和空穴有效分离,将吸收的光能转换为化学能,参与还原和氧化吸附在表面上的物质。

以 TiO_2 为例,说明半导体在光辐射作用下发生的光催化基本过程如下:

$$TiO_2 + h\nu (>E_g) \longrightarrow e^- + h^+$$

$$e^- + h^+ \longrightarrow TiO_2 + 热能或光能$$

$$e^- + O_2 \longrightarrow O_2 \cdot {}^- \longrightarrow HO_2 \cdot$$

$$2HO_2 \cdot \longrightarrow O_2 + H_2O_2$$

$$H_2O_2 + O_2 \cdot {}^- \longrightarrow \cdot OH + OH^- + O_2$$

$$H_2O_2 + h\nu \longrightarrow 2 \cdot OH$$

$$h^+ + OH^- \longrightarrow \cdot OH$$

半导体材料的光电特性决定了它的光催化特性。半导体的光催化特性已经被许多研究所证实,包括光催化在环境保护、卫生保健、金属催化剂制备和贵金属回收以及物质光化学合成等方面的应用,并已取得了丰硕成果。半导体光催化氧化技术以其室温深度反应及可直接利用太阳光作为光源来活化催化剂等独特性能而成为一种具有广阔应用前景的环境污染治理技术。

氯氧化铋(BiOCl)是一种新型光催化剂,在紫外和可见光照射下分解甲基橙染料比商用 TiO_2 具有更好的光催化活性。BiOCl 由带正电荷的[Bi_2O_2]$^{2+}$层和带负电荷的双 Cl^- 层沿着 C 轴方向交替堆叠成了层状结构,从而构建出的内建电场有利于电子空穴对的分离和光催化性能的提高,增强的层内化学键和弱的层间范德瓦尔斯键导致了高度各向异性的结构。BiOCl 作为一种具有层状结构的宽禁带半导体,其禁带宽度为 $3.19 \sim 3.44$ eV,可以在紫外光的照射下发生作用,呈现出良好的光催化性能。在光催化降解污废水的过程中,电子空穴会与体系中的 O_2,H_2O 等结合生成 $\cdot O_2^-$,$\cdot OH$,这些活性基团在整个降解作用中起到重要作用,可以使有机大分子污染物分解为小分子化合物。

目前 BiOCl 光催化技术还存在可见光利用率低、催化性能不高、量子效率低、循环性能差等缺点。为了解决上述问题,科研工作者们开展了大量的研究,主要集中于解决两个关键问题,一是通过改善 BiOCl 电子结构和电荷有效传递途径来拓展太阳光的吸收范围,如离子掺杂、贵金属沉积、复合窄带隙半导体等,不但有效提高太阳光的利用率,而且也强化了 BiOCl 的光催化性能和稳定性;二是采用微结构调控手段制备出高结晶度、大比表面积、高活性面暴露的 BiOCl 纳米结构催化剂,并引入本征点缺陷实现光生电子-空穴对的有效分离,进一步提高其光催化活性。

研究实例 1:硝基苯水溶液直接光解研究

朱秀华和郎佩珍取松花江中下游的江水样品,在实验室实测定了间硝基氯苯(m-NCB)、对硝基氯苯(p-NCB)、对硝基苯甲醚(p-NA)、2,4-二硝基甲苯(2,4-

DNT)及 2,6-二硝基甲苯(2,6-DNT)5 种硝基芳烃不同条件下的光解反应,反应条件包括不同光源、光强、DO、pH、水中杂质等。

1. 实验方法

(1) 试剂与仪器

受试化合物为 A. R. 级,纯水为二次蒸馏水,草酸铁钾化学光量计自制。光解容器 10 mL 磨口石英试管,光解反应装置为旋转式光解反应器。有机物的分析测定采用 GC-7A 气相色谱仪,配 ECD 检测器,SP-2250(3%)玻璃填充柱。

(2) 光解速率常数的测定

在磨口石英试管中加入一定浓度的受试化合物水溶液,于旋转式光解反应器(不同光源、光强)上光解,或直接置于室外平台上光照,定时取两个平行水样立即用石油醚萃取后作 GC 分析,同时进行暗对照实验。

2. 结果与讨论

(1) 纯水加标不同光源光照下的光解速率

各化合物光解溶液均为 mg/L 级,在不同光源、光强条件下光照,光解过程均遵守一级动力学方程,线性回归系数 $r > 0.99$,所得光解速率常数见表 3-3。相同光源,光强相近条件下,K_p 值的顺序为:2,6-DNT > 2,4-DNT > p-NCB > m-NCB。汞灯加滤光片由于入射光波数目减少,光强减弱,与氙灯相比光解速率降低均一个数量级。2,6-DNT 脱 O_2 后 K_p 降低约 8 倍,预示光解机制可能是光氧化反应。双环硝基芳烃光解速率大于单环。

(2) 阳光光照下纯水及江水加标 K_p 值

在所测定条件下光解过程均遵循一级动力学规律,线性回归系数(r)均为 $r > 0.99$,所得光解速率常数见表 3-4。结果表明,江水加标与纯水相比,除 m-NCB,其余化合物 K_p 值均增大。但是 K_p 值增减均不超过 2 倍。不同条件下 2,6-DNT 纯水光解对比可见,虽然同在春季,但平均光强不同,K_p 差别较大;低浓度下 $\mu g/L$ 级与 mg/L 级溶液相比,K_p 降低约一个数量级。

(3) 阳光下纯水加标光解速率预测

根据 Zepp 模式,可对一定纬度条件下,各季节,纯水加标下阳光光解速率进行预测。公式为:

$$K_{PE} = \Phi \cdot \sum \cdot Z_\lambda \cdot \varepsilon_\lambda = \Phi \cdot K_a \tag{3-12}$$

式中 Φ 为光解量子产率,K_a 为光吸收速率系数,Z_λ(或 L_λ)为光强项,指在浅水层,指定纬度(20,30,40°N 等)下太阳能辐照强度,可在文献中查表得到。ε_λ 为波长为 λ 的化学物质的摩尔消光系数,可实测获得。

表 3-3　不同光源照射下,纯水加标 5 种化合物的 K_p 值

化合物名称	光解溶解浓度 c_0 (mg/L)	光解速率常数 K_p (h^{-1})	光源及光照条件	
			光源	平均光强(Lux)
m-NCB	1.333	1.42×10^{-2}	氙灯	4.0×10^4
p-NCB	1.722	1.85×10^{-2}	氙灯	4.0×10^4
2,4-DNT	2.48	2.78×10^{-1}	氙灯	4.0×10^4
2,4-DNT	2.48	2.50×10^{-2}	500 W 汞灯加 371 mm 滤光片	
2,6-DNT	2.42	3.90×10^{-1}	氙灯	4.0×10^4
2,6-DNT	2.42	3.80×10^{-2}	500 W 汞灯加 371 mm 滤光片	
2,6-DNT	2.42	5.00×10^{-2}	氙灯,溶液经 N$_2$ 气脱 O$_2$	4.0×10^4
1-NNa	8.864	1.51	500 W 汞灯	3.5×10^4

表 3-4　阳光(40°N,春季)光照下,纯水及江水加标 K_p 值

化合物名称	溶液浓度 c_0 (mg/L)	纯水加标 K_p (h^{-1})	江水加标 K_p (h^{-1})	光解条件	
				光照时间(年,月,日)	平均光强(Lux)
m-NCB	1.62	4.11×10^{-2}	2.97×10^{-2}	95,5,27	6.32×10^4
p-NCB	2.70	1.16×10^{-2}	1.84×10^{-2}	95,5,16	7.02×10^4
2,4-DNT	2.48	1.58×10^{-1}	2.01×10^{-1}	90,5,15	3.2×10^4
2,6-DNT	2.42	3.23×10^{-1}	5.2×10^{-1}	90,4,29	3.0×10^4
2,6-DNT	3.18	5.99×10^{-1}	—	95,5,16	8.02×10^4
1-NNa	8.864	0.537	0.666	93,5,13	9.94×10^4

　　本文所计算的是 40°N,春季,5 种硝基芳烃的 K_{PE} 值。m,p-NCB 和 1-NNa 的 Φ,本文由阳光光强计实测,DNT 的 Φ 值取自文献,5 个化合物的 ε_λ 值为本文实测,结果如表 3-5。结果可见,NCB、1-NNa 预测与实测值符合较好。DNT 则实测明显高于预测。如用 2,6-DNT 实验池的 μg/L 级测定值则接近,可能如前述,mg/L 级 DNT 有自敏化作用所致。

　　(4) 江水条件对光解速率的影响及光解机制

　　① 腐殖质(HS)与硝酸银[NO$_3^-$]对硝基芳烃水中光解影响。

根据江水水质条件,研究了 HS 与[NO_3^-](江水中[HS]在 $2.3\sim2.5$ mg/L、[NO_3^-]在 $0.7\sim1.2$ mg/L)对 K_p 影响。光照条件与纯水 K_p 测定条件相同。1-NNa为汞灯,2.0×10^4 Lux。其余为氙灯,4.0×10^4 Lux。结果见表 3-6、3-7,可见,腐殖质抑制了 NCB,加速了 DNT 及 1-NNa 的光解,仅 p-NCB 对 NO_3^- 有抑制作用,其余化合物均有敏化作用。

表 3-5　40°N 春季阳光下纯水加标光解速率常数(K_{PE})预测

化合物名称	量子产率 Φ	光吸收速率系数 K_a(h^{-1})	$K_{PE}=\Phi K_a$ (h^{-1})	春季实测值 K_P(h^{-1})	K_P/K_{PE}
m-NCB	8.1×10^{-4}	44.57	3.6×10^{-2}	4.11×10^{-2}	1.14
p-NCB	2.5×10^{-4}	41.57	1.0×10^{-2}	1.16×10^{-2}	1.20
2,4-DNT	6.6×10^{-4}	17.48	1.2×10^{-2}	1.58×10^{-2}	13.17
2,6-DNT	1.88×10^{-3}	27.27	5.1×10^{-2}	3.23×10^{-1}	6.33
1-NNa	5.76×10^{-3}	63.13	0.364	0.537	1.48

除上述两因素外,对于 DNT 两异构体,测得碱性条件加速光解。水中溶解氧也加速 DNT 的光解。将表 3-6、3-7 结果与表 3-4 江水加标 K_p 值比较,可见江水中 NO_3^- 及腐殖质是影响光解的主要因素。

② 硝基芳烃江水中光化学反应机制

光解产物为 2,4-硝基苯甲酸及硝基酚。光解过程为侧链甲基光氧化反应。光解过程同时,随时间测定体系 pH,在 $0\sim5$ h 之间 pH 下降约 0.5 单位。酸性增强也与上述机制相符。

1-NNa 光解后水溶液呈淡粉色,且随时间颜色加深,经红外光谱测定,有羰基生成。紫外光谱扫描,光解后谱线向长波移动,硝基特性峰明显减弱,有醌基特征峰的干扰。上述均表明有醌类化合物生成,可能的光解中间产物为萘醌。

表 3-6　HS 对硝基芳烃光解速率的影响

化合物	加入(HS)浓度 K_{surf}(h^{-1})		K_{surf}/K_p(纯水)
	浓度(mg/L)	K_{surf}(h^{-1})	
m-NCB	2.36	1.03×10^{-2}	0.73
p-NCB	2.36	1.01×10^{-2}	0.55
2,4-DNT	2.82	5.57×10^{-1}	2.00
2,6-DNT	2.82	1.44	3.69
1-NNa	3.00	8.57×10^{-1}	1.18

表 3-7　NO₃⁻ 对硝基芳烃光解速率的影响

化合物	加入[NO₃⁻]浓度与速率常数 K_P'		K_P'/K_P
	浓度(mg/L)	$K_P'(\text{h}^{-1})$	
m-NCB	59.43	3.06×10^{-2}	2.15
p-NCB	52.71	1.37×10^{-2}	0.74
2,4-DNT	6.38	3.50×10^{-1}	1.27
2,6-DNT	6.38	7.37×10^{-1}	1.87
1-NNa	2.00	6.86×10^{-1}	1.07

3. 结语

(1)实验室实测 5 种硝基芳烃不同条件下的光解,包括不同光源、光强、DO、pH、水中杂质等。结果表明,光强影响最重要,比较光解速率大小,务必在相同光强条件下进行。

(2)在春季,40°N(长春市)条件下,取得太阳光照下,纯水、江水加标 5 种硝基芳烃的光解速率常数。除 m-NCB 外,其余 4 种化合物在江水中均加速光解,但 K_P 值增大均不超过 2 倍。

(3)应用阳光光强计测定了 m-NCB、p-NCB 及 1-NNa 的量子产率 Φ 及各化合物 297.5~800 nm 间的 ε_λ。应用 Zepp 模式计算了春季 40°N 纯水加标 5 种化合物的光解速率常数 K_{PE},得到与实测值相符的结果。

(4)影响化合物在江水中光解速率的主要因素是硝酸根及腐殖质。

研究实例 2:CQD-SnNb₂O₆/BiOCl 对苯佐卡因的光催化降解

光催化技术作为一种清洁可持续的处理方法已经成为最有前途的水污染处理方法之一。通过光激发催化剂产生的超氧自由基(·O₂⁻)、空穴(h⁺)和羟基自由基(·OH)对污染物进行降解和矿化。迄今为止,多种光催化剂已经被用于水污染处理,其中层状结构的 BiOCl 由于具有无毒、稳定性好和优异的光电特性受到众多研究者的青睐。虽然 BiOCl 具有比商用 TiO₂ 更强的光催化性能,但是也还存在光吸收能力和电荷分离能力较差等问题。最近,基于 BiOCl 的 Z-型异质结被广泛应用于克服上述缺点。本研究通过合成 SnNb₂O₆/BiOCl(SNO/BOC)Z 型异质结增强电荷传输,并引入碳量子点(CQDs)增强光吸收,并作为电荷传输的桥梁。选取典型药物化合物苯佐卡因来评估催化剂降解性能,并进一步分析了降解溶液的毒性变化情况。最终,根据电子自旋共振和自由基捕获实验,提出了 CQD-SNO/BOC 光催化降解苯佐卡因的机理。

1. 实验方法

（1）制备光催化剂

取 0.5 g 的 Nb₂O₅ 和 2.244 3 g 的 KOH 分散在 40 mL 超纯水中，剧烈搅拌 10 min，然后将混合溶液移至 50 mL 聚四氟乙烯不锈钢高压釜中，然后在 180 ℃ 烘箱中保持 48 h。冷却到室温后，使用 2 mol/L 的盐酸将所得溶液的 pH 调节至 7，在搅拌的条件下再加入 0.424 4 g SnCl₂·2H₂O，完全溶解后用 2 mol/L 盐酸调节溶液 pH 至 2。最后将上述混合溶液转移至 100 mL 聚四氟乙烯不锈钢高压釜中，并在 200 ℃ 烘箱中保持 48 h。得到 SnNb₂O₆ 纳米片组成的纳米球。

将 2.1 g 柠檬酸一水合物和 670 μL 乙二胺溶解于 30 mL 超纯水中，搅拌 10 min，将悬浮液转移到 25 mL 聚四氟乙烯不锈钢高压釜，在 180 ℃ 烘箱中保持 5 h。然后，将得到的深色液体用半透膜透析即获得 CQDs。

将 BiCl₃（1 mM）添加到 80 mL 超纯水中并持续搅拌。然后，向该溶液中添加 0.75 mM 的之前制备的 SnNb₂O₆ 的溶液和 4.2 mg 的 CQDs，并搅拌 1 h。最后，将溶液转移至 100 mL 的聚四氟乙烯不锈钢高压釜中，在 160 ℃ 下加热 12 h。程序结束且反应冷却至室温后，离心分离所得沉淀物并用超纯水和乙醇反复洗涤。将粉末在 60 ℃ 下干燥 10 h 以获得 CQD-SNO/BOC 复合材料。同样，在不添加 CQDs 的情况下合成了 SNO/BOC 复合材料，在不添加 CQDs 和 SnNb₂O₆ 的情况下合成了 BiOCl 纳米片。

（2）光催化降解苯佐卡因

将催化剂加入到配有循环冷却水的反应器中（25 ℃），加入 100 mL 的 5 mg/L 的苯佐卡因溶液和在黑暗条件下搅拌 60 min，使其达到暗吸附平衡。暗吸附前后分别取 2 mL 悬浮液，使用 0.22 μm 的过滤器过滤催化剂，得到澄清的待测液。之后打开氙灯（λ＞420 nm）开关，在可见光下降解苯佐卡因。每隔 15 min 取样一次，降解 90 min 后所得的过滤液经由高效液相色谱质谱联用仪待测。

（3）急性毒性测定

光降解过程中苯佐卡因及其中间产物的毒性变化是通过大型溞的急性毒性实验验证的。在光降解过程中，分别在 0、30、60、75 和 90 min 取样，每次分别取样 200 mL，通过 0.1 μm 的滤膜过滤。然后加入 200 mL 人工淡水稀释成 400 mL 暴露溶液。每个时间点的溶液分为 4 份，每 100 mL 暴露溶液加入 10 只出生 24 h 以内的大型溞在培养箱中（22 ℃）进行暴露实验。光周期为 16 h，黑暗 8 h，暴露 24 h 和 48 h 后，分别记录大型溞的存活率。

2. 结果与讨论

（1）催化剂表征

首先通过 X 射线衍射（XRD）分析了样品的化学组成，根据图 3-2a 可以看出

BiOCl 和 SnNb₂O₆ 分别与其标准卡片 JCPDS：82－0485 和 JCPDS：84－1810 能一一对应，说明 BiOCl 和 SnNb₂O₆ 通过水热法成功制备。在 SNO/BOC 和 CQD-SNO/BOC 的 XRD 的图谱中也能观察这两个单体的主要峰，说明复合催化剂也成功制备。

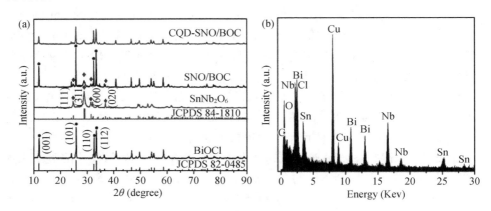

图 3-2　BiOCl、SnNb₂O₆、SNO/BOC、CQD-SNO/BOC 的 XRD 图(a)和
CQD-SNO/BOC 的 EDS 图(b)

　　另外，通过 X 射线能谱分析了 CQD-SNO/BOC 光催化剂的元素组成，可以发现 Bi、O、Cl、Sn、Nb、C 等元素均有较明显的峰，进一步说明复合光催化剂成功制备，并且没有其他杂质。

　　然后，通过对材料的形貌分析，进一步验证了所制备的光催化剂的微观特性。从扫描电镜(SEM)图 3-3a，b 可以看出 SnNb₂O₆ 和 BiOCl 分别米片组成的纳米球和圆盘状的纳米片。根据 CQD-SNO/BOC 的透射电镜图(TEM)图 3-3c，可以看出 BiOCl 纳米片插进了 SnNb₂O₆ 的纳米片中。然后通过高分辨透射电镜(HR-TEM)观察到了尺寸较小的 CQDs，并且三者之间结合得非常紧密。因此，可以确定我们成功制备了三元复合光催化剂。

　　(2) 催化剂的光电特性

　　首先通过紫外漫反射研究了催化剂的光吸收特性，从图 3-4a 可以看出在引入 SnNb₂O₆ 后 SNO/BOC 的光吸收边发生明显红移，并且在引入 CQDs 可将光吸收还能进一步增强。此外，还研究了 SnNb₂O₆ 和 BiOCl 光吸收的带隙(图 3-4b)，可以看出 SnNb₂O₆ 和 BiOCl 的带隙分别为 2.55 eV 和 3.24 eV。同时从催化剂的比表面积和表面孔径(图 3-4c—d)可以看出随着 SnNb₂O₆ 和 CQDs 的引入，其比表面积和孔径均有提升。催化剂的电化学特性(图 3-4e—f)表明，SnNb₂O₆ 和 BiOCl 形成异质结后其电荷传输能力增强，并且在引入量子点后其电荷传输能力还能进

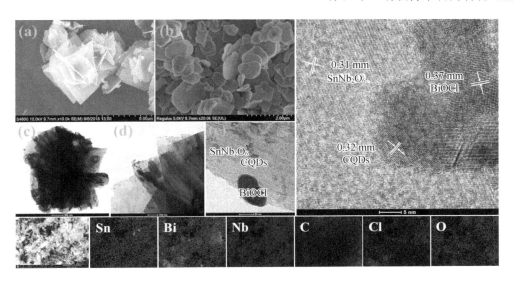

图 3-3　SnNb₂O₆(a)和 BiOCl(b)的 SEM 图像;CQD-SNO/BOC 复合材料的
TEM 图像(c—e)、HRTEM 图像(f)和元素面扫描图(g)

一步增强。在形成 SNO/BOC 和 CQD-SNO/BOC 复合光催化剂后,其光吸收、表面活性位点以及电荷传输能力均有增强,进而极大增强催化剂的光催化性能。

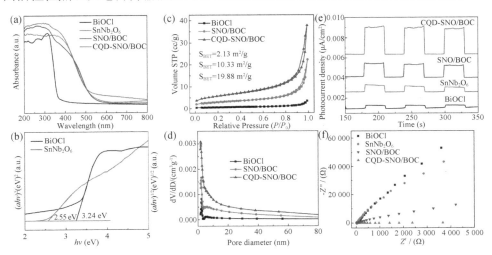

图 3-4　所制备光催化剂的紫外漫反射(a),带隙图(b),比表面积(c),
表面孔径(d),光电流(e),阻抗(f)

（3）光催化降解苯佐卡因及其毒性评估

本研究评估了合成的光催化剂在可见光下对苯佐卡因的光催化降解性能(图

3-5a)。在降解 5 mg/L 苯佐卡因之前,先通过暗吸附 1 h 后到达吸附平衡,然后在可见光下降解苯佐卡因 90 min。研究发现 SNO/BOC 和 CQD-SNO/BOC 复合光催化剂的催化性能均有提升,且 CQD-SNO/BOC 在 90 min 的去除率 99.1%。反应动力学(图 3-5b)表明催化剂降解均符合一级降解动力学,并且 CQD-SNO/BOC 复合光催化剂最高的降解速率,是 SNO/BOC 复合材料的 2 倍,是 $SnNb_2O_6$ 的 10 倍,是 BiOCl 的 20 倍。因此,复合光催化剂的催化性能有着较为明显的提升。

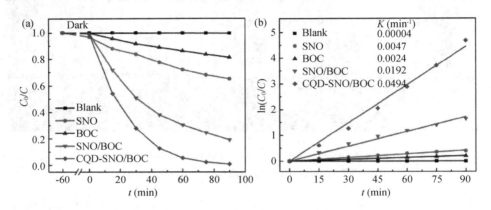

图 3-5　催化剂降解苯佐卡因的性能(a),一级反应动力学(b)

通过三维荧光研究了降解过程中苯佐卡因的矿化情况。由图 3-6a 可以看出苯佐卡因在未降解前在 A、B 处有两个较强且规整的峰,在降解 40 min 后,A、B 持续减弱,并且在(Ex/Em)为 330~370/400~450 nm 还出现了新的峰,说明有降解产物产生。继续降解 90 min 后 A、B 峰以及新出现的峰均消失。这说明不仅苯佐卡因被降解,其降解产物也被进一步矿化。

然后通过液相色谱质谱联用分析了降解过程中的产物变化,根据降解产物的质荷比(mass-to-charge ratio,m/z)分析了降解过程中产物(表 3-8)。采用生态结构活性关系(ecological structure activity relationships,ECOSAR)软件进行了毒性预测。根据峰强度的变化将降解产物分为四个阶段,各阶段降解产物的毒性有明显的差别,第一阶段的降解产物均是与苯佐卡因分子类似的物质,毒性并不强。第二阶段的降解产物均为一些大分子物质,毒性较强。第三阶段则是这些分子进一步分解,生成一些小分子物质,毒性降低。

在此研究基础上,生物毒性实验进一步分析了降解溶液的毒性变化。通过确定在降解后暴露 24 h 和 48 h 后大型溞的存活率来判断降解溶液的毒性变化。大型溞在降解 30、60、75 min 后的溶液中的存活率均低于苯佐卡因原液,且存活率为先降低后升高,同时大型溞在降解 90 min 溶液的存活率进一步升高。生物毒性试

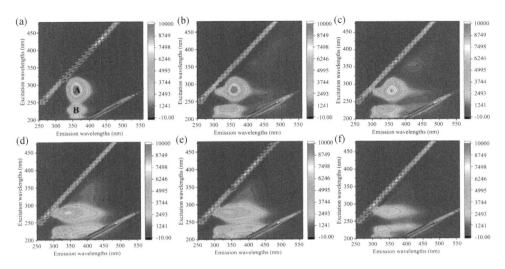

图 3-6　苯佐卡因降解过程中的三维荧光图

0 min（a），20 min（b），40 min（c），60 min（d），75 min（e）和 90 min（f）

验结果表明，降解溶液的毒性呈先升高后降低的趋势，这与降解产物的毒性预测结果一致。

表 3-8　降解产物的结构式以及 ECOSAR 软件的急性毒性预测

产物	m/z	结构式	对水蚤急性毒性（LC_{50}，mg/L）	降解阶段
苯佐卡因	165		1.186	原液
4-氨基苯甲酸	137		10.032	
对羟基苯甲酸乙酯	166		22.747	第一阶段
对硝基苯甲酸	167		1 432.227	

（续表）

产物	m/z	结构式	对水蚤急性毒性（LC_{50}，mg/L）	降解阶段
苯甲酸	122		730.075	第一阶段
硝基苯	123		83.468	
3，3'-二羟基联苯	187		19.093	第二阶段
3，3'-二硝基-5，5'-二羟基联苯	276		6.991	
5，3'，3"-三羧基-1，3-三联苯	366		0.478	
5，3'，3'-三硝基-5'-羟基-1，3-三联苯	380		0.362	
丙胺	59		13.678	第三阶段
2-戊胺	87		5.67	
4-硝基-1，3-戊二烯	113		109.097	

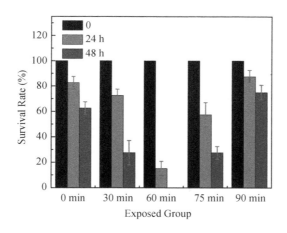

图 3-7　光催化降解溶液对大型溞的毒性变化

（4）光催化降解苯佐卡因机理分析

根据催化剂的带隙和莫特-肖特基（mott-schottky）测试得到 $SnNb_2O_6$ 和 BiOCl 的导价带值分别为 $-0.79/2.45$ eV 和 $-1.03/1.52$ eV。根据导价带值，首先确定了 SNO/BOC 复合光催化剂的电荷传输方式。首先，按照传统的电荷传输方式（图 3-8a），为 $SnNb_2O_6$ 导带的电子转移到 BiOCl 的导带，而 BiOCl 价带上产生的虚拟空穴将转移至 $SnNb_2O_6$ 的价带。然而按照这种电荷转移方式，BiOCl 导带上累积的电子（-0.79 eV<-0.33 eV）可以产生超氧自由基，但是 $SnNb_2O_6$ 价带上的虚拟空穴（1.52 eV<2.3 eV）却不能产生羟基自由基，这与图 3-8d 的电子自旋共振的分析结果矛盾。因此，我们又提出了 Z 型电荷传输方式，在这种电荷传输方式下，电子在 $SnNb_2O_6$ 导带上累积，虚拟空穴在 BiOCl 的价带上累积，可以产生超氧自由基和羟基自由基，这与电子自旋共振结果一致。此外，当引入 CQDs 后 CQD-SNO/BOC 体系中的量子点可以作为电荷传输的桥梁以及电子的受体，进一步增强光催化活性，将苯佐卡因矿化为无毒或低毒的降解产物。

3. 结论

通过水热法成功地制备了 CQD-SNO/BOC 三元复合光催化剂，其降解 PPCPs 污染物苯佐卡因的性能有显著提升，降解速率为 BiOCl 单体的 20 倍。同时本文还研究了降解过程中苯佐卡因的毒性变化情况。首先通过液相色谱质谱联用，分析了苯佐卡因可能的降解产物，并且通过 ECOSAR 软件预测了其毒性变化，发现部分降解产物中的大分子物质毒性大于苯佐卡因。与此同时，通过生物实验也证实了降解溶液的毒性是随着时间先升高后降低的，毒性升高是由于产生了毒性较强的大分子物质，毒性降低则说明这些物质会被进一步分解，最后生成无毒

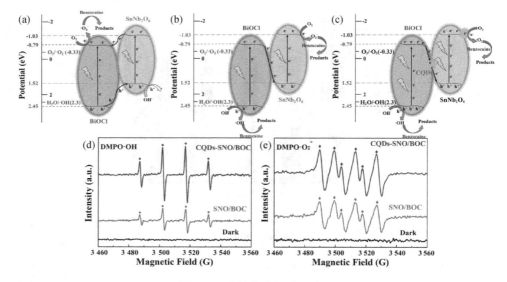

图 3-8　光催化降解机理分析

或低毒的降解产物。最后,根据催化剂导带、价带以及电子顺磁共振结果,提出了一种碳量子修饰 $SnNb_2O_6/BiOCl$ 的 Z 型异质结光催化体系。

第三节　生物降解

随着工农业的发展,合成有机化合物的生产和使用逐年增加,其中许多物质残留在生态系统中,对动植物的生存和人类健康构成危害。生物降解是其在生态系统中转化的主要机制。生物降解是指有机化学品在生物所分泌的各种酶的催化作用下,通过氧化、还原、水解、脱氢、脱卤等一系列生物化学反应,使复杂的有机化合物转化为简单的有机物或无机物(如 CO_2 和 H_2O)的过程。对于有毒有机化学品而言,生物降解性是其重要的性质,如果生物降解率很高,其环境浓度和毒性效应会迅速降低,而持久性有机污染物会在很长一段时间内保持其毒性作用。

原则上,许多生物都能对有机污染物进行生物降解,但是从环境的角度,认为微生物生物降解是最重要的,尤其是水和土壤环境中的微生物尤为引人关注。生物降解效率除了与污染物本身结构性质有关,还受微生物条件、环境因素(好氧或厌氧)等显著影响。

一、 生物降解的测定方法

1. 非特性参数的测定

一般认为，最终好氧生物降解的研究以图 3-9 为基础：

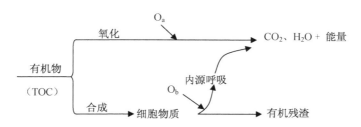

图 3-9 有机物氧化合成的关系

因此，溶解有机碳（DOC）、生物化学需氧量（BOD）及二氧化碳排放量（CO_2）可用于表征有机化合物的最终生物降解性。在 BOD 测试中，最常用的参数为最后一天的生物化学需氧量（BODu）与理论耗氧量（ThOD）的比值。

用 DOC、CO_2 排放量测定生物降解速率必须将受试物作为唯一有机碳源，其测定的是完全降解量。总的来说，所有非特性参数的重现性都较差，常由于检测条件的不同，影响对一些化合物降解程度的判断。然而，这些参数的测定方法相对简单，得到的信息在绝大多数情况下非常有用，所以在很多标准测试中这些参数被用于表征最终的生物降解性。

2. 生物降解速率常数的测定

生物降解动力学常数通过用气相色谱（GC）或高效液相色谱（HPLC）法分析受试物浓度的减少而测定，通常用来表征化合物的初级生物降解。此法能比较直观地表明特定污染物及其中间产物的降解过程，常用于研究降解速率的控制过程、制约因素及降解性与结构的关系。这种方法对样品预处理有较高要求，测定过程比较复杂。这些参数包括基质最大迁移速率 Q_m、米氏常数 K_m、二级或假一级动力学常数等。Q_{max} 可以表示为每克初始微生物颗粒每小时去除的化合物的理论需氧量或化学需氧量的毫克数，也可以表示为每克初始微生物颗粒每小时去除的化合物的微摩尔数。

3. 影响生物降解速率测定的主要因素

生物降解是一个非常复杂的过程，影响生物降解速率测定的因素很多。主要包括：

① 测试化合物的浓度和性质。选择测试物的浓度应该既对微生物不产生毒

性，又能满足分析方法的要求，并尽量接近环境的真实浓度。测试化合物的性质如挥发性、水溶性也会影响试验结果。

② 测试介质的状态，例如无机盐的组成和浓度，是否存在其他可降解物质参与代谢过程。

③ 实验条件如厌氧、好氧、温度、酸碱性、含盐量等。

④ 微生物的种群和数量，以及实验前是否驯化。

⑤ 实验周期。

对于取代芳烃化合物，通常认为—OH 与—COOH 是易降解的官能团，而—X、—NO₂、—S、R—O—R′（烷氧基）等是抑制降解的官能团。取代基的位置对生物降解也有重要影响。Pseudomonas putida 不能代谢对-硝基苯酚，却能以邻硝基苯酚或间硝基苯酚为生长基质。另外，水溶性化合物易于降解，不溶物则难于降解，但长的直链烃、醇和酸水溶性很差，却降解迅速。许多研究结果表明，测试条件不同，所测得的同一化合物的降解性差别会很大。因此，实验条件应该尽可能标准化，以便不同实验室间的参照和比较，以及研究结构-生物降解性定量关系。

二、 生物降解的途径和机理

1. 生物降解模式与机理

水环境中有机化合物的生物降解依赖于微生物通过酶促反应分解有机物。当微生物代谢时，某些有机污染物能像天然有机化合物那样，作为微生物生长的唯一碳源，微生物可以对有机污染物进行彻底的降解和矿化，这种代谢方式称为生长代谢（growth metabolism）。而另外一些有机化合物，不能作为微生物生长的唯一碳源和能源，必须有另外的化合物存在来提供微生物生长所需的碳源和能源时，该有机物才能被降解，这种现象称为共代谢（cometabolism）。

环境微生物对有机化合物的降解机理是非常复杂的。一般认为，对于大分子的有机化合物，在微生物胞外酶的作用下，首先被分解成小分子的有机物，然后穿过微生物的细胞质膜而进入细胞内；对于小分子的有机化学物，则直接穿过微生物的细胞质膜进入细胞内。上面两种情况下进入到细胞膜的有机物小分子在胞内酶的作用下，经过一系列的生化反应被转化为无机物，并释放出能量。同时微生物利用有机物在氧化过程中生成的中间产物和释放出的能量合成新的细胞物质。

共代谢广泛存在于自然界之中，对于外源化合物的降解具有重要的意义。1959 年 Leadbetter 和 Foster 首先发现甲烷是可供假单胞菌生长的唯一碳源物质。在甲烷存在下，假单胞菌生长可以氧化乙烷为乙酸，丙烷为丙酸和丙酮，丁烷为丁酸和甲基乙基酮。而乙烷、丙烷及丁烷这三种物质都不可作为单一碳源物质维持假单胞菌生长。Leadbetter 和 Foster 用共氧化(co-oxidation)来描述微生物氧化非生长基质而不利用氧化过程产生的能量的过程。随后 Jensen 建议采用更广泛的定义共代谢来描述这一过程。共代谢是指微生物依赖可利用碳源和能源在正常生长过程中氧化非生长基质的过程。在这一过程中,生物体依赖生长基质的消耗而生长,同时具有降解不可利用碳源和能源物质的能力。在共代谢中,相同的生物酶或酶的序列可以同时攻击微生物用来生长的基质和不被利用的其他物质。这样,不仅作为微生物生长基质的化合物被分解,而且还会通过很少的步骤将其他的物质分解。因此,共代谢中酶表现出较宽的专一性。在某些情况下,共代谢酶的攻击是通过与生长基质催化机制无直接关系的酶活性实现的。

微生物降解速率可以用 Monod 方程描述:

$$-\frac{\mathrm{d}c}{\mathrm{d}t} = \frac{\mathrm{d}B}{Y \cdot \mathrm{d}t} = \frac{\mu_{\max} BC}{Y(K_s + c)} \tag{3-13}$$

式中:c——污染物浓度;

B——细菌浓度;

Y——消耗一单位碳产生的生物量;

$\mu_{\max}$——最大的比生长速率;

K_s——半饱和常数,在 $\mu_{\max}$ 一半时的基质浓度。

当 $K_s \gg c$ 时,式 3-13 可以简化为:

$$-\frac{\mathrm{d}c}{\mathrm{d}t} = K_{b2} \cdot B \cdot c \tag{3-14}$$

K_{b2}——生物降解二级速率常数;

当微生物量不变:

$$-\frac{\mathrm{d}c}{\mathrm{d}t} = K_b \cdot c \tag{3-15}$$

式中:K_b——生物降解一级速率常数。

Monod 方程在实验研究中已经成功应用于唯一碳源的基质转化速率,而不论是单一菌株还是混合菌群。

2. 生物降解途径

微生物对有机化合物的降解途径很多。化合物的结构及试验条件不同,其作用生物酶就不同,其作用途径也就可能不同。下面介绍一些常见有机化合物的生物降解途径。

① 苯及烷基苯类

在好氧条件下,分子氧是芳香族化合物代谢必要的因素,同时需要单氧化或双氧化酶的作用使苯环羟基化,并进一步使环开裂。对于苯的降解途径,一些作者认为是首先氧化生成邻苯二酚,也有人认为在氧化成邻苯二酚前先经过苯酚阶段,还有人认为顺式环己二烯二醇是邻苯二酚之前的中间产物。烷基苯类化合物在好氧条件下的生物降解途径可能有两条:一是苯环氧化形成烷基-邻苯二酚;另一种是氧化发生在取代的烷基上形成芳香醇类,再进一步氧化到环开裂前的先导物——二羟基芳香醇类化合物。综合多数研究结果,苯和烷基苯的生物代谢过程是以其邻苯二酚的衍生物为开环前的中间代谢物。

② 芳香酸及其酯类化合物

邻苯二甲酸酯类的生物降解首先是在脱酯化酶的作用下转化为苯二甲酸,再降解为4,5-二羟基邻苯二甲酸。苯甲酸与苯二甲酸的好氧降解途径是相似的,4,5-二羟基苯甲酸是环开裂前的中间产物。苯甲酸类化合物在厌氧条件下降解,首先是苯环被还原成环己烯,再进一步降解开环。在厌氧产甲烷条件下,中间产物己二酸可被继续分解为乙酸和其他短链脂肪酸,产甲烷菌进一步将乙酸分解为 CH_4 和 O_2。苯甲酸厌氧降解也可在硝酸盐还原条件下进行,其最终产物是 CO_2,这一反应中,硝酸盐是电子受体。硝基或氯代苯甲酸类化合物首先是脱硝基或氯,其后的降解过程与苯甲酸相同。

③ 酚类化合物

一般认为,酚类化合物的好氧生物降解的起始途径可能各不相同,但往往有一共同的中间产物:邻苯二酚;然后,或者于邻位开环(经 β-酮基己二酸分解为琥珀酸和乙酸)或者于间位开环(经 α-酮戊酸分解为丙酮酸和乙醛),经由三羧酸循环,完成生物降解。

苯酚类化合物的生物降解过程分为两步:第一步,化合物经被动扩散进入微生物体内,即不规则运动的酚类有机分子通过细胞膜上的含水小孔由高浓度的胞外向低浓度的胞内扩散,直到细胞膜内外浓度相同。这一步以疏水性参数来定量。第二步,化合物通过氢键或共价键与酶的活性部位键合,继之以酶的催化转化。

④ 含氯有机化合物

与碳氢化合物相比,氯原子的引入使其生物降解性大大降低。氯代有机化合物的降解过程是先脱氯(如,氯乙烯是1,1-二氯乙烯与三氯乙烯的生物降解产物),脱氯同时羟基化,再继续按羟基化合物的降解途径降解。双苯环上含有氯的化合物,其降解首先是发生在不含氯取代基苯环上。

⑤ 含氮芳香化合物

苯胺和氯苯胺的生物降解可在好氧或厌氧条件下进行。苯胺和一氯苯胺在厌氧条件下难于降解,可在好氧条件下被分解,其生物代谢过程是先脱掉氨基,经过邻苯二酚或氯代邻苯二酚的中间产物,再开环直到完全矿化。多氯苯胺适于厌氧下降解,其降解过程是脱氯,如2,3,4,5-四氯苯胺,先进行对位或邻位脱氯形成三氯胺,进一步脱氯成二氯胺,二氯胺进行邻位或对位脱氯生成一氯苯胺,进一步矿化则很难。硝基芳族化合物在过氧化酶或二氯化酶作用下先生成硝基邻苯二酚中间产物,或多元酚,再开环降解至完全矿化。

研究实例 1:江水中取代苯类的生物降解研究

生物降解是有机污染物最重要的转化和去除过程之一。目前,国内外对生物降解的研究多集中在使用污水处理厂的活性污泥或筛选的纯菌株作为接种体来降解高浓度的有机毒物,采用自然水体中的微生物作为接种体的研究很少。本节对取代苯酚、苯胺及苯甲酸类有机物在自然水体——松花江中的生物降解性进行实验研究。

1. 水样的采集

水样采自松花江吉林江段的哨口断面。该断面没有大的工业企业,不存在新的有机毒物排放源,上游排下的有机污染物在该处已混合均匀。多数取代苯类的本底浓度为 μg/L 级。实验开始当天,在距离岸边 5 m,水面下 0.5 m 处用 10 L 塑料桶采集水样,同时测水温和 pH,在塑料桶上方留有一段空隙,以保持充足的溶解氧。采样期间水温为 15~20 ℃,pH 为 6.8~7.0,DO 为 7.8~9.0 mg/L。实验期间江水中的细菌总数约为 3.0×10^3 CFU/mL。

为保证江水细菌的正常生长、繁殖,实验正式开始前向所采集的水样中加入无机培养盐。其配方见表 3-9,培养盐的使用浓度为储备液的千分之一。

2. 实验过程

按照 BOD 标准测试方法测定取代苯酚和苯甲酸类的生物降解性。根据化合物对江水细菌的毒性、其理论需氧量(ThOD)以及实验最后一日的剩余溶解氧不少于 1 mg/L 的原则,受试物的初始浓度设为 2 mg/L。

表 3-9 无机营养盐的配制(储备液)

化合物	浓度(mg/L)	化合物	浓度(mg/L)
$CaCl_2$	27.5	$MgSO_4 \cdot 7H_2O$	22.5
$FeCl_3 \cdot 6H_2O$	0.25	KH_2PO_4	8.5
Na_2HPO_4	33.4	K_2HPO_4	21.75
NH_4Cl	1.7		

水样采回后,立即加入无机营养盐(每 10 L 江水中加入 10 mL 营养盐储备液),充分摇匀。每个化合物设样品组和对照组,做 2 组平行。在样品组中,加入初始浓度为 2 mg/L 的受试物,采用虹吸法将水样装满 250 mL 溶解氧瓶;对照组则

不加受试物,直接采用虹吸法装满水样。小心盖紧所有瓶塞,然后用水封瓶口。置于 $20\pm1\ ^\circ C$ 恒温培养箱中避光、静止培养。在设定的时间采用标准碘量法测定 DO。

$$BOD_t = DO_{1,t} - DO_{2,t}, t \text{ 表示测定时间。}$$

式中:BOD_t——化合物的生化需氧量;

$DO_{1,t}$——t 时刻的空白溶解氧;

$DO_{2,t}$——t 时刻的样品溶解氧。

取代苯类在自然江水中的 BOD 随时间的变化曲线见图 3-10。

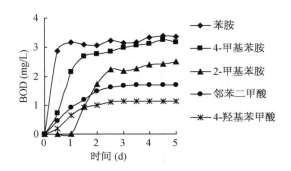

图 3-10 典型取代苯类 BOD 随时间变化曲线

3. 实验结果

本节研究的是 5 日内微生物降解有机物所消耗的氧量,即为第一阶段反应动力学。生化需氧量反应动力学的研究表明第一阶段 BOD 的变化十分接近于单分子反应,而实际上可认为具有一级反应的性质。这是因为有机物被微生物分解的作用虽可被认为是双分子反应,但在这个反应中,当反应进行到一定时间细菌非但不减少而且往往大量增加,当细菌数目无多大变化时,有机物的分解就具有一级反应的性质,即反应速度与剩余的有机物量呈正比(假定有足够的 DO)。

$$\text{有机物} + \text{微生物} + O_2 \longrightarrow CO_2 (+NH_3) + H_2O \tag{3-16}$$

$$\text{因此,} \frac{d(L_a - L)}{dt} = KL \text{ 或} \frac{dL}{dt} = -KL \tag{3-17}$$

式中:L_a——第一阶段 $BOD(BOD_u)$;BOD_u 为完全耗氧生化需氧量;

L——任何 t 时刻剩余的 BOD;

K——降解速率常数。

积分:

$$\int_{L_a}^{L} \frac{dL}{L} = -K \int_{0}^{t} dt \tag{3-18}$$

所以

$$\ln\frac{L}{L_a}=-Kt \tag{3-19}$$

实验结果表示为生物降解速率常数 K 和降解半衰期 $t_{1/2}(t_{1/2}=0.693/K)$，见表 3-10。

表 3-10 化合物的生物降解速率常数及降解半衰期

化合物	$K(\mathrm{d}^{-1})$	$t_{1/2}(\mathrm{h})$	化合物	$K(\mathrm{d}^{-1})$	$t_{1/2}(\mathrm{h})$
邻苯二酚	0.62	26.70	苯甲酸	1.14	14.58
2-氨基苯酚	0.73	22.88	2-羟基苯甲酸	1.13	14.69
4-氨基苯酚	0.64	26.07	4-羟基苯甲酸	1.38	12.09
4-甲氧基苯酚	0.74	22.51	邻苯二甲酸	1.56	10.70
3-硝基苯酚	0.54	31.03	对苯二甲酸	1.54	10.80
2,3-二甲基苯酚	0.77	21.52	间苯二甲酸	1.43	11.66
2,4-二甲基苯酚	0.61	27.36	2-氨基苯甲酸	1.17	14.24
苯胺	1.04	15.93	4-氨基苯甲酸	0.80	20.84
4-甲基苯胺	0.84	19.71	2-甲氧基苯甲酸	1.06	15.68
2-甲基苯胺	0.65	25.67	4-甲氧基苯甲酸	1.18	14.09
			3-甲基苯甲酸	1.09	15.26

4. 结论

实验结果表明,21 种有机污染物在 120 h 基本上都达到了降解平衡,所研究化合物降解速率均很快,降解半衰期最长不过 31 h(3-硝基苯酚),最短只有 10 h 左右(苯二甲酸),表明这些物质在低浓度下对水环境的影响相对较小。

研究实例 2:双酚 A 在湖泊沉积物中的生物降解及其与微生物群落的关系

双酚 A(bisphenol A,BPA)是一种常见的增塑剂,已广泛应用于各种消费品中,如塑料容器、洗漱用品等。双酚 A 通过各种途径进入环境介质中,如水生环境、土壤、沉积物和空气。双酚 A 具有内分泌干扰效应,可对生态环境和人类健康产生不良影响。

双酚 A 在环境中并不是持久性的,微生物可以在好氧条件下降解 BPA。目前已从水生环境中分离出多种降解 BPA 的细菌,然而,自然环境中的许多细菌可能参与了双酚 A 的降解,而不是孤立的可降解细菌。因此,全面分析不同类型沉积物中双酚 A 与细菌群落的关系,有助于加深对双酚 A 在沉积物中降解的认识。

本研究选取太湖北部两个典型海湾(贡湖湾和梅梁湾)沉积物,分析双酚 A 的生物降解过程。通过对底泥中提取的基因组 DNA 进行高通量测序,分析 BPA 降解过程中细菌群落的变化,探讨双酚 A 降解与细菌群落的关系。

1. 材料与方法

样品采集:采用不锈钢抓斗采集湖底表面 10 cm 以下的底泥,取得底泥放入塑料桶中,4 ℃保存并迅速运回实验室。采用便携式 YSI 6600 型水质分析仪(美国 YSI 公司)现场测定各项常规水质指标,包括水温、pH、溶解氧(DO)、电导率(EC)、氧化还原电位(ORP)等。

生物降解实验:向 250 mL 锥形瓶中加入 100 g 沉积物(干重),加入 100 mL 不同浓度的双酚 A 溶液,空白组用 100 mL 培养基代替双酚 A 溶液。锥形瓶放置在恒温摇床上振荡培养,温度 25 ℃,转速 160 rpm。曝气方式为间歇曝气,每 12 h 曝气一次并通过溶氧仪测定 DO,实验期间 DO 保持在 4 mg/L 以上。在第 1、2、3、4、5、6、7 d 取 1 mL 水样和 1.5 mL 沉积物样品于离心管。水样过 0.45 μm 水相针头过滤器,待测。将 1.5 mL 沉积物样品于 9 000 rpm 离心 2 min,倒去上清液。将沉积相采用冷冻干燥机冷冻干燥 48 h 后,采用差减法称取 1 g 左右沉积物(干重),放入离心管,加入 5 mL 甲醇,采用超声波清洗机萃取 30 min,离心取上清液。重复萃取一次,合并萃取液。萃取液过 0.45 μm 有机针头过滤器。

双酚 A 的定量方法:使用 Agilent 1260 高效液相色谱仪测定双酚 A 的浓度。色谱柱型号为 Agilent ZORBAX Eclipse XDB-C18(4.6 mm×250 mm,5 μm),柱温设置为 30 ℃;流动相组成为纯水:甲醇=3:7;流动相流速设置为 1 mL/min,进样量为 10 μL,出峰时间约为 5 min。高浓度双酚 A 采用紫外检测器,吸收波长设置为 276 nm。低浓度双酚 A 采用荧光检测器定量检测,激发波长设置为 227 nm,发射波长设置为 313 nm。

DNA 提取方法:太湖底泥微生物总 DNA 的提取采用 FastDNA © SPIN Kit(美国,MP Biomedicals)试剂盒进行,按照试剂盒上的操作指南进行提取。分别采用 NanoDrop(Thermo,美国)和 1‰琼脂糖凝胶电泳检测所得 DNA 样品的浓度、纯度和完整性。要求 260/280 nm 的吸光度在 1.8~2.0,DNA 浓度>50 ng/L。

微生物群落结构分析方法:选择 16S rRNA 对总 DNA 进行 PCR 扩增,PCR 扩增产物经纯化、加接头等处理后,应用 Illumina Miseq 测序仪进行测序。原始测序结果数据经降噪后进行生物信息学分析。主要通过如下两种手段:一是利用 RDP 网站进行微生物群落结构的自动分析。二是利用离线的 16S rRNA 数据库,将测序数据与数据库进行 BLAST 比对,比对结果用 R 语言进行微生物群落结构分析和图像绘制。将上述两种分析结果整合后得到最终的微生物种群结构信息。采用主成分分析和聚类分析等方法解析微生物群落结构时空变化规律;通过典型相关分析确定对微生物群落结构具有环境选择性的主要理化性质。

2. 结果与讨论

① 双酚 A 在沉积物中的降解

在实验期间,贡湖和梅梁湾未经灭菌的沉积物能够完全降解双酚 A(图 3-11)。然而,两种沉积物之间存在显著差异。贡湖沉积物中双酚 A 的残留量一直很低,说明双酚 A 的去除速度很快。而梅梁湾沉积物也能在 3～5 d 内迅速降解双酚 A。为了分析微生物对双酚 A 降解的影响,还对经过灭菌处理的沉积物进行了实验研究。结果表明,未灭菌组 BPA 降解率比灭菌组高 38%,说明细菌在 BPA 降解过程中起着关键作用。对于贡湖沉积物,除 200 mg/L 的双酚 A 组外,其余均能完全去除。但对梅梁湾沉积物,经灭菌处理后,去除率明显降低,表明细菌对双酚 A 的降解起着重要作用,细菌群落的结构可能决定着底泥中双酚 A 的去除过程。

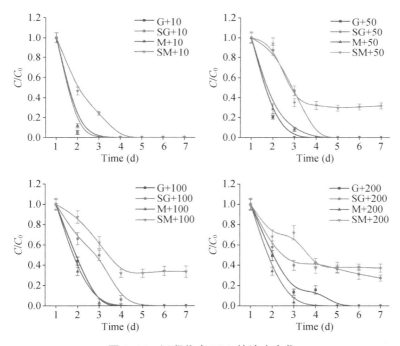

图 3-11　沉积物中 BPA 的浓度变化

(图例中 G 和 M 代表贡湖和梅梁湖未灭菌沉积物,SG 和 SM 代表贡湖和梅梁湖灭菌沉积物,数值代表 BPA 浓度)

② 沉积物中的细菌群落

通过高通量测序分析了微尺度沉积物中细菌群落的变化。基于 Bray-Curtis 距离的主坐标分析(PCoA,principal co-ordinates analysis)表明,沉积物中的细菌群落明显不同(图 3-12)。首先,双酚 A 处理显著改变了两种沉积物中的原始细菌群落。在 PCoA 图像中,BPA 处理后的两种沉积物几乎完全分离,这可能是两种沉积物中 BPA 降解曲线不同的主要原因。随着时间的延长,各处理组与对照组的距离越来越大,说明 BPA 对微生物群落的影响是累积的,这种作用是不可逆的。

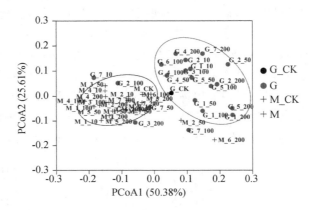

图 3-12 沉积物中细菌群落的 PCoA 分析

在门的水平上进一步分析了沉积物中的细菌。图 3-13 显示了门级细菌的相对丰度。在梅梁湾和贡湖的原始沉积物中,蛋白质细菌是优势菌,污染物的暴露对其影响不大,说明蛋白细菌具有较强的生存能力,但与双酚 A 的降解没有关系。厚壁菌是生物量第二大的门,属于该门的许多细菌都能降解 BPA,因此该门相对丰度的变化可以反映 BPA 降解菌的变化。在贡湖沉积物中,双酚 A 处理组的硬壁菌丰度在前几天增加,然后下降。细菌相对丰度在第 2 d 和第 3 d 增加最多,随着浓度的增加,细菌相对丰度增加得更快。在暴露浓度为 100 mg/L 的贡湖湾沉积物中,硬壁菌的丰度在第 2 d 增加了 4.13 倍,而在暴露浓度为 50 mg/L 的沉积物中,硬壁菌的丰度在第 3 d 增加了 3.72 倍。在梅梁湾沉积物中,硬壁菌丰度在第 1 d 显著增加,平均增加 1.08 倍。在经历了第 1 d 的快速生长后,硬壁菌的相对丰度几乎没有变化,直到第 7 d 下降。

③ 双酚 A 降解与细菌群落的关系

蛋白质细菌和疣状杆菌的丰度与双酚 A 降解过程呈显著负相关(图 3-14)。而硬壁菌和蓝藻的丰度变化与双酚 A 降解过程呈正相关。图 3-14 所示的前 10 个属的热图分析进一步证明,双酚 A 处理导致了沉积物中细菌群落的显著变化。对于贡湖沉积物,BPA 在 3～5 d 内降解。在这一时期,沉积物中新鞘氨醇杆菌(*Novosphingobium*)、马赛菌属(*Massilia*)和嗜甲基菌属(*Methylophilus*)的丰度增加。对于梅梁湾沉积物,BPA 在 3～5 d 内降解。在此期间,不动杆菌(*Acinetobacter*)、芽孢杆菌(*Bacillus*)和假单胞菌(*Pseudomonas*)的丰度增加。

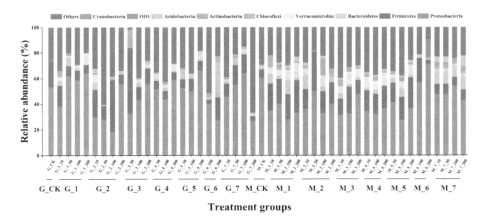

图 3-13　门级水平细菌的相对丰度变化(1、2、3、4、5、6 和 7 代表取样时间，10、50、100 和 200 代表 BPA 浓度,CK 为对照)

④ 讨论

蛋白细菌是自然界水生环境中沉积物中常见的优势菌。然而,没有证据表明这些细菌参与了双酚 A 的降解。在本研究中,硬壁菌作为门级相对丰度第二高的物种,可能具有降解双酚 A 的能力。在贡湖沉积物中,BPA 在 3 d 和 5 d 内降解。在此期间,硬壁菌的丰度增加。双酚 A 被去除后,硬壁菌的丰度下降。双酚 A 浓度的降低与厚壁栎相对丰度的增加呈正相关。暴露浓度为 100 mg/L 时,硬壁菌的丰度增加了 4.13 倍,吸附在沉积物上的双酚 A 在第 2 d 降解了 56.1%,而浓度为 50 mg/L 时,硬壁菌的丰度增加了 3.72 倍,吸附在沉积物上的双酚 A 在第 3 d 降解了 20.3%。这说明高浓度污染物的刺激能使微生物更早地做出反应,加速微生物对污染物的降解。在梅梁湾沉积物中也发现了类似的结果,总体而言,梅梁湾沉积物中的硬壁菌数量先增加后减少,但仍存在差异。硬壁菌相对丰度在第 1 d 显著增加,平均增加 1.08 倍。当日,吸附态双酚 A 的降解率平均也达到了 72.8%,为 7 d 来的最高值,表明梅梁湾沉积物中的微生物对外来污染物的响应普遍较快,对双酚 A 的生物降解效率高于贡湖的微生物。在降解双酚 A 过程中,前 4 d 梅梁湾沉积物中硬壁菌的丰度显著增加。

新鞘氨醇是一种双酚 A 降解菌,可在 24 h 内完全降解 0.1 至 1.0 mM 的双酚 A。溶杆菌与三氯酚和五氯酚的去除有关,可能参与双酚 A 降解。单胞菌能降解苯酚、多环芳烃和四溴双酚 A,内分泌干扰物能增其相对丰度,然而,其在双酚 A 降解中的作用尚不清楚。芽孢杆菌和假单胞菌被认为是降解双酚 A 的细菌。不动杆菌是耐污的,这可以解释其在双酚 A 处理后数量增加。虽然黄杆菌、毛球球

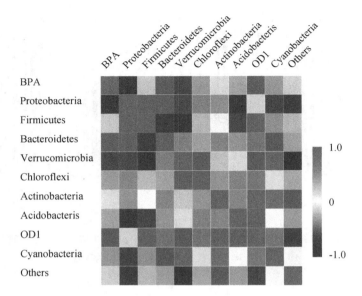

图 3-14 细菌相对丰度与 BPA 浓度的关系

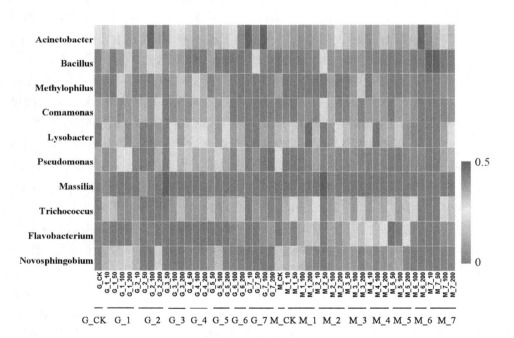

图 3-15 不同沉积物中前十位 OTU 的热图

菌和墨西利亚菌可以广泛分布在内分泌干扰物污染的环境中,关于它们降解双酚 A 能力的信息很少,因此推断它们的丰度增加可能是由于对 BPA 的抗性。

3. 结论

太湖北部贡湖和梅梁湾沉积物中的细菌都能在 3～5 d 内完全降解 BPA。两种沉积物中均以蛋白细菌为主,厚壁菌和蓝藻细菌与双酚 A 降解过程呈正相关。在属水平上,两种沉积物中双酚 A 的高降解能力可能是由于双酚 A 降解菌数量的增加。但两种沉积物中 BPA 降解菌的种类不同,新鞘氨醇杆菌(*Novosphingobium*)、马赛菌属(*Massilia*)和嗜甲基菌属(*Methylophilus*)是贡湖沉积物中的 BPA 降解菌,而不动杆菌(*Acinetobacter*)、芽孢杆菌(*Bacillus*)和假单胞菌(*Pseudomonas*)是梅梁湾沉积物中的 BPA 降解菌。梅梁湾沉积物对双酚 A 的去除能力较强。沉积物的性质(尤其是粒级)决定了吸附能力和细菌群落,可能对 BPA 的去除起重要作用。

思考题与习题

1. 水解作用的机理是什么?水解的动力学模式有哪些?水解产物的特性是什么?

2. 光解作用的机理是什么?影响因素有哪些?

3. 名词解释:分配系数,直接光解,间接光解,光量子产率,光催化降解。

4. 硝基芳烃在江水中的光化学反应机制是什么?

5. 试述新型光催化剂的主要种类和优缺点。

6. 什么是生长代谢和共代谢?二者有何区别?简述共代谢的环境意义。

7. 通常化学键的键能大于 $167.4 \ kJ \cdot mol^{-1}$,那么波长为多少的光不能引进光化学离解?(光速 $c = 2.997 \ 9 \times 10^8 \ m/s$,普朗克常数 $h = 6.626 \times 10^{-34} \ J \cdot s$,阿伏加德罗常数 $N_0 = 6.02 \times 10^{23}$)。

8. 半导体的禁带宽度一般为 3 eV 以下,当照在半导体粒子上的光子能量大于禁带宽度时,光激发电子从价带激发到导带产生电子(e^-)和空穴(h^+),已知 1 eV $= 1.60 \times 10^{-19}$ J,请计算要使禁带宽度为 3 eV 的半导体激发,理论上至少需要多大波长的光?(光速 $c = 2.997 \ 9 \times 10^8 \ m/s$,普朗克常数 $h = 6.626 \times 10^{-34} \ J \cdot s$,阿伏加德罗常数 $N_0 = 6.02 \times 10^{23}$)。

9. 一个有毒化合物排入 pH $= 8.4$,$t = 25 \ ℃$ 的水体中,90% 有毒物质被悬浮物所吸收着,已知酸性水解速率常数 $K_a = 0$,碱性催化水解速率常数 $K_b = 4.9 \times$

10^{-7} L/(d·mol),中性水解速率常数 $K_n=1.6$ d^{-1},请计算化合物的水解速率常数。

10. 某有机污染物溶解在一个含有 200 mg/L 悬浮物,pH=8.0 和 $t=20$ ℃的水体中,悬浮物中细颗粒为 70%,有机碳含量为 5%,粗颗粒有机碳含量为 2%,已知此时该污染物的中性水解速率常数 $K_n=0.05$ d^{-1},酸性催化水解速率常数 $K_a=1.7$ L/(d·mol),碱性催化水解速率常数 $K_b=2.6\times10^6$ L/(d·mol),光解速率常数 $K_p=0.02$ h^{-1},污染物的辛醇-水分配系数 $K_{ow}=3.0\times10^5$。并从表中查到生物降解速率常数 $K_B=0.20$ d^{-1},忽略颗粒物存在对挥发速率和生物降解速率的影响,求该有机污染物在水体中的总转化速率常数。

主要参考文献

[1] 王晓蓉. 环境化学[M]. 南京:南京大学出版社,1997.

[2] 戴树桂. 环境化学[M]. 北京:高等教育出版社,1997.

[3] 陈景文,全燮. 环境化学[M]. 大连:大连理工大学出版社,2009.

[4] 李宗威. 基于光催化原理的完全可降解塑料的研究[D]. 北京:清华大学,2005.

[5] 郎佩珍. 松花江中有机物的变化及毒性[M]. 长春:吉林科学技术出版社,1998.

[6] 朱秀华,郎佩珍. 硝基苯水溶液直接光解研究[J]. 大连铁道学院学报,1994,15(2):98 −100.

[7] JIANG RR, LU GH, YAN ZH, et al. Insights into a CQD−SnNb$_2$O$_6$/BiOCl Z-scheme system for the degradation of benzocaine:Influence factors, intermediate toxicity and photocatalytic mechanism[J]. Chem Eng J, 2019, 374:79-90.

[8] BREZONIK PL. Chemical kinetics and process dynamics in aquatic systems[M]. Boca Raton:CRC Press, 1994.

[9] LU GH, WANG C, BAO GZ. Quantitative structure-biodegradation relationship study for biodegradation rates of substituted benzens by river bacreria[J]. Environ Toxicol Chem, 2003, 22:272-275.

[10] LIU YX, WANG YH, WANG QQ, et al. Adsorption and removal of bisphenol A in two types of sediments and its relationships with bacterial community[J]. Int Biodeter Biodegr, 2020, 153:105021.

第四章

有机污染物的生态效应

生物生长需要不断地从环境中吸收营养物质以满足其生长发育，同时还会主动或被动地从环境中吸收许多非生长必需物质。这些物质需要经过生物体内的分解转化和排泄等一系列复杂生理过程。当吸收速度高于从体内消失的速度时，体内该物质的浓度将逐步增加，甚至超过了周围环境或食物中该物质的浓度，从而对生物体的生长、繁殖、代谢等产生不利影响。

第一节　生物富集、生物积累和生物放大

生物富集是指生物通过非吞食方式，从周围环境（水、土壤、大气）蓄积某种元素或难降解的物质，使其在生物体内浓度超过周围环境中浓度的现象，又称为生物浓缩。早在 1887 年，人们就发现牡蛎能够不断从海水中蓄积铜元素，以致使这些牡蛎的肉呈现绿色，被称作"牡蛎绿色病"。有些水生植物能够富集有机氯农药二氯二苯基三氯乙烷（DDT），而鱼类也能富集水中的很多种有机污染物。

文献中常用生物放大、生物积累等术语描述生物体内污染物浓度增大现象。生物放大是指在同一个食物链上，高营养级生物体内蓄积的某些元素或难以分解的化合物的浓度，高于低营养级生物的现象。生物放大一般是专指具有食物链关系的生物而言，如果生物之间不存在食物链关系，则用生物富集或生物积累来解释。比如在水环境中，浮游植物——浮游动物——鱼就构成了一个简单的食物链。当然在真实水环境中，捕食关系比较复杂，通常会是食物网结构。直到 1973 年，科学家们才开始用生物放大一词，并将生物富集、生物积累和生物放大三者的概念区分开来。研究生物放大效应，特别是研究各种食物链对哪些污染物具有生物放大的潜力，对于确定环境中污染物的安全浓度具有重要意义。

生物积累是指生物体在生长发育过程中，直接通过环境和食物蓄积某些元素或难以分解的化合物的过程。生物积累使这些物质的蓄积随该生物体的生长发育而不断增多。实际上生物放大和生物富集都属于生物积累的一种情况。因为在真实的水环境中，很难分清楚生物到底是从水中吸收的污染物还是通过捕食摄入的污染物，因此就笼统称之为生物积累。科学家们研究最多的是生物体从环境中积累有毒重金属和难以分解的有机农药。有关生物积累的研究，对于阐明物质在生态系统中的迁移和转化规律，以及利用生物体对环境进行监测和净化等，具有重要的意义。

以美国岛河口区生物对 DDT 的生物积累为例(图 4-1),该地区大气中 DDT 的含量为 $3×10^{-6}$ mg/kg,其溶于水的量更微乎其微。但水中浮游生物体内 DDT 的含量为 0.04 mg/kg,生物富集因子为 1.3 万倍;以浮游生物为食的小鱼体内 DDT 浓度增加到 0.5 mg/kg,生物积累 16.7 万倍;大鱼体内 DDT 为 2 mg/kg,生物积累因子为 666 万倍;而以鱼类为食的海鸟,体内 DDT 高达 25 mg/kg,生物积累因子为 833 万倍。可见,尽管水中这些污染物的浓度很低,但通过生物积累可以达到危害人类健康和生态安全的水平。

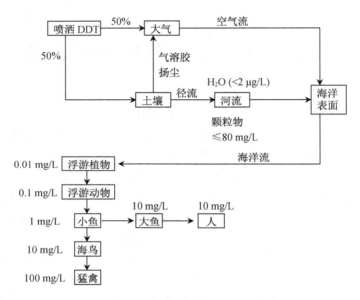

图 4-1 美国岛河口区生物对 DDT 的生物积累

影响生物富集、生物放大和生物积累的因素很多,包括污染物的性质、生物特性和环境条件等。对于持久性有机污染物,由于其主要累积于脂肪,因此生物体内脂肪含量与其对有机物的积累能力具有密切关系。以鱼为例,在肝脏中多氯联苯 (PCB_s) 的浓度最大,其次是鳃、心脏、脑和肌肉。体内分解污染物的酶的活性也与生物对污染物的积累能力有关,分解酶的活性越强,污染物越容易降解,越不容易积累。污染物的化学性质在很大程度上决定它们被生物积累的特性,这些性质主要反映在有机化合物的分解性、脂溶性和水溶性方面。一般降解性小、脂溶性高、水溶性低的物质,生物积累系数高,反之,则低。影响污染物生物积累的环境条件主要包括水温、盐度、硬度、pH、溶解氧含量、光照状况等。环境条件影响污染物在水中的分解转化,同时也影响水生生物本身的生命活动过程,从而影响其生物积累。

第二节　生物富集因子的测定和估算

生物富集的程度可用生物富集因子(bioconcentration factor)表示,简称 BCF,BCF 反映了一种化合物被生物体富集时可能达到的程度。在稳定状态下,试验生物体内受试物浓度与环境中受试物浓度的比值,就是该化合物在生物体中的BCF 值。

$$BCF = \frac{C_b}{C_e}$$

式中:C_b——生物体中的有机物含量;

C_e——环境中的有机物含量。

一、有机化合物生物富集因子的快速测定法

生物富集是有机污染物在环境中迁移转化的主要过程之一。传统的方法是测定平衡时有机物在生物体内的浓度和水相浓度,二者之比则为生物富集因子(BCF)。该法缺点是分析步骤烦琐,费时。这里介绍一种简便快速测定有机物在鱼体内生物富集的方法。

生物富集动力学过程可以采用一元一室毒理动力学模型来模拟:

$$\frac{dC_{organism}}{dt} = k_u \cdot C_{water}(t) - k_d \cdot C_{organism}(t) \tag{4-1}$$

在公式(4-1)中,t 为暴露时间(h),$C_{organism}$ 为目标化合物在生物体内浓度($\mu g/kg$),C_{water} 为目标化合物在水中浓度($\mu g/L$),k_u 和 k_d 分别为水生生物对目标化合物的吸收速率常数($L\ kg^{-1}h^{-1}$)和去除速率常数(h^{-1})。

在 t_0 时刻,假定生物体内目标化合物浓度为 0,并假定水体中目标化合物的浓度保持恒定,则暴露时间为 t 时,生物体内目标化合物的浓度由公式(4-2)计算:

$$C_{organism}(t) = \frac{k_u}{k_d} \cdot C_{water}(1 - e^{-k_d t}) \tag{4-2}$$

将清水恢复阶段的数据代入一阶代谢模型,可得到消除速率常数 k_d 的表达式,也就是公式(4-3)。

$$C_{organism}(t) = C_i e^{-k_d t} \tag{4-3}$$

公式(4-3)中 C_i 表示清水恢复实验开始时，目标化合物在生物体内的浓度（$\mu g/kg$）。根据毒理动力学数据或平衡态浓度，就可以利用公式(4-4)来计算得到 BCF 值，L/kg。

$$BCF = \frac{k_u}{k_d} = \frac{C_{organism}}{C_{water}} \tag{4-4}$$

二、 生物富集因子的估算方法

生物富集因子具有很重要的环境意义，准确地估算 BCF 值，不仅可以为合成新的高效、低毒化合物提供指导，而且可以节约不必要测试带来的浪费。迄今为止，估算生物富集因子的方法基本上可分为三类：第一类是通过辛醇/水分配系数（K_{ow}）进行估算，第二类是通过水溶解度（S_w）进行估算。第三类是通过土壤吸附系数（K_{α}）进行估算。每一类中又有很多种具体的估算方法。其中，通过分配系数估算 BCF 值，效果最好，研究最深入，应用也最广泛。

本节用于估算生物富集因子的方法，是基于实验室测定的数值，试验中，化合物在水环境中保持相对稳定，并需测出化合物在平衡时的浓度。所用的辛醇/水分配系数（K_{ow}）、溶解度（S_w）和土壤吸附分配系数（K_{α}）可以查找有关的文献或数据库软件。表 4-1 总结了一些已得到的用于估算生物富集因子的线性方程。每个方程有特定化合物类型、自变量范围、用于建模的水生生物类型等等，可供选择使用。

表 4-1　根据流动实验研究推荐的估算 logBCF 的回归方程式

编号	方程式 logBCF=	n	r	代表的化合物类型	自变量范围	使用的水生生物
1	$0.76\log K_{ow} - 0.23$	84	0.82	通用型	$7.9 \sim 8.6 \times 10^6$	小鲤鱼，翻车鱼，虹鳟鱼，蚊鱼
2	$2.79 - 0.56\log S_w$	36	0.49	通用型	$0.001 \sim 5 \times 10^4$	大马哈鱼，虹鳟，翻车鱼，小鲤鱼
3	$1.12\log K_{\alpha} - 1.58$	13	0.76	通用型	$<1 \sim 1.2 \times 10^4$	各种水生生物
4	$0.54\log K_{ow} + 0.12$	8	0.90	联苯氧化物，六六六	$437 \sim 41.6 \times 10^6$	虹鳟鱼
5	$0.85\log K_{ow} - 0.70$	55	0.90	苯，DDT	$7.9 \sim 87000$	翻车鱼，小鳃鱼，虹鳟鱼，蚊鱼

编号	方程式 logBCF＝	n	r	代表的化合物类型	自变量范围	使用的水生生物
6	$0.94\log K_{ow}-1.49$	26	0.76	通用型氮杂环	$486\sim3.7\times10^6$	各种类型
7	$0.75\log K_{ow}-0.44$	7	0.85	多环芳烃	$20\,000\sim1.5\times10^5$	水溞
8	$3.41-0.51\log S_w$	7	0.93	四氯乙烯，二氯苯	$437\sim41.6\times10^6$	虹鳟鱼

1. 由辛醇/水分配系数估算 BCF

以方程 $\log BCF=0.76\log K_{ow}-0.23$ 为例，该方程为通用型，是利用小鲤鱼、翻车鱼、虹鳟鱼、蚊鱼等一系列鱼种和 84 种不同类型的有机化合物经生物富集实验得到。有机化合物的 K_{ow} 范围为 $7.9\sim8.6\times10^6$。通过有机化合物 K_{ow} 值（实测或估算），可以估算该化合物对鱼类的 BCF 值。

例 4-1：假设 $4,4'$-二氯联苯的辛醇/水分配系数（K_{ow}）为 380 000，试估算该化合物在鱼体中的生物富集因子。

解：根据表 4-1 中的第一个方程以及所给的 K_{ow} 值，得到：

$\log BCF=0.76\log 380\,000-0.23$

$\log BCF=4.01$

$BCF=10\,000$

通过 K_{ow} 估算 BCF 具有一定的局限性，主要表现在两方面。第一，对于易于代谢转化的化合物，往往得到较高的计算值。这是因为，用 K_{ow} 估算 BCF 时，仅仅是把生物富集过程作为一个简单的分配过程来看待，而对于化合物进入鱼体以后的代谢转化作用并未加考虑。第二，对 $\log K_{ow}$ 大于 6.0 的化合物，BCF 估算值往往偏高。很多文献对其原因进行了深入的探讨。总结起来可能有以下几个原因：①很大一部分化合物被转移进入粪便，排出体外；②水中的有机质大大降低了高分配系数化合物的生物有效性；③高分配系数化合物往往具较大的分子体积和重量，在通过细胞膜时，受到了限制；④对于高分配系数化合物，在正辛醇中的溶解度与在脂肪中的溶解度相差较大。

2. 由水溶解度估算 BCF

如果化学品在水中的溶解度在表 4-1 要求范围内，则下列方程式可用来估算 BCF。

$$\log BCF=2.79-0.56\log S_w \qquad (4-5)$$

方程式（4-5）是由 Kenaga 和 Goring 在实验室通过各种鱼种和 36 种有机物进行

一系列研究推得的,它指出水溶解度和生物富集之间的本质联系。从式(4-5)估算生物富集因子,需要的物理化学参数是 S_w,单位是 mg/L。

例4-2:假定二苯醚的水溶解度为 21 mg/L,估算鱼体中二苯醚的生物富集因子。

解:由方程式(4-5)和所给的 S_w 值,得到:

logBCF＝2.79－0.56log21

logBCF＝2.04

BCF＝110

这一结果与实验测定值相当接近。

3. 由土壤吸附分配系数估算 BCF

土壤吸附分配系数(K_α)和生物富集因子之间的关系是经验性的,事实上,土壤对一定有机物的亲合力,可能同化合物与生态系统中某些部分的亲合力有关,方程式4-6是由 Kenaga 和 Goring 从有关的少量土壤吸附分配系数测定值推导出的。然而,K_α 与 BCF 测定值相关性相当好。如果土壤吸附分配系数可用,由此推导的线性方程式要用来与由 K_{ow} 推导的估算值进行比较。

$$logBCF=1.12logK_\alpha-1.58 \qquad (4-6)$$

用这一回归方程式估算 BCF 与上述方法相同。

例4-3:假定土壤吸附分配系数为 238 000,试估算鱼体生物富体系数。

从方程式(4-6)和所给的 K_α 值,得到

logBCF＝1.12log238 000－1.58

logBCF＝4.44

BCF＝27 000

这一估算结果与实测 BCF 值 29 000 相当吻合。

4. BCF 估算值与实测值的比较

表4-2将由实验室测定的 BCF 值和根据 K_{ow}、S_w、K_α 得到的估算值进行比较,可以推算其差异程度。对于 K_{ow}、S_w、K_α 等参数的测定,受其测定技术和方法的精确度限制,可能影响实验的结果。

表4-2 BCF 估算值与实测值的比较

化合物名称	估算的物理化学参数			估算的 BCF			实测的 BCF
	K_{ow}	S_w	K_α	由 K_{ow} 估算	由 S_w 估算	由 K_α 估算	
硝基苯	851	1 780	—	99	9.1	—	15.1

（续表）

化合物名称	估算的物理化学参数			估算的 BCF			实测的 BCF
	K_{ow}	S_w	K_α	由 K_{ow} 估算	由 S_w 估算	由 K_α 估算	
四氯化碳	437	800	—	17	14		30
对二氯苯	2 400	79		220	53		215
阿特拉津	427	33	149	59	36	—	<7.94
1，2，4-三氯苯	17 000	30		970	91		2800
甲氧 DDT	20 000	0.003	80 000	1 100	16 000	8 100	8 300
萘	51 100	31.7	1 300	2 200	88	80	427
五氯苯	12 600	14	900	4 400	140	53	770
七氯苯	170 000	0.030		8 000	4 500		9 500
联苯	275 000	7.5	—	420	71		437
DDT	5 750	0.001 7	23 800	14 000	23 000	27 000	29 400
Aroclor-1254	—	0.01	42 500	4 900	8 300	4 000	100 000
氯丹	295 000	0.056	—	26 000	120	—	378 000
六氯苯	170 000	0.035	3 910	5 600	4 100	53	18 500

　　在实验室条件下,BCF 本身的测定误差也是一个原因,虽然在上节所列的回归方程式是根据流动试验法测定的,但各种因素都会影响富集结果。

　　（1）在富集和释放实验的平衡条件下测定 BCF 值是重要的。然而许多分子较大的化合物(logBCF＞6),通过生物膜相当慢,以致在 20 d 甚至 30 d,也不能达到平衡,这样得到的 BCF 测定值和预测值相比是偏低的。

　　（2）对一些有机物,尤其是那些高溶解度的化合物,平衡可在几天或更短的时间内达到,溶解性高的化合物容易分解或排泄。这两种情况都会人为地造成短时间内 BCF 测定值偏高。

　　（3）测定温度,溶解氧以及试验生物的大小,也影响到达平衡的时间。因此,也影响测定生物富集因子的试验时间。

　　（4）在实验中,鱼中类脂物含量也可以明显影响残留情况,即使对一给定的鱼种,类脂物含量受生长状态及某些代谢部位的影响,而且,从分析数据来看,对一些特殊部位残留量的测定,也容易产生不同的结果。

　　总之,生物富集过程并非一个简单、机械的分配过程,它受到很多因素的制约和影响,只有应用多参数分析的方法,在大量实验数据的基础上,才能寻找出更为合理的估算方法。

研究实例:大型溞对药物化合物的吸收、去除和生物富集

大型溞(Daphnia magna)一般生活在淡水水域,属浮游甲壳类动物。作为食物链中连接浮游植物和高营养级鱼类的中间一级,浮游动物大型溞对淡水水生生态系统的物质循环和能量传递起着重要作用。同时,大型溞具有繁殖快、对环境变化敏感、易于实验室培养等特点,使其成为水生毒理试验的标准受试生物。

由于大型溞在水生食物链中的重要作用,其生理特征,如繁殖方式、生长率等的变化,很可能引起整个水生生态系统在群落和生态水平上的变化响应。虽然有研究报道了药物化合物对大型溞的毒理效应,但是直接用周围水环境中污染物的暴露浓度表征其对水生生物的毒性大小往往会造成偏差。这是由于污染物影响水生生物的毒理动力学过程中的差异,如吸收、分布、代谢和排泄等,会造成最终毒理效应的不同。

因此,准确检测或预测出药物化合物在水生生物体内的含量显得愈发重要。在此背景下,有关水生生物对污染物生物累积的研究逐渐增多。有关大型溞对某些药物的生物累积研究,如磺胺嘧啶和四环素等,也相应开展。罗红霉素(roxithromycin,ROX)是大环内酯类抗生素,普萘洛尔(propranolol,PRP)属于非选择性β-受体阻滞剂,在水环境中已被广泛检出,ROX 和 PRP 在自然水体中的浓度范围分别为 0.002～1.5 $\mu g/L$ 和 0.008～1.9 $\mu g/L$。本研究通过水体暴露的方式,对 ROX 和 PRP 两种药物在大型溞体内的吸收和去除过程进行研究。为了确定大型溞对两种药物的主要吸收机制,比较了活体大型溞和死亡大型溞对 ROX 和 PRP 的累积水平。同时,研究了不同 pH 条件下,两种药物在大型溞体内的累积水平,评估了 pH 对药物在大型溞体内累积的影响。

1. 受试生物

大型溞均由青岛农业大学水生生物实验室提供。实验开始前,大型溞在人工培养液中连续培养一个月。大型溞人工培养液为超纯水配制的重组水,每 1 000 mL 重组水中含有:58.5 mg $CaCl_2 \cdot 2H_2O$,24.7 mg $MgSO_4 \cdot 7H_2O$,13.0 mg $NaHCO_3$和 1.2 mg KCl。大型溞置于光照培养箱中培养,温度控制在 22±1 ℃,光暗比为16 h∶8 h。在培养期间,培养液每周更换三次,并以斜生栅藻(Scenedesmus obliquus)每天对大型溞进行喂食,喂食密度为 10^5 cells/mL。斜生栅藻购自中科院武汉水生生物研究所。

2. 实验方法

(1) 大型溞对 ROX 和 PRP 的生物富集

生物富集实验包含 24 h 的暴露阶段和 24 h 的清水恢复阶段。为避免目标化合物可能的光降解过程,实验全程在避光条件下进行。实验开始时,约 100 只成年大型溞(21~28 d)分别置于 500 mL 玻璃烧杯中,ROX 或 PRP 工作液随后加入相应烧杯中,暴露浓度设置为 5 μg/L 和 100 μg/L。选用甲醇作为工作液的溶剂,甲醇在暴露溶液中的最终浓度不超过 0.1 mL/L。所有实验设置 3 个平行组。在整个实验期间,每隔 6 h 检测暴露溶液的 pH,并使用磷酸盐或四硼酸钠缓冲液调整暴露溶液的 pH,使其保持在 7 左右。在暴露实验和清水恢复阶段,分别于第 0、3、6、12 和 24 h 进行取样。用吸管取 10 只大型溞后,以不含目标化合物的重组水对溞体进行润洗,随后用滤纸吸干大型溞体表水分,最后转移至 2 mL 离心管中称取湿重。称重后,溞体样品保存于 -80 ℃超低温冰箱中待用。在暴露实验阶段的各取样时间点,同时取 10 mL 暴露溶液,以确定整个实验过程中,溶液实际暴露浓度的变化。

将大型溞活体置于 80 ℃热水中持续 30 s 致其死亡。10 只死亡大型溞分别置于玻璃烧杯中,随后,ROX 或 PRP 工作液加入相应烧杯中,设置暴露浓度仍为 5 μg/L 和 100 μg/L。为了尽可能减小死亡大型溞的溞体降解带来的影响,暴露时间控制在 6 h。加热致死后的 4~6 h,大型溞的某些生物特性不会改变(不会出现溶胀、消解等现象),从而保证了对目标化合物的吸收过程不受影响。暴露结束后,对这 10 只死亡大型溞进行称重,并保存于 -80 ℃超低温冰箱中待用。

(2)大型溞富集 ROX 和 PRP 的影响因素

在不同 pH 条件下(pH 8 和 9),进行了大型溞富集 ROX 和 PRP 的实验。结合上文所述的生物富集实验(pH 7)结果,对大型溞富集 ROX 和 PRP 过程中可能受到的 pH 影响进行评估。在整个实验期间,每隔 6 h 检测暴露溶液的 pH,并使用磷酸盐或四硼酸钠缓冲液调整暴露溶液的 pH,使其保持在 8 或 9 左右。在不同 pH 水平,设置 5 μg/L 和 100 μg/L 两组暴露浓度。每个烧杯中加入 10 只成年大型溞,暴露时间为 24 h。暴露结束后,分别取暴露溶液和溞体,以测定目标化合物的浓度。

(3)样品预处理和化学分析

对于水样,在各采样时间点取 10 mL,过 HLB 固相萃取柱,并以 6 mL 甲醇洗脱。对于大型溞样品,在各采样时间点取 10 只大型溞个体,加入 15 mL 乙腈进行匀浆。匀浆液转移至预冻的 50 mL 离心管,超声萃取 20 min,随后离心 5 min(离心机转速 4 000 r/min)。离心完成后,取上清液转移至干净的 50 mL 离心管。上述萃取过程重复 2 次。采用 HLB 固相萃取柱完成样品的分离和净化过程。对于固相萃取柱,先用 5 mL 甲醇和 5 mL 水进行活化。随后以 3~5 mL/min 的流速进行富集。富集完成后,以 5 mL 纯水和 5 mL 体积比为 2∶8 的甲醇溶液对萃取柱进行淋洗。真空萃取柱中水分后,以 6 mL 甲醇对目标化合物进行洗脱。洗脱液在 45 ℃水浴条件下氮吹至干,并在色谱瓶中用甲醇定容至 1 mL,保存于 -20 ℃冰箱中待测。

　　液相色谱采用安捷伦 1290 超高效液相色谱系统，设置柱温 30 ℃。目标化合物在 Eclipse Plus C18 色谱柱（4.6 mm×150 mm，5 μm）上进行层析分离，设置流速 0.3 mL/min。为避免色谱柱被样品中杂质堵塞，色谱柱前安装了 C18 预柱。每次样品进样体积为 5 μL。流动相溶液为 0.1％甲醇溶液和 100％乙腈。质谱分析采用安捷伦 6460 三重四级杆电喷雾离子源质谱仪。样品中 ROX 和 PRP 均为正离子模式（ESI＋）检测。电离电压 4 kV，碰撞气流为 6 L/min，喷气压 35 psi，辅助加热气温度为 350 ℃，离子源气体流速为 9 L/min。检测采用多反应离子监测模式（MRM），以各化合物的分子离子和特征碎片离子组成监测离子对，选择信噪比最高的离子对进行检测。驻留时间为 150 ms。

　　（4）数据分析

　　采用一元一室毒理动力学模型［公式（4-1）～（4-4）］模拟大型溞对 ROX 和 PRP 的吸收和去除过程。

　　根据 Henderson-Hasselbalch 公式，不同 pH 条件下，目标化合物在暴露溶液中离子态和中间态的浓度比例可表示为：

$$\alpha_{ion} = \alpha_{neutral} \cdot 10^{i(pH-pKa)} \tag{4-7}$$

式中，α_{ion} 和 $\alpha_{neutral}$ 分别表示 ROX 或 PRP 在特定 pH 条件下，其离子态和中间态的比例；目标化合物为酸性物质时，$i=1$，当目标化合物为碱性时，$i=-1$；ROX 和 PRP 的酸度系数（pKa）分别为 8.8 和 9.53。

　　由以上数据，可计算出特定 pH 条件下目标化合物的辛醇-水分配系数（D_{ow}）：

$$D_{ow} = \alpha_{ion} \cdot K_{ow(ion)} + \alpha_{neutral} \cdot K_{ow(neutral)} \tag{4-8}$$

式中，$K_{ow(ion)}$ 和 $K_{ow(neutral)}$ 分别表示离子态和中间态的目标化合物的辛醇-水分配系数。根据 Trapp 和 Horobin 的研究，离子态化合物的辛醇-水分配系数一般比相应的中间态化合物低 3.5 个对数单位。

　　最后，根据 Escher 等的研究，目标化合物在特定 pH 条件下的脂水分配系数（D_{lipw}）可由式（4-9）计算得出：

$$\log D_{lipw} = 0.90 \log D_{ow} + 0.52 \tag{4-9}$$

　　3. 结果与讨论

　　水体中实测的初始暴露浓度与设置浓度的偏差均小于 20％。在各暴露实验组中，水体中目标化合物实际浓度均随暴露时间的延长而逐渐降低，并最终保持相对平衡，这表明 ROX 和 PRP 在本实验中保持了较好的水解稳定性。实验均在避光条件下进行，以避免目标化合物可能的光降解，因此，暴露初期水体中 ROX 和 PRP 浓度的下降可能主要是由于大型溞的积累,以及喂食组中绿藻藻胞的富集作用。

(1) 大型溞对 ROX 和 PRP 的富集

暴露阶段和清水恢复阶段,大型溞体内目标化合物含量的变化见图 4-2。总体来看,ROX 和 PRP 在大型溞体内的累积随时间的变化曲线分为两个阶段,即在暴露阶段,累积水平逐渐上升达到动态平衡,而在清水恢复阶段,累积水平逐渐下降。低浓度暴露(5 μg/L)时,大型溞体内 ROX 和 PRP 的含量分别为 269.8 μg/kg 和 134.3 μg/kg;高浓度暴露(100 μg/L)时,大型溞体内 ROX 和 PRP 的含量分别为 915.0 μg/kg 和 775.3 μg/kg。

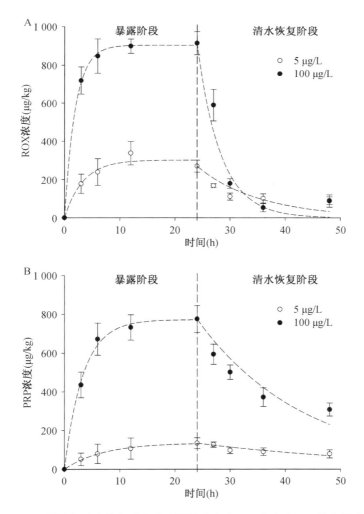

图 4-2 暴露和清水恢复阶段大型溞体内(A)ROX 和(B)PRP 浓度的变化

大型溞对目标化合物的吸收动力学参数见表 4-3。不同暴露浓度下,ROX 和 PRP 的吸收速率常数(k_u)分别为 2.77～9.21 L/kg/h 和 0.996～2.29 L/kg/h;并且随着暴露浓度的升高,ROX 和 PRP 的 k_u 显著降低。在之前有关大型溞或其他水生生物富集药物的研究中,同样发现了 k_u 随暴露浓度的升高而降低的现象。这些结果表明,在评估水生生物对药物污染物的吸收过程时,环境暴露浓度应当受到重视。

在清水恢复阶段,大部分情况下大型溞对目标化合物的累积水平逐渐下降。但是在实验结束时,低浓度暴露组中,大型溞体内仍有浓度为 88.7 μg/kg 的 ROX 和 79.2 μg/kg 的 PRP 检出;而高浓度暴露组的大型溞中,则分别有 86.9 μg/kg 和 308.7 μg/kg 的 ROX 和 PRP 检出。显然,24 h 的清水恢复并不足以使大型溞完全清除体内的目标化合物。在不同暴露浓度下,大型溞对 ROX 的去除速率常数(k_d)为 0.098 5～0.207 h^{-1},对 PRP 的 k_d 则为 0.027 6～0.053 9 h^{-1}(表 4-3)。不同于 k_u,两种目标化合物的 k_d 均随着暴露浓度的升高而升高。大型溞对 ROX 的 k_d 要高出鲫鱼 1～2 个数量级,这可能是由于两种模式生物的觅食类型不同导致的。大型溞的觅食以滤食为主,而在滤食过程中,大型溞的肠道内会迅速积聚大量的水,这会造成大型溞体内累积的目标化合物浓度剧烈降低,从而导致了较高的 k_d 水平。

表 4-3 不同条件下大型溞对两种目标化合物的累积动力学参数,
不同字母表示相互之间存在显著性差异($P<0.05$)

	是否喂食	设置暴露浓度(μg/L)	实际暴露浓度(μg/L)	k_u (L/kg/h)	R^2	k_d (h^{-1})	R^2
ROX	否	5	4.28±0.35	9.21±1.34[a]	0.67	0.098 5±0.026[a]	0.69
	否	100	78.4±6.93	2.77±0.24[b]	0.86	0.207±0.033[b]	0.96
	是	5	3.73±0.54	7.98±0.29[a]	0.98	0.173±0.048[b]	0.78
	是	100	60.9±8.47	3.15±0.52[b]	0.69	0.512±0.129[c]	0.95
PRP	否	5	3.87±0.31	2.29±0.29[c]	0.78	0.027 6±0.005[d]	0.82
	否	100	73.8±5.81	0.996±0.17[d]	0.53	0.053 9±0.008[e]	0.87
	是	5	3.51±0.49	11.0±1.02[e]	0.91	0.135±0.027[f]	0.89
	是	100	62.7±6.64	1.06±0.24[d]	0.23	0.097 4±0.034[a]	0.42

利用动力学参数计算得出,在低浓度暴露时,大型溞对 ROX 和 PRP 的 BCF 值分别为 93.5 L/kg 和 83.0 L/kg,而在高浓度暴露时,ROX 和 PRP 的 BCF 分别

为 13.4 L/kg 和 18.4 L/kg。而利用平衡状态下的浓度数据(即暴露开始后 24 h)计算得出,低浓度暴露时,ROX 和 PRP 的 BCF 分别为 62.8 L/kg 和 34.4 L/kg,高浓度暴露组中,ROX 和 PRP 的 BCF 则分别为 11.7 L/kg 和 10.5 L/kg。两种方法计算得出的目标化合物 BCF 趋势基本一致,因此,在暴露期间若无法达到 ROX 和 PRP 的累积平衡状态,动力学参数方法可以作为一种 BCF 计算方法。

相关的生态学研究已经证实大型溞是通过皮肤进行呼吸。大型溞对 ROX 和 PRP 的 BCF 水平随暴露浓度的升高而降低。在其他有关水生生物累积药物的研究中,同样报道了 BCF 水平与暴露浓度的负相关关系。相关文献表明疏水性有机污染物在水生生物的 BCF 水平与其 $\log K_{ow}$ 间具有紧密的正相关关系。因此,考虑到本实验中两种目标化合物的疏水性(ROX 和 PRP 的 $\log K_{ow}$ 分别为 2.75 和 3.48),PRP 在大型溞中的 BCF 水平应当高于 ROX。但是,实验结果表明,在各暴露组中 ROX 和 PRP 的 BCF 水平均比较相近,这可能是由于两种目标化合物在本实验条件下不同的电离状态导致的。不同于传统有机污染物,包括药物在内的许多可电离有机污染物在不同的 pH 条件下,其电离程度具有明显差异。有机污染物的离子化会显著地影响其在生物膜上的转运过程,并最终影响在水生生物中的累积水平。因此,在评估可电离有机污染物,尤其是药物化合物的累积和生态风险时,必须考虑环境 pH 因素的影响。

(2) 大型溞富集水体中 ROX 和 PRP 的主要途径

为了更加深入地了解大型溞富集水体中药物化合物的过程,比较了活体大型溞和死亡大型溞对两种目标化合物的累积。显然,死亡大型溞主要是通过体表吸附累积目标化合物,而活体大型溞除了体表吸附,还可以通过滤水来累积目标化合物。如图 4-3 所示,6 h 低浓度暴露(5 μg/L)结束后,死亡大型溞分别累积了 1 465.4 μg/kg 的 ROX 和 1 024.3 μg/kg 的 PRP;在高浓度暴露组(100 μg/L)中,死亡大型溞体内 ROX 和 PRP 的含量分别为 4 219.4 μg/kg 和 4 984.6 μg/kg。

比较发现,死亡大型溞累积的 ROX 和 PRP 浓度分别是活体大型溞累积浓度的 4.98～6.14 倍和 7.42～12.9 倍。活体大型溞中相对较低的累积浓度可能是由大型溞的主动代谢造成的。但是,实验结果表明,ROX 和 PRP 在大型溞体内的半衰期分别为 3.35～7.04 h 和 12.9～25.1 h。因此,即便忽略活体大型溞的主动代谢过程,在 6 h 暴露后,其累积的目标化合物含量也不会明显高于死亡大型溞,这表明大型溞很可能主要通过体表吸附的途径富集水体中的药物化合物。

大部分药物化合物,包括 ROX 和 PRP,是以离子态形式存在于水环境中。因此,本实验中大型溞对 ROX 和 PRP 显著的体表吸附作用,可能主要是由于带正电的药物阳离子和带负电的大型溞细胞膜之间的相互吸引,以及离子阱作用共同造成的。ROX 和 PRP 等可解离的药物化合物,会以中性分子的形式迅速穿过细胞

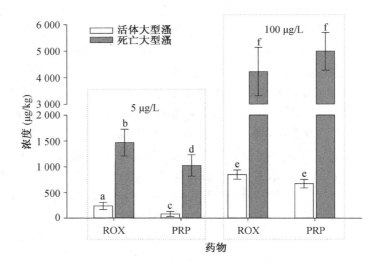

图 4-3 不同暴露浓度下活体和死亡大型溞对两种目标化合物的累积浓度，
不同字母表示相互之间存在显著性差异($P<0.05$)

膜,之后在生物细胞内解离并贮存于细胞中,即所谓的生物细胞的离子阱作用。此外,部分目标化合物还可能通过水流的作用进入死亡大型溞体内从而被累积。

（3）pH 条件对大型溞富集 ROX 和 PRP 的影响

周围环境 pH 水平的改变会导致药物化合物解离程度的变化,并最终影响其生物累积以及对水生生物的生态风险。因此,在本研究中,检测了不同 pH 条件下,大型溞对两种目标化合物的富集情况。实验设置了 pH 7、8 和 9 共 3 个组别。不同 pH 条件下目标化合物在大型溞体内的累积浓度见图 4-4。在不同浓度下（5 μg/L和100 μg/L）,24 h 暴露结束后,ROX 和 PRP 在大型溞体内的浓度均随着 pH 的升高而升高。对于 ROX 和 PRP 等偏碱性的化合物,水体 pH 的升高会提高脂溶性更强的中性分子的生成,最终导致更多的目标化合物被大型溞富集。

本研究通过建立低浓度暴露组（5 μg/L）BCF 与脂水分配系数（D_{lipw}）的数学关系,探索了 pH 的变化对大型溞富集 ROX 和 PRP 水平的影响规律。相较于辛醇水分配系数 D_{ow} 和分布容积 V_D,脂水分配系数 D_{lipw} 能够更准确地反映水生无脊椎动物对药物化合物的吸收程度。D_{lipw} 和 BCF 具有良好的相关性（$\log BCF = 0.53\log D_{lipw}+1.02$,$R^2=0.81$）,表明 D_{lipw} 适用于 ROX 和 PRP 在大型溞体内富集水平的表征。

4. 结论

大型溞主要通过体表吸附富集水体中的 ROX 和 PRP,在不同暴露浓度下,大型溞对 ROX 和 PRP 的 BCF 值分别为 13.4～93.5 L/kg 和 18.4～83.0 L/kg,且

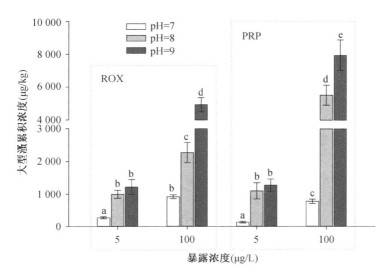

图 4-4　24 h 暴露结束后不同 pH 条件下目标化合物在大型溞体内的累积浓度，
不同字母表示相互之间存在显著性差异($P<0.05$)

随着暴露浓度的升高，BCF 水平逐渐下降。ROX 和 PRP 在大型溞体内的富集水平会随着水体 pH 的升高而升高，且利用 D_{lipw} 能够较准确地预测浮游动物在不同 pH 条件下对两种药物的富集水平。

第三节　有机污染物的毒性

水环境中的有机污染物被水生生物吸收，可能产生生物富集和放大效应，进入生物体内的这些外来化合物可能会对生物体产生毒性。作为水生毒理学的一个重要组成部分——水生生物毒性试验成为评价化学物质对水生生物影响和水体污染的一种重要手段，因此越来越受到人们的重视。

一、水生生物毒性试验

毒性测试的目的是获取被测物质对试验生物造成危害的资料。在实际工作中，随着待测化学品和受试生物特性的不同或研究任务的不同，水生生物毒性试验的方法也是多种多样的。一般来说，可以按致毒时间的长短和试验容器内液体的状况进行划分。

1. 按致毒时间对水生生物毒性试验的划分

按致毒时间的长短划分,水生生物毒性试验可分为急性毒性试验(acute toxicity test)又称短期试验(short-term test)、亚急性试验(subacute test)、慢性试验(chronic test)又称长期试验(long-term test)。

(1)急性毒性试验

急性毒性试验是指在短时间内接触高浓度毒物时,被测试化学物质能引起试验生物群体产生某一特定百分数有害影响的试验。这个特定百分数通常是指50%。由于死亡容易观察,而且是最明显而又最严重的有害影响,因此进行水生生物试验时,常用半数致死浓度(LC_{50})来表征毒物对水生生物的毒性。除此之外,当试验不以死亡作为试验生物对毒物的反应指标,而是观察测定毒物对生物的某一影响时,常用半数有效浓度(EC_{50})来表征毒物的毒性。对于细菌,常以半数抑制浓度(IC_{50})作为毒物毒性大小的度量。

(2)亚急性毒性试验

亚急性毒性试验是指试验生物在较长的时间里,因连续接触较大剂量的毒物而出现中毒效应的试验。亚急性毒性试验并没有明确的致毒时间期限,介于急性毒性试验和慢性毒性试验之间。

(3)慢性毒性试验

通常将在低浓度下致毒时间接近或超过整个生活周期,有的甚至连续几代的毒性试验称为慢性毒性试验。慢性毒性试验主要用以测定毒物对试验生物的生长、发育、繁殖等方面的影响。慢性毒性的反应终点很多,如存活率、生长速度、产卵量、孵化率、畸形率等;还可以测试生理、生化和行为等指标。慢性毒性试验在环境毒理学中占有重要地位,对评价低浓度化学污染物对机体的长期危害具有重要意义,同时慢性毒性试验结果也是制定环境中有毒有害物质卫生标准的重要依据。急性和亚急性试验是慢性毒性试验的基础,能为慢性试验的展开提供重要资料。以存活率为反应终点(endpoint)的慢性毒性试验最终可以得到 NOEC(no observable effective concentration,无可见效应浓度)、LOEC(lowest observable effective concentration,最低可见效应浓度)和 MATC(maximum acceptable toxicant concentration,毒物最大允许浓度,是 NOEC 和 LOEC 的几何平均值)等毒性指标。

2. 按试验溶液的状况对水生生物毒性试验的划分

按试验容器内试验溶液的状况不同,水生生物毒性试验可以分为静水式试验、半静水式试验和流水式试验。

(1)静水式试验(static test)

生物所在容器内的试验溶液处于不流动或静止状态,试验期间不更换试验溶液的毒性试验称为静水式试验。该方法简单,无需特殊装置,但只适用于那些在试验期间稳定而又耗氧不高的化学物质。

（2）半静水式试验（semi-static test）

如果每隔一段时间将容器内的试验溶液吸出,而后加入新配制的试验溶液,或者将试验动物转入另一盛有刚配制的、浓度相同的试验溶液的容器内,这种毒性试验方法就是半静水式试验。这种方法除了用以提供试验生物所需要的溶解氧外,还能保持被测物质浓度的大致稳定和防止水质恶化,但是对于易挥发、不稳定的化学物质或生化需氧量（BOD）较高的工业废水难以维持被测物质浓度的相对稳定和生物所需的溶解氧,更不能及时地将试验生物的代谢产物排除容器。若解决上述问题,需采用流水式试验。

（3）流水式试验（flow-through test）

流水式试验是指试验溶液连续或间歇地流经试验容器的毒性试验方式。该方法除了解决了半静水式试验无法解决的问题外,还为试验生物提供了更接近自然环境的试验条件。但该方法用水量和废水量都很大,所需要的设备也比前面两种方法复杂,因而目前在测定相对稳定而又耗氧量不大的化学物质毒性时,仍然视具体情况而选用前两种方法。

二、 剂量—效应关系

试验生物对毒物的反应（即毒物的毒性）,除与受试生物和毒物二者本身的特性有关外,主要取决于毒物浓度和致毒时间两个因素,当然环境因子、特别是水质条件对毒物的毒性也有一定影响。前面已经提到根据致毒时间的不同,水生生物毒性试验可以分为急性毒性试验、亚急性毒性试验和慢性毒性试验三种类型,下面讨论毒物浓度对水生生物的影响如何表示。

有毒污染物对试验生物的影响可用剂量—效应关系来描述,反映污染物剂量与生物出现某种效应的个体在群体中所占比例之间的关系。比如说污染物剂量与生物死亡率之间的关系。这种关系用曲线表示就是剂量—效应关系曲线。大量研究表明,在剂量—效应关系中,无反应和最大反应之间,随剂量增加,反应逐步增加,有明显变化。剂量—效应曲线有三种类型,见图4-5。

1. 直线关系。在这种剂量—效应关系中,剂量改变与效应强度或反应率成正比（曲线a）。这种类型在生物效应中是很少见的。只是简单的离体实验中,在一定剂量范围内,才会出现这种线性关系。

2. 对数曲线关系。该曲线是一条先锐后钝的曲线,类似数学上的对数曲线（曲线b）。当剂量换算成对数剂量时,可转成一条直线。

3. S状曲线。这种曲线的特点是在低剂量时,随着剂量增加,效应强度增加得比较缓慢,当剂量较高时,效应强度急速增加,但当剂量继续增加时,效应强度的增加又趋向缓慢了(曲线 c)。

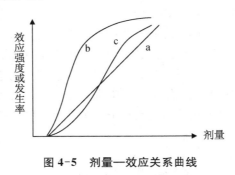

图 4-5　剂量—效应关系曲线

三、 分子毒性机理

分子是组成物质的基本结构单位,分子中原子的种类和化学键的性质决定了分子的性质。在物质结构与性质之间存在着一定的函数关系,物质的生物活性和化学性质都依赖于结构,是在分子水平上分子间作用的外在表现。目前认为,分子水平上的毒性机理有两种——非反应性毒性和反应性毒性。

非反应性毒性也称为麻醉性毒性,主要是对细胞或者动物的中枢神经产生抑制作用。此类毒性只与毒物作用于生物细胞的量有关,化合物在生物体内的浓度达到一定程度即呈现毒性。麻醉性的毒性一般是可逆的,非专一性,主要是由化合物跨越细胞膜的传质过程,或者是由其脂溶性所决定的。因此,麻醉性的毒性效应往往与污染物的辛醇/水分配系数($\log K_{ow}$)具有良好的相关性。常见的产生此类毒性的污染物质包括脂肪烃、芳香烃、氯代烃、醇、醚、酮、醛、弱酸和弱碱等。许多研究发现,一些能够形成氢键的污染物质经常引起比较严重的麻醉性毒性效应。非反应性物质首先积累在细胞某一部位上,如细胞的类脂蛋白上,使细胞发生膨胀,从而破坏了细胞的正常的代谢过程,这种膨胀也可以阻塞 Na^+ 交换的入口,也可导致酶与底物机械分离,因而使细胞呈现中毒症状,一旦毒物浓度降低至理论允许值,则细胞又恢复正常。

反应性化合物可分为三类。

① 亲电性化合物。这类化合物能与亲核靶位发生双分子亲核取代反应,形成共价键,而使靶分子失去生物活性。如 α,β-不饱和酮,其能与生物分子中(如酶中的—SH)亲核部分形成共价键,环氧化合物可与蛋白质中的硫氢基、羧基、氨基、酚

等形成不可逆的亲电反应,在神经生理条件下,生物内的亲核基团(如—SH)可能与碳原子发生双分子亲核取代反应。另一类亲电性化合物是硝基苯类。该类化合物能与细胞中的亲核物质如核酸或蛋白质发生反应,最近研究表明硝基苯类可与皮肤蛋白发生作用,可用来研究皮肤的敏感度。

② 弱酸呼吸去偶合化合物(weak acid respiratory uncoupler)。这类化合物通常含有弱酸基团(如羟基)、体积较大的疏水性芳香基团部分和多重电负性基团(如硝基、卤代基团),这些化合物的 pK_a 一般小于 6.3,如 2,4 -二硝基酚和五氯酚,这类化合物被认为通过去质子化作用(protonophoric action)产生毒性效应。

③ 其他的毒性机制。比如,丙烯醇为超亲电性化合物,PAHs 为致突变性化合物,醛类为 Schiff-base 物质,α -二酮是精氨酸残余物(arginine residues)的阻断剂,γ -二酮是微管蛋白(tubulin)的阻断剂等。

四、 联合毒性作用

在实际环境中往往同时存在着多种污染物质,它们同时暴露或者顺序暴露对生物体产生的作用,有别于其中单个污染物对机体引起的毒性。两种或两种以上的毒物,同时作用于机体所产生的综合毒性称为联合毒性作用或联合毒性(joint toxicity)。有机污染物的联合毒性研究对真实污染环境的生态风险评估至关重要,近年来受到越来越多的关注。

1. 联合毒性作用类型

最早提出联合毒性作用理论的是在 1939 年,Bliss 把联合毒性作用分成三种类型,即相似联合作用(又称相加联合作用)、独立联合作用与协同和拮抗联合作用:

(1) 相似联合作用:假定两种化学物质作用于机体的同一受体,其效果为两者分别作用时的总和。

(2) 独立联合作用:多种化学物作用于机体的不同靶位,产生互不相同的效应。

(3) 协同和拮抗联合作用:指两种化学物的效应分别大于或小于相加作用。

1981 年,世界卫生组织专家委员会把联合毒性作用划分为三类:

(1) 独立作用:是指各化学物以不同的作用方式产生效应。

(2) 拮抗作用:是指总效应小于各化学物单独作用时产生的效应的总和。

(3) 协同作用:又分为相加作用和加强作用。相加作用是指总效应为各化学物单独作用时的总和;加强作用是指总效应大于各化学物单独作用时的总和。

Plackett 和 Hewlett 在研究二元混合物的联合毒性时,根据两种化学物的最初作用方式和作用部位是否影响另一种化学物的生物作用,确定其反应性,分为简单相加、大于相加、小于相加和无相互作用四种类型:

(1) 简单相加作用(simple addition):几种毒物联合作用的毒性等于其中各毒物成分单独作用毒性的总和,该联合作用称为相加作用。即混合物中一种毒物被同等比例另一毒物成分所取代,而混合物毒性均无改变。化学结构比较相近、或同系物、或毒作用靶器官相同、作用机理类似的化学物同时存在时,多易发生相加作用。

(2) 协同作用或增强作用(synergism or potentiation):即大于相加(more than additive),联合作用的毒性大于其中各毒物成分单独作用毒性总和。协同作用的靶器官可以不一致,但最终的生物学效应一致。如果一种物质本身无毒,但与另一些毒物同时存在可使毒性增强,则称为增强作用。

(3) 拮抗作用(antagonism):即小于相加(less than additive),联合作用的毒性小于其中各毒物成分单独作用毒性的总和。即一种化合物可以抑制另一种化合物的毒性,所以也称抑制作用(inhibition)。

(4) 独立作用(independence):即无相互作用(noninteractive),各毒物对机体的侵入途径、作用部位、作用机理等均不相同,毒物对机体产生的生物学效应彼此无关、互不影响,只有在剂量很大时,有一个致死的共同结局,这种联合作用成为独立作用。独立作用的毒性低于相加作用,但高于其中单项毒物的毒性,联合毒性作用由最大毒性成分引起。

有些评价过程把联合毒性作用细分为拮抗作用、独立作用、部分相加作用、简单相加作用和协同作用。

2. 联合毒性的评价方法

对于水中多化学物质联合毒性的评价起始于20世纪70年代,由于不同混合物的作用机理可能不同,导致联合作用类型也可能不同,而且混合物所含组分越多,其相互作用越复杂,这就决定了平均方法的多样性,下面介绍几种常见的方法。

(1) 毒性单位法(M)

毒性单位法(toxic unit)这一概念最早由 Sprague 和 Ramsay 提出,用于测定特定反应水平(例如:LC_{10},LC_{50},$LC_{100}\cdots$)上混合物的毒性的一种方法。他们在研究铜-锌混合物对大马哈幼鱼的联合毒性时首次用毒性单位来表示化学物的浓度。1975 年,Marking 和 Dawson 将这一概念推广到混合物的相加作用。规定:毒性单位等于混合物在半数抑制效应时 i 组分在混合物中的浓度与该组分单一半数抑制浓度的比值,即混合物中第 i 组分的毒性单位为

$$TU_i = C_i/EC_{50,i} \qquad (4\text{-}10)$$

式中，C_i 为混合物在半抑制效应时第 i 组分的浓度，$EC_{50,i}$ 为第 i 组分单独作用时的半数效应浓度。

混合物的毒性单位等于各组分的毒性单位之和 M，若令 $M_0 = M/TU_{\text{imax}}$（TU_{imax} 表示混合物中各组分毒性单位的最大值），根据 M 值和 M_0 值可以评价混合物的作用类型，具体评价标准是：当 $M=1$ 时，为简单相加作用；当 $M>M_0$ 时，为拮抗作用；当 $M<1$ 时，为协同作用；当 $M=M_0$ 时，为独立作用；当 $M_0>M>1$ 时，为部分相加作用。

毒性单位法应用最多的是研究多组分、低剂量的相加作用，即 $M=1$。如果 n 组分混合物中各组分的毒性单位都相等，那么该混合物为等毒性混合物，也叫均匀混合物，否则为非均匀混合物。在均匀混合物中，如果已知为相加作用，那么混合物中 i 组分的浓度 C_i 可通过 $C_i = EC_{50,i}/n$ 求得。该方法简单易行，因而得到了广泛的应用。

（2）相加指数法（AI）

相加指数法（AI）是在毒性单位概念的基础发展起来的。其基本原理是：化合物对生物的作用性质或方法是相似的，因而一种毒物产生的毒性可被一定量的另一毒物所代替，当毒物的有效浓度以相同的单位表示时，混合物的有效浓度为各毒物有效浓度之和。1977 年 Marking 将 AI 定义为：

当 M＝1 时，AI＝M －1；

当 M＜1 时，AI＝1/M－1；

当 M＞1 时，AI＝1－M。

AI 的评价标准是：当 AI＝0 时，为简单相加作用；当 AI＜0 时，为拮抗作用；当 AI＞0 时，为协同作用。

（3）相似性参数法（λ）

1989 年，Christensen 和 Chen 在分析二元和多元混合物的联合效应时提出了相似性参数的评价方法。对于 n 组分的混合物，有如下方程：

$$\sum_{i=1}^{n} (TU_i)^{1/\lambda} = 1 \tag{4-11}$$

式中，λ 是相似性参数，可通过尝试法求得。相似性参数的评价标准为：当 $\lambda=1$ 时，为简单相加作用；当 $\lambda>1$ 时，为协同作用；当 $0<\lambda<1$ 时，为拮抗作用；当 $\lambda=0$ 时，为独立作用。

（4）混合毒性指数法（MTI）

1981 年，Konemann 首次使用混合毒性指数（MTI）评价多元混合物对鱼的联合毒性作用。Konemann 将 MTI 定义为：

$$MTI=1-logM/logM_0 \qquad (4-12)$$

MTI 的评价标准为：

当 MTI=1 时,为简单相加作用;MTI<0 时,为拮抗作用;当 MTI>1 时,为协同作用;当 MTI=0 时,为独立作用;当 0<MTI<1 时,为部分相加作用。

这种评价方法与毒性单位法的分类一致,即把联合毒性类型划分为五类。即对于 n 组分的混合物,MTI=1-logM/logN,其中 N 为混合物中所含组分的数目。对等毒性的混合物,$M_0=N$,其中 N 为混合物中所含组分的数目。对于二元混合物,$M_0=N=2$。对于一个不同配比的 n 组分的混合物,假设各组分的毒性单位比为 R_1、R_2、R_3……R_n,那么,$M_0=(R_1+R_2+\cdots+R_n)/max(R_i)$。其中 R_i 为任一组分所占的毒性单位比例。这样不需要求出混合物中各组分的毒性单位,而仅仅根据混合物各组分的配比即可估算出 M_0 值,简化了 MTI 的计算过程。

（5）等效线图模型

这一理论是由 Fraser 提出的,用于确定两个因子相互作用时观察值与预测值之间的偏差。最初用于研究拮抗作用,后来扩展到用于其他类型的联合作用。等效线图法是把三组变量的三维坐标图用两个变量的二维坐标图表示出来的一种方法,即确定一个变量（如效应）,来表示另两个变量（如剂量,多种剂量）。换而言之,它们以直角坐标系统表达两个化学物联合作用等效应时的剂量。

在直角坐标系中,纵轴表示浓度,横轴表示混合物的比例,把不同混合比例所对应的半数致死浓度点（即 isobole 点）在图中描出,就得到等效线图。根据图形的形状就可以确定联合作用的类型。最初提出的这种方法不能解释偏离相加线是由系统误差还是偶然误差引起的。因此,Chen 和 Ensor 建议使用效应浓度的置信区间。这样就可以给相加作用限一个置信带（confidence belt）,即称为相加作用带,如果混合物的效应浓度的置信区间与相加带重叠,即认为是相加作用,否则就认为是偏离相加作用,为协同或者拮抗作用。

等效线图的优点是比较直观,缺点是需要详细的实验资料,如一系列混合物的准确剂量及其引起的特定反应的数据。采用这种模型进行外推时,只能根据似乎合理的假设而不是根据生物统计学的讨论。而且该法只能用来评价二元混合物的联合作用,并对混合物比例有一定的限制,因此需要进一步完善。

（6）剂量-反应曲线（DRC）法

应用剂量-反应曲线（DRC）评价联合效应是一种新的方法。如果两种物质的作用方式相似,那么固定一种物质（B）的剂量,另一物质（A）的剂量变化,作剂量反应曲线,得到实验的 DRC 曲线。实验数据符合 S 形曲线,其逻辑方程使用四个参数：

$$Y = \left[\frac{(a-b)}{\left(1 + \dfrac{x}{c}\right)} + b \right] + d \tag{4-13}$$

式中，a：曲线中最大的响应；b：斜率；c：EC_{50}；d：曲线中最小的响应；Y：响应；x：剂量。根据化合物 A 和混合物（A+B）的实验所得的剂量-反应曲线（DRC），用计算机程序可以计算出理论曲线得参数，用 F 检验比较实验曲线和理论曲线得斜率。当 $P>0.05$ 时，差异不显著，说明联合效应是理论模型所定义的作用类型，即为相加作用；相反，当 $P<0.05$ 时，两种剂量-反应曲线的斜率有显著的不同，说明一种物质不能作为另一种物质的稀释剂，因此不是相加作用。

3. 联合毒性作用机理

联合毒性作用机理的研究是进行联合毒性作用研究的重点之一，但目前关于这方面的研究国内外都还处于起步阶段，缺少深入的研究。化合物间相互作用的复杂性以及影响联合效应的因素的多样性，决定了其作用机理的复杂性。

（1）影响生物细胞结构

两种或多种化合物通过影响生物的细胞结构，特别是膜结构而发生相互作用。膜结构是污染物相互作用的优先部位，它的改变使膜的通透性发生变化从而影响物质在生物体内的运输。Cr^{6+} 和乙草胺对少根紫萍产生协同作用是由于它们均能破坏少根紫萍的细胞膜结构与功能。由于其中一种污染物对细胞膜的作用，使得另一种污染物更容易进入植物体内，加剧了对植物细胞的伤害，从而表现出协同作用。重金属铜、锌、镉与荧蒽对黑钙土中的细菌产生协同作用也是因为荧蒽为疏水性化合物，它与微生物细胞膜中亲脂性化合物发生反应，改变了细胞膜的结构与通透性，从而使金属能很容易地进入细菌的细胞中。

（2）干扰生物的生理活动与功能

混合物通过干扰生物的正常生理活动与功能而发生相互作用，这种作用机制比较普遍。Moreau 等发现菲、锌共存时，由于菲改变了溶酶体膜的稳定性和功能，从而使溶酶体成为一种金属解毒剂，改变了锌的毒性，使锌在鱼体中的富集减少。同样，锌的出现也导致菲解毒性的增强。多环芳烃化合物对海洋细菌的毒性作用包括破坏细胞的 DNA，引起畸变、死亡。有机磷化合物能使生物体内的羧酸酯酶受到抑制，从而减少了马拉硫磷的水解，表现为协同作用。

（3）竞争活性部位

根据"受体"学说，化学物质在生物体内都有特异性的活性反应靶位。化学性质相似的污染物在细胞表面及代谢系统的活性部位存在着竞争作用，从而影响污染物的相互作用。当两种或多种金属同时暴露在土壤中时，重金属竞争结合位，从而改变了实际可生物利用的重金属浓度，由此会以一种与暴露于单一金属完全不同的方式影响微生物。例如,当铜、锰共存时对真鲷和平鲷幼体的毒性减弱,两者呈拮抗关系,这是由于铜与锰竞争结合部位,从而铜抑制了幼体对锰的吸收。锌和镉等毒性混合共同作用于青海弧菌(Q67菌株)时,镉的浓度大,可以占据细胞表面的结合位,降低了锌的结合机会,从而毒性降低,显示出拮抗效应。镉、锌具有相同的物理化学特性,在DNA-蛋白质结合、含锌酶、金属硫蛋白中镉都能代替锌,同时锌也能对镉提供保护作用,在锌出现的情况下,软体动物无齿蚌(*Anodonta cygnea*)对镉的吸收减少了一半,呈现拮抗作用。

(4)络合或螯合作用

自然环境中存在着许多有机无机络合剂,如腐殖酸、胡敏酸、氨基酸等,能与污染物质在环境中发生物理化学反应,从而影响了污染物之间的相互作用。例如,在研究镉与草甘磷的交互作用对小麦的毒性时发现,草甘磷有很强的络合能力,进入土壤或水体后很快与一些金属离子结合生成络合物,而这些络合物的生物毒性相对于草甘磷来说要小一些,从而降低甚至失去毒性。镉与草甘磷共存,在一定程度上降低了草甘磷的生物毒性。水体中铅、酚对红虫的拮抗作用是由于两者的相互作用形成配位键,生成螯合物引起的。硒对汞毒性的保护作用源于它们形成Hg-Se络合物竞争结合位的结果,因为汞对细胞有毒性,硒和Hg-Se络合物对细胞没有毒性,而硒酸钠和氯化汞又具有相同的结合位,所以当细胞同时暴露于硒和汞时,有些键位就被硒和Hg-Se络合物所占有,从而抑制了汞的毒性。

(5)生物转化的改变

联合作用的一个重要机理是一种化合物可改变另一种化合物的生物转化。有些化合物是微粒体和非微粒体酶系的诱导剂,它们使酶活力增强的机制大概主要是通过酶的重新合成,这与必须重复给药这一点是一致的。常见的诱导剂有苯巴比妥、3-甲基胆蒽、多氯联苯和苯并芘。它们一方面可促进化合物的解毒作用而减弱其他化合物的毒性。例如,预先给予苯巴比妥可缩短由环己巴比妥所造成的睡眠时间以及由氯苯恶唑胺引起的麻痹。预先给诱导剂也可降低黄曲霉素的血浆浓度。预先给予3-甲基胆蒽可以显著地减轻溴苯引起的胆坏死。另一方面,诱导剂可通过活化作用而增强其他化合物的毒性。

第四节　有机污染物的亚致死效应

水环境中的大多数有机污染物实际浓度远低于实验室暴露获得的半致死浓度,目前广泛采用的毒性标准测试方法对于环境中低浓度的新型有机污染物而言敏感性不够,而风险评估很大程度上取决于所选择的测试终点。对于亲脂性有机污染物,即使水环境中浓度不高,长期暴露的生物累积及营养级传递也可能导致生物体内浓度不断升高,由此对暴露生物产生的亚致死效应(sublethal effect)值得关注。亚致死剂量是指尚未引起受试生物死亡但能引起行为、生理、生化和组织等方面的某种效应的毒物剂量。亚致死效应采用生物学终点分子生物学指标、生殖发育指标、组织病理学指标、行为学指标等。

一、 分子生物学指标

水生生物对有机污染物胁迫反应的分子生物学指标主要涉及内分泌系统、代谢系统、神经系统、抗氧化防御系统。

内分泌系统由内分泌腺(包括性腺、垂体、甲状腺等腺体)及其分泌的激素组成,很多有机污染物已经被证实为内分泌干扰物,比如双酚 A 类似物、酞酸酯、环境激素等。常用的指标包括卵黄蛋白原(vtg)、雌激素受体(er)、芳香化酶(cyp19)等。除性腺外,甲状腺也是一种重要的内分泌腺,生物体通过产生甲状腺素来促进代谢过程,维持动物生长发育以及调控其他生理系统,包括三碘甲状腺原氨酸(T3)和四碘甲状腺原氨酸(T4)。

近年来文献表明,很多有机污染物能引起水生生物的神经发育毒性,干扰神经传导相关的胆碱能系统。乙酰胆碱酯酶(AChE)是生物神经传导中的一种关键酶,对鱼类正常行为和肌肉功能至关重要,在捕食、逃避、定向等许多生理学功能方面扮演着重要角色。AChE 早期常作为评价水体中有机磷农药污染和生态毒性的敏感生物标志物,近来研究证实了药物污染物也能够对 AChE 产生重要影响。当 AChE 的抑制率达到 40% 就会导致鱼的行为异常,包括游泳活力降低、探索能力下降,影响逃避和捕食行为,并且可能破坏它们的生态和种间相互作用。

抗氧化防御系统常用生物标志物包括超氧化物歧化酶(SOD)、过氧化氢酶(CAT)、谷胱甘肽还原酶(GR)活性和还原型谷胱甘肽(GSH)、硫代巴比妥酸反应物质(TBARS)、脂质过氧化(LPO)含量等。有机污染物通过释放氧自由基诱导组织的氧化损伤,SOD 和 CAT 的活性升高有助于清除氧自由基,保护鱼体组织免受氧化损伤。但是,强氧化剂能够克服生物的抗氧化防御系统,产生过量的 H_2O_2 损伤酶的活性位点,从而抑制 SOD 的催化活性。TBARS 和 LPO 水平提高是由于生成的活性氧(ROS)攻击细胞膜产生了抗氧化酶损伤,继而对细胞完整性和细胞功能产生影响。

二、 生殖发育指标

形态学方法在评价外源毒物对生物早期胚胎发育影响的试验中发挥着重要作用,许多模式生物(如斑马鱼等)的胚胎发育过程基本上呈全透明状态,因此能够通过直接观察或显微观察来检测污染物引起的形态学异常。孵化率与孵化后仔鱼的质量是胚胎发育阶段的重要毒理学指标,污染物暴露可导致斑马鱼出现产卵率和孵化率下降、孵化时间增长、胚胎畸形增多、精子数量减少、雌雄比增加等现象。此外,内分泌干扰物还会对鱼类产生致畸效应,如:脊柱弯曲、尾部畸形等,还可能出现心包水肿和尾巴缩短等症状。

三、 组织病理学指标

对于鱼类而言,鳃具有重要功能,与水生环境的永久接触和次级上皮的大表面积是这种器官对污染物特异性敏感的主要原因。鳃病理变化已广泛用作野外评估中的污染指标。研究发现,硫丹暴露 96 h 引起遮目鱼(*Chanos chanos*)鳃上继发性片段的卷曲、原发性上皮的增厚、上皮增生、次级层融合等。肝脏是重要的代谢和解毒器官,肝脏的组织病理学病变主要包括纤维性病变、肝细胞坏死、水肿变性和窦状膨胀、炎症和糖原/脂质消耗等。后肠的病理学特征是绒毛的空泡化和融合,严重时绒毛尖端上皮完整性丧失。

四、 行为学指标

行为在生物个体的表现、生态系统功能和物种进化中都扮演着不可或缺的角色,近年来,行为学在水生毒理学中的应用前景逐渐被研究者所认识。对水生动物而言,常用的行为学指标包括游泳活力、运动速度和加速度、群聚行为、觅食行为、趋光行为等。

觅食率、交配成功率、亲代抚育等具有明显的直接生态学意义,这些行为的改变会影响到个体的适合度,如个体未来的繁殖数量。此外,捕食逃避行为对大多数生物都至关重要,生物个体会调整其他行为来应对捕食风险。通过减少游动行为来降低与潜在捕食者相遇的概率是生物规避捕食风险最常用的方式。但是游动行为的减少常常也意味着获得食物和生长的机会也相应地减少,因此导致个体适合度的下降。另一方面,如果生物保持原有的游动强度,虽然能够维持足够的食物摄入量和保证生长所需的能量,但这会低估捕食风险,增加了被捕食的概率,同样会降低个体的适合度。

群聚行为对生物种群的延续具有重要意义,聚群行为可以迷惑捕食者,降低个体被捕食的风险,而且可以增加个体的觅食和配对成功率以及降低个体的游动阻力。这些具有直接生态学意义的行为伴随着生物的整个生命周期,是生物在漫长的进化史中对外界环境压力不断适应的结果。

研究实例 1:有机污染物对绿藻的急性毒性

藻类作为初级生产者对于水生态系统的平衡和稳定起着极其重要的作用,生物测试中的藻类测试是水生态毒理学研究中必不可少的方法。大量生物测试结果分析发现,藻类对许多毒物比鱼类和甲壳类更为敏感,而且具有生长周期短、繁殖快、易于分离培养等优点,是较理想的毒性试验材料。

1. 材料与方法

实验藻种由中国科学院武汉水生所提供的斜生栅列藻(*Scenedsmus obliquus*),室内培养。40 种取代苯类化合物均为分析纯。

实验严格按照 OECD 藻类阻碍生长实验标准方法进行。

温度:20±1 ℃;pH:7.2±0.2;照明:明暗对照:12 h:12 h;平均光照强度为 4 000 Lux;所用培养液见表 4-4。

2. 实验过程

将实验藻种用无菌操作转移到新鲜培养基中,培养 3~4 d 转接一次,反复 3 次,使其达到同步生长。

通过预实验确定毒物使斜生栅列藻产生半抑制效应的浓度范围,用蒸馏水配制标准溶液。实验器皿选用 250 mL 锥形瓶,每个化合物设 6 组(包括空白),做一平行,共计 12 瓶。向每个锥形瓶中加入 30 mL 两倍浓度的培养液,按对数间距为 0.2 的浓度梯度加入测试化合物,摇匀后,加入 1 mL 约 $1×10^4$ 个/mL 处于对数生长初期的藻种,总体积用蒸馏水补充至 60 mL。实验样品置于光照培养箱中静止培养,每天振荡 3 次,每次 30 min,48 h 后在电子显微镜(400 倍)下镜检记数。

表 4-4 营养盐配方

化合物	浓度(mg/L)	化合物	浓度(mg/L)
NH_4Cl	15	$FeCl_3 \cdot 6H_2O$	0.08
$MgCl_2 \cdot 6H_2O$	12	H_3BO_3	0.185
$CaCl_2 \cdot 2H_2O$	18	$MnCl_2 \cdot 4H_2O$	0.415
$MgSO_4 \cdot 7H_2O$	15	$ZnCl_2$	$3×10^{-3}$
KH_2PO_4	1.6	$CoCl_2 \cdot 6H_2O$	$1.5×10^{-3}$

（续表）

化合物	浓度(mg/L)	化合物	浓度(mg/L)
NaHCO₃	50	Na₂MoO₄ · 2H₂O	7×10^{-3}
Na₂EDTA · 2H₂O	0.1	CuCl₂ · 2H₂O	1×10^{-5}

3. 实验结果

镜检所得数据按如下公式处理：

$$\mu = \ln(N_t/N_0)/(t - t_0) \tag{4-14}$$

式中，N_0 为初始细胞数，N_t 为 48 h 后细胞数，$t - t_0$ 为实验周期 48 h。

$$阻碍率(\%) = [\mu(b) - \mu(tox)]/\mu(b) \times 100\% \tag{4-15}$$

式中，$\mu(b)$ 为对照组的生长速度，$\mu(tox)$ 为加了测试化合物的生长速度。将化合物摩尔浓度的对数与生长阻碍率作一元线性回归，求出 EC_{50}(mol/L)值，列于表4-5。结果可见，取代苯的毒性范围很宽，$\log 1/EC_{50}$ 在 2.34（2-甲基苯胺）至 5.04（1,2-二硝基苯）之间。取代基的种类、取代位置和取代数目都会对化合物的毒性产生影响。从取代苯对绿藻的急性毒性结果分析，不同取代基毒性强弱顺序为：硝基＞卤素＞甲基＞甲氧基＞氨基＞羟基；一般苯环上取代基数目越多，化合物毒性越强；取代基的相对位置关系对毒性的影响为：邻、对位＞间位。

表 4-5　40种取代苯对绿藻的急性毒性数据

序号	化合物名称	$\log 1/EC_{50}$	序号	化合物名称	$\log 1/EC_{50}$
1	4-硝基甲苯	3.74	12	2,5-二氯硝基苯	4.31
2	1,2-二硝基苯	5.04	13	2-硝基苯甲醚	3.44
3	1,3-二硝基苯	4.85	14	3-硝基苯甲醚	3.71
4	1,4-二硝基苯	4.96	15	4-硝基苯甲醚	3.65
5	2,4-二硝基甲苯	4.52	16	3-溴硝基苯	4.32
6	2,6-二硝基甲苯	4.06	17	4-溴硝基苯	3.88
7	2-氯硝基苯	3.94	18	2-硝基苯胺	3.33
8	3-氯硝基苯	3.95	19	3-硝基苯胺	3.48
9	4-氯硝基苯	4.01	20	4-硝基苯	3.40
10	硝基苯	3.26	21	2,4-二硝基苯胺	4.68
11	3,4-二氯硝基苯	4.52	22	苯胺	2.56

（续表）

序号	化合物名称	$\log 1/EC_{50}$	序号	化合物名称	$\log 1/EC_{50}$
23	2-甲基苯胺	2.34	32	4-氨基苯乙醚	3.10
24	4-甲基苯胺	3.19	33	2-硝基苯酚	3.51
25	2-氯苯胺	2.89	34	3-硝基苯酚	3.75
26	3-氯苯胺	2.79	35	4-硝基苯酚	3.57
27	2，3-二氯苯胺	3.98	36	2，4-二硝基苯酚	4.16
28	2，4-二氯苯胺	3.74	37	苯酚	2.46
29	2，5-二氯苯胺	3.82	38	2，4-二氯苯酚	3.62
30	3-溴苯胺	2.80	39	2，4，6-三氯苯酚	3.81
31	2，4，6-三溴苯胺	4.37	40	五氯酚	4.63

研究实例 2：取代苯胺和苯酚对绿藻的联合毒性研究

苯胺和苯酚类化合物是毒性较强的有机污染物，其中许多是我国生态环境部规定的优先监测污染物，对各种生物及人的危害极大。作为许多工业生产过程的中间体或原料，这些化合物通过各种途径进入环境，对藻类、鱼类等水生生物造成危害。特别是当它们共存于水环境时，可能对水生态系统产生更大风险。本研究测定了苯胺和苯酚类污染物共暴露条件下对绿藻的联合毒性，并采用多种方法对联合毒性效应进行了评价。

1. 实验方法

为了测试化合物混合暴露的毒性，在预实验确定的毒性单位范围内，等对数间距设置 5 个浓度梯度，同时设置空白对照组，做 2 组平行。向 250 mL 锥形瓶中加入 30 mL 两倍浓度（相对于标准培养液）的培养液，按等对数间距 0.2 的毒性单位梯度加入测试化合物，摇匀后，加入 1 mL 约 3×10^4 个/mL 处于对数生长期的斜生栅藻，总体积用蒸馏水补齐至 60 mL。实验样品置于光照培养箱中静止培养，每天振荡 3 次，每次 30 min，48 h 后在电子显微镜下（400 倍）镜检计数。根据 $M = \sum TU_i = \sum C_i/EC_{50,i}$ 计算混合物各组分毒性单位之和，将设置的 5 个浓度对应的毒性单位之和与绿藻生长抑制率作一元线性回归，求出半抑制效应对应的混合物毒性单位值。

污染物混合暴露的联合毒性往往会受混合物中各组分混合比例的影响，因此，本研究设置了三元混合物的各种不同配比，即毒性单位比为 1∶1∶1、1∶1∶2、1∶2∶1、2∶1∶1、1∶1∶4、1∶4∶1 和 4∶1∶1。联合毒性实验设计如表 4-6 所示。

表 4-6　三元混合物(配比 1∶1∶4)的联合毒性实验设计

4-溴苯胺			2,4-二硝基苯胺			2,4,6-三氯苯酚			M
$C(\times 10^{-4})$ mol/L	$-\lg C$	TU_a	$C(\times 10^{-6})$ mol/L	$-\lg C$	TU_b	$C(\times 10^{-4})$ mol/L	$-\lg C$	TU_c	
0.78	3.33	0.105	2.20	4.88	0.105	0.65	4.01	0.421	0.631
0.98	3.23	0.132	2.77	4.78	0.132	0.82	3.91	0.530	0.794
1.24	3.13	0.167	3.48	4.68	0.167	1.03	3.81	0.667	1.001
1.56	3.03	0.210	4.38	4.58	0.210	1.30	3.71	0.839	1.259
1.96	2.93	0.264	5.52	4.48	0.264	1.64	3.61	1.059	1.587

2. 实验结果

按照 OECD 藻类阻碍生长试验,测定了 44 组三元混合物对斜生栅列藻的联合毒性效应(通过生长抑制率来反映)。以受试组分的毒性单位之和(M)为横坐标,以绿藻的生长抑制率为纵坐标作图,得到受试混合物的浓度-效应曲线,典型的浓度-效应曲线见图 4-6。

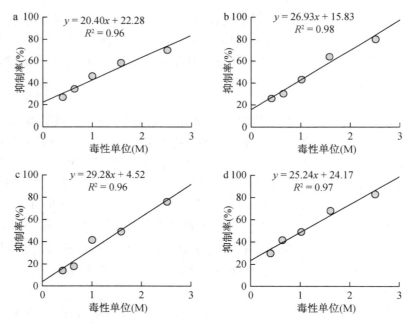

图 4-6　4-溴苯胺、2,4-二硝基苯胺和 2,4,6-三氯苯酚不同配比混合物的浓度-效应曲线,a(1∶1∶1)、b(1∶1∶2)、c(1∶2∶1)、d(1∶1∶4)

根据联合毒性实验结果,混合物对绿藻的半数抑制浓度 $EC_{50\text{mix}}$ 可以通过式

(4-17)计算：

$$EC_{50\text{mix}} = \sum (\text{TU}_{50i} \times EC_{50i}) \qquad (4-16)$$

式中，TU_{50i}为组分i在混合物半抑制浓度时的毒性单位，EC_{50i}为混合物产生半抑制效应时各组分的浓度，结果见表4-7。

　　应用毒性单位法(M)、相加指数法(AI)和混合毒性指数法(MTI)对联合毒性作用方式进行评价，结果见表4-7。混合物的毒性单位之和M的变化范围在0.52～3.75，3-氯苯酚＋2,4-二氯苯酚＋4-溴苯胺表现为协同作用，其余组合表现为简单相加或部分相加作用。

　　采用AI法对实验数据进行评价，AI的评价标准是：当AI＝0时，为简单相加作用；当AI＜0时，为拮抗作用；当AI＞0时，为协同作用。考虑到AI值刚好为0的可能性较小，AI实际取值范围在±10%之间。用M法评价时表现为协同作用的混合物，AI法也表现为协同作用，用M法评价时表现为相加作用的混合物，AI也表现为相加作用。而其他组混合物AI值多数小于0，呈现拮抗作用。

　　采用MTI法对实验数据进行评价，当MTI＝1时，为简单相加作用；MTI＜0时，为拮抗作用；当MTI＞1时，为协同作用；当MTI＝0时，为独立作用；当0＜MTI＜1时，为部分相加作用。与前两种方法评价结果类似，3-氯苯酚＋2,4-二氯苯酚＋4-溴苯胺表现为协同作用，不同配比4-溴苯胺＋2,4-二硝基苯胺＋2,4,6-三氯苯酚以部分相加作用为主，2,4,6-三氯苯酚＋3-硝基苯酚＋2,4-二硝基苯胺为拮抗作用。

表 4-7　混合物的毒性结果及联合作用方式

混合物	配比	$\log 1/EC_{50\text{mix}}$	M	AI	MTI
4-溴苯胺＋ 2,4-二硝基苯胺＋ 2,4,6-三氯苯酚	1：1：1	3.38	1.36	−0.36	0.72
	1：1：2	3.47	1.27	−0.27	0.66
	1：2：1	3.44	1.55	−0.55	0.37
	2：1：1	3.32	1.15	−0.15	0.80
	1：1：4	3.63	1.02	−0.02	0.95
	1：4：1	3.42	2.35	−1.35	−1.11
	4：1：1	3.31	0.93	0.08	1.18
3-氯苯酚＋ 2,4-二氯苯酚＋ 4-溴苯胺	1：1：2	3.32	0.62	0.61	1.69
	1：2：1	3.39	0.60	0.67	1.74
	2：1：1	3.27	0.60	0.67	1.74

（续表）

混合物	配比	$\log 1/EC_{50\text{mix}}$	M	AI	MTI
3-氯苯酚＋ 2,4-二氯苯酚＋ 4-溴苯胺	1：1：4	3.27	0.71	0.41	1.84
	1：4：1	3.45	0.60	0.67	2.26
	4：1：1	3.29	0.52	0.92	2.61
2,4,6-三氯苯酚＋ 3-硝基苯酚＋ 2,4-二硝基苯胺	1：1：2	3.27	2.36	−1.36	−0.24
	1：2：1	3.14	1.83	−0.83	0.13
	2：1：1	3.33	1.79	−0.79	0.16
	1：1：4	3.23	3.75	−2.75	−2.26
	1：4：1	3.01	1.93	−0.93	−0.62
	4：1：1	3.57	1.21	−0.21	0.53

3. 结论

对取代苯胺和苯酚类三元混合物对绿藻的联合毒性进行实验研究,得到了浓度-效应曲线,计算得到不同配比混合物对绿藻的半抑制浓度,$\log EC_{50\text{mix}}$ 在 3.01～3.63 之间。应用毒性单位法、相加指数法和混合毒性指数法对联合毒性效应进行了评价和对比,发现氯代胺或氯代酚混合物的联合毒性效应以协同作用为主,而含硝基化合物的混合物多表现为拮抗作用或相加作用。三种方法对 3-氯苯酚、2,4-二氯苯酚和 4-溴苯胺协同作用的评价结果一致,在实际水环境中它们共暴露导致的生态风险需要特别关注。

研究实例 3：药物对大型溞的多代慢性毒性

由于人类的活动,大量的药物污染物进入水环境系统,对水生生物及水生生态构成潜在威胁。大型溞（*Daphnia magna*）具有繁殖快、敏感性高的特点,往往在低于致死浓度几个数量级的条件下,仍能观察到化合物的毒性效应。本研究以大型溞为模式生物,研究在环境相关浓度下,磺胺甲恶唑、氧氟沙星和布洛芬 3 种药物在单一及联合暴露下对其多代生活史的影响,阐明药物对大型溞的慢性毒性效应和联合毒性效应,为早期预测药物对水蚤种群的影响提供数据支持。

1. 实验方法

以自然水体各药物实际最大检测浓度作为参考,设定环境相关浓度的起点。磺胺甲恶唑浓度依次为 0.8 $\mu g/L$,8.0 $\mu g/L$ 和 80.0 $\mu g/L$,氧氟沙星浓度依次为 2.0 $\mu g/L$,20.0 $\mu g/L$ 和 200.0 $\mu g/L$,布洛芬浓度设置依次为 9.0 $\mu g/L$,90.0 $\mu g/L$ 和 900.0 $\mu g/L$。复合暴露浓度依次为 M1（M1＝0.8 $\mu g/L$ 磺胺甲恶唑＋2.0 $\mu g/L$ 氧氟沙星＋9.0 $\mu g/L$ 布洛芬）、M2（8.0 $\mu g/L$ 磺胺甲恶唑＋20.0 $\mu g/L$ 氧氟沙星＋

90.0 μg/L 布洛芬）和 M3（80.0 μg/L 磺胺甲恶唑＋200.0 μg/L 氧氟沙星＋900.0 μg/L 布洛芬）。0.05‰ DMSO（二甲亚砜）作为助溶剂，即能协助药物充分溶解于去氯自来水中，同时避免 DMSO 对大型溞生物标志物的响应产生影响。

为了减少对溞的损伤，实验中用玻璃滴管转移测试溞。选择近百个健康的同龄母溞培养，产生的同期大量的第三窝幼溞（出生时间 6～24 h 内）作为母溞（F0）开始多代试验。随机挑选出 1 个新生的幼溞，即 F0 代，放在内盛 50 mL 测试液的小烧杯中，每个处理 20 个平行，不加药的测试液作空白对照。小烧杯用聚乙烯膜覆盖，阻止培养液蒸发。膜上戳数孔，保持一定的气体交换。测试液每 3 d 更换 1 次，投藻密度为（2～3）×10^5 cells/mL。每天早晚间隔 12 h 观察一次。记录下每个溞的第一次产卵时间和第一次产卵数量。F0 代产卵后。采用解剖显微镜测量产卵后的母溞体长，复眼的上缘至尾部基端定义为大型溞的体长。从产下的幼溞中随机选择一个作为 F1 代，继续培养。重复上述操作，直到 F5 代产卵后结束。对没有在正常时间产卵的大型溞进行性别观察，记录死亡的大型溞。

在暴露实验的第 2 d 检测药物的实际暴露浓度。高浓度测试液过 0.45 μm 玻璃纤维膜后直接分析，低浓度应用 HLB 萃取小柱（500 mg，6 mL，Waters）富集、净化后分析。药物浓度采用安捷伦超高效液相色谱质谱仪（Agilent 1260 UHPLC with 6460QQQ）检测。

2. 结果与讨论

（1）对产卵时间的影响

慢性毒性实验期间，磺胺甲恶唑、氧氟沙星和布洛芬的测试液实测浓度值分别为预设浓度的 82.4%～97.3%，95.3%～107% 和 86.4%～96.7%，与预设值具有较好的一致性，因此，在毒理分析中仍采用预设浓度作为暴露浓度。实验期间溶解氧保持在 8.6±0.2 mg/L，pH 为 7.9±0.1。实验过程中，在各处理组没有发现雄性溞，大型溞死亡率很低，均小于 10%。以大型溞孤雌生殖世代为横坐标，以第一次产卵时间为纵坐标，分析磺胺甲恶唑、氧氟沙星和布洛芬单一及其复合暴露对产卵时间的影响，结果见图 4-7 所示。与对照相比，0.8 μg/L，8 μg/L 和 80 μg/L 的磺胺甲恶唑在连续六代的培养中，大型溞的第一次产卵时间没有表现出显著的变化。0.8 μg/L 的磺胺甲恶唑是环境相关浓度，无明显可观察效应。浓度以 10 倍递增后，通过 6 代的培养仍没有发现世代差异和浓度差异。

从图 4-8 可以看出，与对照相比，2 μg/L、20 μg/L 和 200 μg/L 的氧氟沙星在连续六代的培养中，大型的第一次产卵时间没有表现出明显的差异性。2 μg/L 的磺胺甲恶唑是环境相关浓度，暴露在此浓度下的大型溞产卵时间无明显变化，浓度以 10 倍递增后，在实验期内产卵时间仍然不受影响。

在 6 代培养期内，9 μg/L 和 90 μg/L 的布洛芬处理（见图 4-9）对大型溞第一

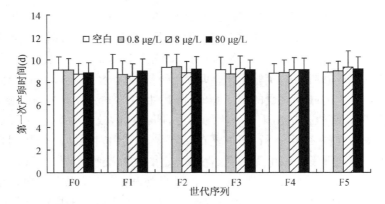

图 4-7　磺胺甲恶唑对 6 代大型溞第一次产卵时间的影响

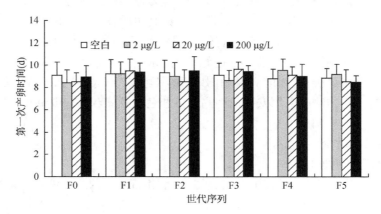

图 4-8　氧氟沙星对 6 代大型溞第一次产卵时间的影响

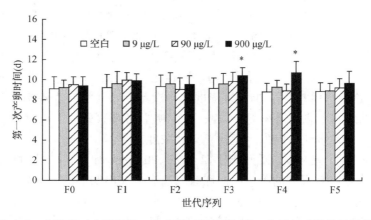

图 4-9　布洛芬对大型溞第一次产卵时间的影响（＊表示与对照差异显著）

次产卵时间无影响,而 900 $\mu g/L$ 的布洛芬处理从 F3 代开始显著延长了第一次产卵时间。与对照相比,F4 产卵时间的延长尤为显著,F5 产卵时间表现出延长效应,但是没有达到显著水平。可以得出,布洛芬对大型溞第一次产卵时间的影响表现出一定的浓度依赖性和世代差异性。

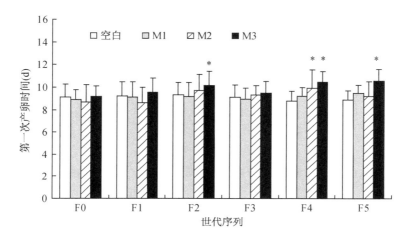

图 4-10　药物复合暴露对 6 代大型溞第一次产卵时间的影响

从图 4-10 可以看出,对比混合暴露组与对照组,低浓度(M1)的混合药物对各子代大型溞第一次产卵时间没有显著影响,较高浓度(M2 和 M3)的混合药物延长了大型溞第一次产卵时间,并且 M2 处理在 F4 代表现出显著差异性,M3 处理在F2、F4 和 F5 表现出显著差异性。结果表明药物混合物对大型溞第一次产卵时间表现出了一定的浓度依赖性和世代差异性。与布洛芬单一暴露相比,混合暴露对子代大型溞第一次产卵时间的影响表现为影响代数增加,并提前一代表现出显著影响。基于磺胺甲恶唑和氧氟沙星暴露对子代大型溞的第一次产卵时间无显著影响,可以认为混合物中对大型溞第一次产卵时间的影响主要由布洛芬产生,而因为磺胺甲恶唑和氧氟沙星的存在,增强了这种产卵迟延效应。

(2) 对产卵数量的影响

以大型溞孤雌生殖世代为横坐标,以第一次产卵数量为纵坐标,分析磺胺甲恶唑、氧氟沙星和布洛芬单一及其复合暴露对第一次产卵数量的影响,结果如图 4-11。

与对照相比,在连续六代的培养中(图 4-11),磺胺甲恶唑浓度在 0.8~80 $\mu g/L$浓度之间对大型溞第一次产卵数量无明显的观察效应,即不表现浓度效应,也无世代效应。

在 F0、F1、F2 前 3 代中,三种浓度的氧氟沙星暴露培养液中大型溞的第一次产卵数量均无显著影响(图 4-12)。200 $\mu g/L$ 的氧氟沙星在 F3 和 F4 代显著降低

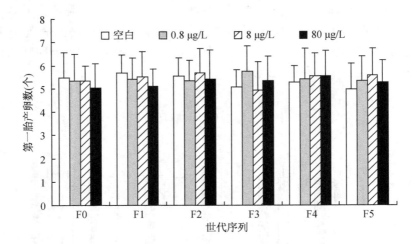

图 4-11　磺胺甲恶唑对 6 代大型溞第一次产卵数量的影响

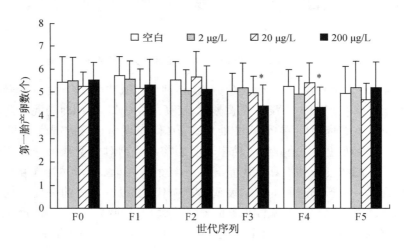

图 4-12　氧氟沙星对 6 代大型溞第一次产卵数量的影响

了产卵数量。在连续 6 代的培养中,高浓度的氧氟沙星(>200 μg/L)培养液对大型溞存在显著影响,氧氟沙星对大型溞的暴露表现出浓度效应和世代差异。200 μg/L 氧氟沙星暴露组在 F5 代产卵数量与对照无显著差别。

从图 4-13 可以看出,前 3 代 F0、F1、F2 培养中,布洛芬对大型溞第一次产卵数量没有明显的生物学效应。900 μg/L 的布洛芬在 F3、F4 和 F5 代显著降低了产卵数量,而 9 μg/L 和 90 μg/L 未发现数量上的显著变化。布洛芬对大型溞的第一次产卵数量上表现出显著的浓度依赖性和世代差异性。

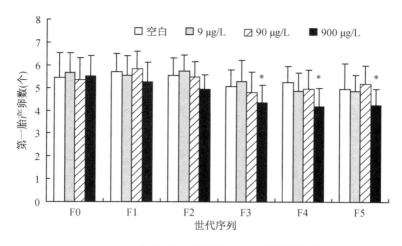

图 4-13　布洛芬对大型溞第一次产卵数量的影响

对比复合暴露组与对照组(图 4-14),低浓度(M1)的混合物对各子代大型溞第一次产卵数量没有显著影响,较高浓度(M2 和 M3)的混合药物总体上降低了子代的产卵数量,并且 M2 处理在 F3 和 F4 代表现出显著差异性,M3 处理在 F2、F3和 F5 代表现出显著差异性。值得注意的是 M2 处理在 F5 代又恢复了正常,甚至超过了对照,这种现象类似于 200 μg/L 的氧氟沙星在子代中的表现。结果表明药物混合物对大型溞第一次产卵数量表现出了一定的浓度依赖性和世代差异性。从

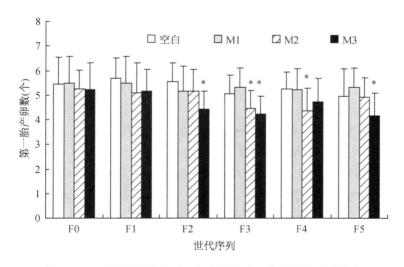

图 4-14　药物复合暴露对 6 代大型溞第一次产卵数量的影响

最高浓度上看,氧氟沙星和布洛芬均在F3代开始表现显著差异性,混合药物暴露在F2代开始表现显著差异性,而且受显著影响的世代增加,说明混合暴露加剧了产卵数量下降的影响。

（3）对体长的影响

在连续六代的培养中,磺胺甲恶唑、氧氟沙星、布洛芬单一及复合暴露对大型溞体长影响不明显,与对照组比较,均无显著性差异。但在两个联合暴露 M2 和 M3 处理中,随着培养世代的进行,大型溞的体长在 F3、F4 和 F5 代呈现逐渐下降的趋势,尽管与对照组没有显著差异。在环境相关浓度下,大型溞体长变化不显著,表明大型溞体长不是药物暴露响应的敏感指标。

（4）慢性毒性与世代效应

实验中发现氧氟沙星和布洛芬在低浓度下,对大型溞繁殖的影响存在世代差异。可能的原因是药物暴露浓度较低,单代或短时间的暴露,对大型溞繁殖的影响轻微。但是通过连续地世代培养,造成药物在生物体内累积,产生的生物效应在不断地进行世代叠加,最终在后代中表现出迟发性慢性毒性效应,因此表现出慢性毒性的世代差异性。药物对水生动物的慢性毒性的世代差异已有相关的报道,有研究发现暴露于 $0.2\sim0.5$ mg/L 的己烯雌酚的大型溞第二代产仔总量显著降低,而对第一代产仔总量却没有影响。暴露于 0.1 mg/L 和 0.32 μg/L 17α-乙炔雌二醇的片脚类动物雄性端足虫（*Hyalella azteca*）第二代体长明显小于第一代。本研究发现,在呈现世代差异的各处理组中,除了 900 μg/L 的布洛芬自 F3 代起连续三代显著影响了大型溞的第一次产卵数量,其他处理组对大型溞的第一次产卵时间和第一次产卵数量的影响不具有世代连续性,在显著影响一代或两代后,有恢复的倾向,其中 200 μg/L 的氧氟沙星和复合暴露 M2 处理在 F5 代的表现尤其明显。可能的原因是大型溞在连续承受污染物压力后而在后面世代上产生的一种生殖恢复或生殖补偿机制,从而增加后代的存活概率。相对于生殖指标,生长指标体长对药物暴露响应不敏感。

在环境相关浓度下,磺胺甲恶唑对大型溞各代的第一次产卵时间、第一次产卵数量及母体体长等指标均没有观察到明显变化。多代试验进一步证明了环境相关浓度下的磺胺甲恶唑对大型溞的种群发展风险较低,具有较高的生态安全性。相对于磺胺甲恶唑,氧氟沙星和布洛芬的种群发展风险较高。喹诺酮类抗菌药物能够抑制主要致病菌的 DNA 旋转酶和细菌拓扑异构酶活性,在水环境中不易降解,被列为基因毒性污染物。因此作为喹诺酮类抗菌药物的典型代表,氧氟沙星可能对大型溞具有基因遗传毒性。以前的研究发现,0.2 μg/L 布洛芬能够引起斑马贻贝轻微的细胞遗传毒性,较高浓度能够显著引起基因和细胞伤害。在哺乳动物体中,布洛芬能阻断多种类花生酸的生成,在炎症调控、离子传输及神经功能中起到重要作用。近来的研究表明类花生酸在昆虫的繁殖、免疫反应及温度调节中起重要作用。

氧氟沙星和布洛芬均在 F3 代开始表现显著差异性,混合药物暴露在 F2 代开始表现显著差异性,而且受显著影响的世代增加,混合暴露加剧了对产卵数量下降的影响。对比单一暴露和复合暴露对大型溞第一次产卵时间的影响,混合暴露对大型溞第一次产卵时间的影响类似于单一的布洛芬暴露,可以认为因为磺胺甲恶唑和氧氟沙星的存在,增强了这种大型溞产卵延迟效应。

3. 结论

通过连续六代的暴露试验,磺胺甲恶唑、氧氟沙星、布洛芬在环境相关浓度对大型溞的生长和繁殖没有显著影响。但是随着浓度的提高,布洛芬和氧氟沙星明显延迟了大型溞的第一次产卵时间,减少了第一次产卵数量,而且表现出浓度依赖性和世代差异性。大型溞体长对药物暴露(单一或混合)的效应不敏感,药物混合物对大型溞繁殖的影响更为显著。通过大型溞的世代暴露研究,能够弥补单代实验的不足,揭示化合物对大型溞世代延迟性毒性。

思考题与习题

1. 什么是生物富集、生物积累和生物放大? 请举出三者之间的区别和联系。

2. 有机化合物生物富集因子的快速测定法与传统方法相比,优越性在哪里?

3. 估算生物富集因子的基本方法有哪些? 请举例说明。

4. DDT 的辛醇/水分配系数的对数($\log K_{ow}$)为 6.91,试选择合适的评估模型估算 DDT 在鱼体中的生物富集因子。

5. 假定 1,2,4-三氯苯的水溶解度为 30 mg/L,试估算鱼体中 1,2,4-三氯苯的生物富集因子。

6. 假定 Aroclor-1254 的土壤吸附分配系数为 425 000,试估算其在鱼体生物富体系数。

7. 按致毒时间的长短划分,水生生物毒性试验可分为哪几类? 按试验溶液的状况呢?

8. 剂量—反应关系中各种线性曲线表示的意义是什么?

9. 试述研究混合物联合毒性作用对复合污染环境的风险评估的重要意义。

10. 毒物的联合作用通常分为哪四类,请逐一阐明。

11. 联合毒性的主要评价方法有哪些? 如何评价?

12. 什么是非反应性毒性和反应性毒性？它们分别和哪些结构参数有很好的相关性？

主要参考文献

［1］郎佩珍等. 松花江中有机物的变化及毒性［M］. 长春:吉林科学技术出版社，1998.

［2］金相灿. 沉积物污染化学［M］. 北京:中国环境科学出版社，1992.

［3］王连生，韩朔葵等. 有机污染化学进展［M］. 北京:化学工业出版社，1998.

［4］戴树桂. 环境化学［M］. 北京:高等教育出版社，1997.

［5］王连生. 环境化学进展［M］，北京:化学工业出版社，1995.

［6］王连生. 环境健康化学［M］. 北京:科学出版社，1994.

［7］周永欣，章宗涉. 水生生物毒性试验方法［M］. 北京:中国农业出版社，1989.

［8］DING JN, LU GH, LIU JC, et al. Uptake, depuration, and bioconcentration of two pharmaceuticals, roxithromycin and propranolol, in *Daphnia magna*［J］. Ecotoxicol Environ Saf, 2016, 126:85-93.

［9］唐柱云. 苯酚苯胺类对绿藻的联合毒性及其 QSAR 研究［D］. 南京:河海大学，2007.

［10］沈杰，刘建超，陆光华，等. 双酚 S 和双酚 F 在水环境中的分布、毒理效应及其生态风险研究进［J］. 生态毒理学报，2018，13(5):37-48.

［11］LU GH, YUAN X, ZHAO YH. QSAR study on the toxicity of substituted benzenes on the algae (*Scenedesmus obliquus*)［J］. Chemosphere, 2001, 44:437-440.

［12］陆光华，覃冬茳，宗永臣. 硫丹对鱼类的毒性效应研究进展［J］. 水资源保护，2018，34(3):9-16.

［13］LU GH, WANG C, WANG PF, et al. Predicting toxicity of aromatic ternary mixtures to algae［J］. Chinese Sci Bull, 2009, 54:3521-3527.

［14］杨晓凡，陆光华，刘建超，等. 环境相关浓度下的药物对大型蚤的多代慢性毒性［J］. 中国环境科学，2013，33(3):538-545.

第五章

分子结构描述符

分子的化学结构不能直接用于计算,需要对分子结构进行参数化处理。分子结构描述符是指化合物内部分子的结构特征及原子间的组合方式等结构信息。分子结构描述符决定了化合物所表现的性质,是定量构效关系(QSAR)的研究基础。分子结构描述符主要包括理化参数、几何参数、电子参数、疏水性参数和拓扑学指数等。

第一节　分子连接性指数

分子连接性指数是目前已知的对有机分子结构进行数字化表达的最简单和实用的拓扑学指数。分子连接性指数最早是由 Randic 于 1975 年提出的,随后由 Kier 和 Hall 等人进一步发展起来,形成了一个比较完整的系统。这种理论认为分子中各个原子之间特定的连接结构包含着分子的化学性质和生物反应活性方面的各种信息。化合物的结构包含总的原子数目、原子的种类、原子之间的连接方式、价键类型和分子空间结构构型。这些信息构成了一个分子的基本特征。将这些信息数字化,就可以对分子结构信息进行方便的分类储存和分析加工等。

一、一级连接指数

以异戊烷分子为例,原子之间由共价键连接,分子的性质主要由分子骨架决定。由于碳与氢原子之间的连接最常见,而且氢原子的个数并不是独立的,取决于碳的共价程度,为简单起见,免去氢原子,得到异戊烷分子的骨架结构如图 5-1 所示。

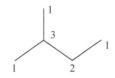

图 5-1　异戊烷分子的隐氢图

在每一个碳原子旁边,用数字标出该原子周围相邻碳原子的数目。因此,分子中各个碳原子的连接顺序可以用以下数字组合表示:(1,3),(1,3),(3,2),(2,1)。

将以上每组数字进行乘积、取倒数和开平方计算,然后加和就得到了能够代表异戊烷分子的特征数值,称为异戊烷的"一级分子连接性指数"。

为通用起见,用 δ 表示分子骨架上的任何一个原子与周围相邻原子的连接特征。$(\delta_i\delta_j)^{-1/2}$ 表示一对原子的特征连接指数。整个分子的连接指数,依据原子之间的连接顺序,用以下方程进行计算,结果用 ^1X 表示。

$$^1X = \sum (\delta_i\delta_j)^{-\frac{1}{2}} \tag{5-1}$$

这种计算是依据原子与原子的成对连接,含有一个饱和价键,所得到的分子连接性指数代表了分子最基本的连接方式,称为一级连接指数,表示为 ^1X。显然,一级连接指数过于简单,尚不能够包含分子的更加复杂的连接信息,例如价键夹角、三维结构等。

二、 二级连接指数

二级连接指数描述三个相邻原子之间的连接特征。按照这个原则,异戊烷可以被拆分为以下 4 个分子片段,如图 5-2 所示。

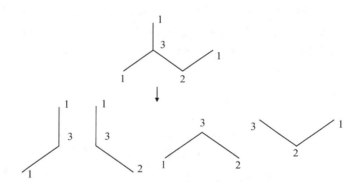

图 5-2 异戊烷的分子片段

每一个含有三个相邻原子的片段的指数值为 $(\delta_i\delta_j\delta_k)^{-1/2}$,因此,异戊烷分子的二级连接指数为:

$$
\begin{aligned}
^2X &= \sum (\delta_i\delta_j\delta_k)^{-\frac{1}{2}} \\
&= (1\times3\times1)^{-\frac{1}{2}} + (1\times3\times2)^{-\frac{1}{2}} + (1\times3\times2)^{-\frac{1}{2}} + (3\times2\times1)^{-\frac{1}{2}} \\
&= 0.577 + 0.408 + 0.408 + 0.408 \\
&= 1.801
\end{aligned}
$$

显然,二级连接指数含有异戊烷分子的立体结构方面的信息.

三、 高级连接指数

根据以上原理,可以得到更高级别的分子连接性指数。当三个以上的原子连接形成分子时,能够组合形成多样性的结构,包括直链状、星状、星-链键组合状和环状等,如图 5-3 所示。

链(路径)   星(簇)   星-链(路径/簇)   环

图 5-3 分子连接结构分类

根据含有"m"个价键或者说含有"m+1"个原子的分子片段计算得出的分子连接性指数称为"m"级连接指数,用 ^mX 表示。具体地,^mX_P 表示直链结构连接指数,^mX_C 表示星状结构连接指数,$^mX_{PC}$ 表示星-链结构组合的连接指数,$^mX_{CH}$ 表示环状结构连接指数。因此,高级连接指数能够比较充分地描述分子结构的复杂性和多样性。

如果仅仅从单个原子出发,而不考虑原子之间的连接,便为"0"级连接指数:

$$^0X = \sum (\delta)^{-\frac{1}{2}} \tag{5-2}$$

"0"级指数仅仅反映原子在分子中的连接程度,即分子中原子数目的多少和分支的多少,但是没有考虑连接顺序。

以上的分子连接性指数只考虑了原子之间的连接顺序和分子的空间结构,没有考虑价键的性质,因此,又称为简单连接指数。

四、 价连接指数

在分子结构中,连接原子之间的价键的种类对分子的性质具有关键性的影响。考虑了价键特征的分子连接性指数称为价连接指数。

1. 不饱和价键

对于不饱和化合物,不饱和价键按实际的价键数目计算,例如,双键按 2 个价键计算。一般原子的价键连接特征值为:$\delta^v = z^v - h$。其中,z^v 是一个原子中参与形成价键的电子的数目,h 是所免去的氢原子的数目。价键连接指数用 X^v 表示。以

丁烯为例,分子中各个碳原子的点价为:

$$\overset{2\quad 3\quad 3\quad 2}{C=C-C=C}$$

丁烯的一级价连接指数为:

$$^1X^v = (2\times 3)^{-1/2} + (2\times 3)^{-1/2} + (3\times 2)^{-1/2}$$
$$= 0.408 + 0.333 + 0.408$$
$$= 1.149$$

而丁烯的简单一级连接指数为:

$$^1X = (1\times 2)^{-1/2} + (2\times 2)^{-1/2} + (2\times 1)^{-1/2}$$
$$= 0.707 + 0.500 + 0.707$$
$$= 1.914$$

显然,价连接指数将化合物的不饱和程度方面的信息也包括了起来,比简单连接指数更合理。对于饱和烷烃,两者是相等的。

2. 杂原子化合物

杂原子例如 O、N、Cl 等是各种有机化合物,尤其是各种难降解有机物的关键组分,杂原子对污染物性质的影响不仅仅包括饱和键、不饱和键,还经常包括孤对电子。例如,在脂肪醇化合物分子中(—OH),氧原子具有一个与碳原子形成的饱和键,具有 4 个孤对电子(2 对),其价键特征值为:

$$\delta^v = z^v - h = 6 - 1 = 5$$

其他杂原子的价键特征值可以用类似方法得出,如表 5-1、5-2 所示。

除了原子的价电子之外,原子的其他内核电子在许多反应中也是非常重要的,发挥着直接和间接的作用,例如影响电子亲和性和分子离解能等。考虑到内核电子影响的价键特征值,其计算公式调整为如下形式:

$$\delta^v = (z^v - h)/(z - z^v - 1) \tag{5-3}$$

其中,z 是原子含有的电子数目,z^v 是能够参与形成价键的电子。显然,原子越大,其含有的电子数 z 越多。

表 5-1　杂原子的价键类型和特征值

原子	杂化轨道	H 原子数目	与相邻原子的 δ	价键电子数目	π 电子数目	孤对电子数目	δ^v
C	sp³	3	1	4	0	0	1

（续表）

原子	杂化轨道	H 原子数目	与相邻原子的 δ	价键电子数目	π 电子数目	孤对电子数目	δ^v
		2	2	4	0	0	2
		1	3	4	0	0	3
		0	4	4	0	0	4
	sp^2	2	1	4	1	0	2
		1	2	4	1	0	3
		0	3	4	1	0	4
	sp	1	1	4	2	0	3
		0	2	4	2	0	4
N	sp^3	2	1	5	0	2	3
		1	2	5	0	2	4
		0	3	5	0	2	5
	sp^2	1	1	5	1	2	4
		0	2	5	1	2	5
	sp	0	1	5	2	2	5
O	sp^3	1	1	6	0	4	5
		0	2	6	0	4	6
	sp^2	0	2	6	1	4	6
F	sp^3	0	1	7			7

注：1. 不包括 CH_4、NH_3、H_2O 和 FH；2. F 原子的高价态特征值是由其强烈的吸电性决定的。

由此可见，一个分子所含有的不同层次的信息，包括几何结构、空间构型、轨道电子构型分布、内核电子的作用等，都可以通过分子连接性指数定量地表示出来。

表 5-2　杂原子的 δ 和 δ^v 值

原子（基团）	分子种类	δ	δ^v
—OH	醇	1	5
=O	羰基	1	6
—O—	醚	2	6
—NH$_3$$^+$	铵	1	2

(续表)

原子（基团）	分子种类	δ	δ^v
—NH₂	伯胺	1	3
—NH—	仲胺	2	4
＞N—	叔胺	3	5
≡N	氰	1	5
—N＝	吡啶	2	5
—N≪	硝基	3	5
—F	氟	1	7
—Cl	氯	1	0.78
—Br	溴	1	0.26
—I	碘	1	0.16
＝P≡	膦酸根	5	0.56
＝PH＝	亚膦酸根	4	0.44
＝PH₂—	偏膦酸根	3	0.33
—SH	巯基	1	0.56
—S—	硫醚	2	0.67

五、 分子连接指数解析

根据以上的定义和分析，在简单连接指数中，原子的特征值仅仅考虑饱和键；而价连接指数中，原子的特征值包括了饱和键、不饱和键和孤对电子；两者的差值表示该原子具有的不饱和价键电子和孤对电子的数目。如下式所示：

$$\delta^v = \sigma + p + n - h \tag{5-4}$$

$$\delta = \sigma - h \tag{5-5}$$

$$\delta^v - \delta = p + n \tag{5-6}$$

因此，差值 $\delta^v - \delta$ 可以表示该原子的电负性程度，经常与原子或者基团的电负性相关联，影响电子的离解程度、偶极矩、原子电荷和价键强度等。简单连接指数，由于以饱和键为基础，能够更好地代表分子的物理特征，包括分子的大小、支链程度、体积和表面积等。分子越大，所含原子数目越多。连接指数越大，分子的支链程度越大,指数数值越小。价连接指数,由于包含分子的电子构型,能够更好地代表分子的化学和生物化学性质。为方便计算,表 5-3 列出了 18 种氯苯类化合物的价分子连接指数。

在高级别的连接指数中,二级指数 ^2X 和 $^2X^\nu$ 能够有效地区别同分异构体。在三级指数 ^3X_p 中,其所拆分的分子片能够围绕中心键旋转,能够包含更多的空间结构形态方面的信息。因此,三级指数比一级指数含有更多的与密度相关的信息、与物质密度具有更多的关联性;当然,两者组合能够更好地预测密度。三级连接指数还能够代表分子的柔韧性和折叠程度。四级指数 $^4X_{pc}$ 和 $^4X_{pc}$ 载有苯环及其取代基、取代基三维空间构型、取代基长度和杂原子取代基等方面的信息。一般来说,取代基程度越高,或者取代基越拥挤,四级指数 $^4X_{pc}$ 越大;取代基长度越大,指数值越大。四级价键指数 $^4X_{pc}^\nu$ 能够区分出 $^4X_{pc}$ 所不能区分的取代基中杂原子以及杂原子的位置的差异。四级指数可以取代三级指数,含有更多的信息。

更高级别的指数能够表达距离比较远的分子片段之间的相互关系。环连接指数能够代表环方面的信息,但是还未得到充分的开发和应用。

在结构—活性关系中,选择连接指数是十分关键的。当某连接指数对于多数污染物质来说是 0 或者是常数时,应该排除在外。应该选择对于每一个化合物均有特征数值的指数。例如,当一组化合物含有多种杂原子时,应该选用简单及相应的价连接指数。

表 5-3 18 种氯苯类化合物的价分子连接性指数表

化合物	$^0X^\nu$	$^1X^\nu$	$^2X^\nu$	$^3X_p^\nu$	$^3X_c^\nu$	$^4X_p^\nu$	$^4X_{pc}^\nu$	$^5X_p^\nu$	$^5X_{pc}^\nu$	$^6X_p^\nu$	$^6X_{pc}^\nu$	$^7X_{ch}^\nu$
氯苯	4.591	2.513	1.772	1.008	0.201	0.574	0.232	0.326	0.201	0.077	0.154	0.039
1,2-二氯苯	5.717	3.031	2.304	1.665	0.348	0.736	0.820	0.416	0.710	0.134	0.546	0.067
1,3-二氯苯	5.717	3.025	2.394	1.300	0.401	0.945	0.432	0.398	0.790	0.203	0.477	0.067
1,4-二氯苯	5.717	3.025	2.390	1.354	0.401	0.705	0.463	0.640	0.365	0.134	0.546	0.067
2-氯甲苯	5.513	2.929	2.194	1.540	0.318	0.699	0.715	0.395	0.619	0.122	0.477	0.061
4-氯甲苯	5.513	2.923	2.272	1.286	0.367	0.632	0.424	0.579	0.335	0.122	0.477	0.061
2-氯苯胺	5.091	2.718	1.966	1.281	0.257	0.623	0.497	0.351	0.431	0.099	0.332	0.049
3-氯苯胺	5.091	2.712	2.032	1.106	0.297	0.724	0.320	0.338	0.386	0.132	0.299	0.049
4-氯苯胺	5.091	2.712	2.082	1.145	0.297	0.600	0.343	0.454	0.270	0.099	0.332	0.049

（续表）

化合物	$^0X^\nu$	$^1X^\nu$	$^2X^\nu$	$^3X_p^\nu$	$^3X_c^\nu$	$^4X_p^\nu$	$^4X_{pc}^\nu$	$^5X_p^\nu$	$^5X_{pc}^\nu$	$^6X_p^\nu$	$^6X_{pc}^\nu$	$^7X_{ch}^\nu$
2-氯苯酚	4.960	2.653	1.896	1.202	0.238	0.600	0.431	0.338	0.373	0.092	0.287	0.046
4-氯苯酚	4.960	2.565	1.953	1.102	0.275	0.578	0.318	0.415	0.251	0.092	0.287	0.046
2,4-氯苯酚	6.087	2.942	2.517	1.497	0.439	0.936	0.633	0.477	0.737	0.198	0.700	0.069
1,2,4-三氯苯	6.844	3.544	2.925	1.960	0.548	1.053	1.022	0.686	1.054	0.234	1.171	0.087
溴苯	5.371	2.903	2.223	1.269	0.331	0.724	0.382	0.413	0.331	0.127	0.255	0.064
1,2-二溴苯	7.278	3.812	3.145	2.772	0.573	1.016	1.798	0.578	1.557	0.220	1.199	0.110
4-溴甲苯	6.294	3.313	2.723	1.546	0.497	0.801	0.574	0.784	0.453	0.166	0.713	0.083
4-溴苯胺	5.871	3.102	2.479	1.405	0.427	0.730	0.493	0.604	0.389	0.142	0.505	0.071

计算示例 I : 计算乙酸乙酯的 $^1X^\nu$ 。

解:(1) 确定每一个原子的特征值 δ^ν:

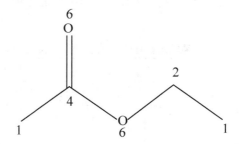

（2）按一级价连接指数的定义进行价键拆分,得到下列组合:

$$(1,4),(6,4),(4,6),(6,2),(2,1)$$

（3）进行计算:

$$^1X^\nu = (1\times4)^{-1/2} + (6\times4)^{-1/2} + (4\times6)^{-1/2} + (6\times2)^{-1/2} + (2\times1)^{-1/2}$$
$$= 1.904$$

计算示例 II : 计算对二甲基己烷的 $^4X_{pc}$ 。

解:(1) 确定每一个碳原子的特征值 δ:

（2）对分子按星-链组合原则进行所有可能的拆分：

（3）进行计算：

$$^4X_{\mathrm{pc}} = 4 \times (1 \times 3 \times 2 \times 2 \times 2)^{-1/2} = 0.816$$

总之，利用分子连接性指数建立的定量关系式具有许多优点，例如计算简单化，适用范围广，没有不确定性。市场上已有能够快速计算任何分子的连接指数的计算机软件。

第二节　辛醇-水分配系数

在 20 世纪初，Meyer 和 Overton 发现有机物的脂-水相分配系数能够比当时常用的溶解度更好地预测有机物穿过生物膜的行为。自此以后，大量的研究工作证明物质的脂-水相分配系数能够描述污染物在环境中的分布和迁移特性，能够描述污染物质在生物体内的富集和累积，以及污染物质分子本身的聚合和卷曲特性等，成为有机化合物应用最广的宏观特性参数之一。

辛醇-水被认为是测定污染物质分配系数比较好的介质组合，因为辛醇分子本身含有一个极性羟基和一个非极性的脂肪烃链，而且绝大部分有机物质都溶解于辛醇。辛醇-水分配系数（octanol-water partition coefficient，K_{ow}）是指有机化合物在正辛醇和水两相中的平衡浓度之比，无量纲。比较研究表明，辛醇-水分配系数的确能够比其他系统得到的分配系数更好地与其生物活性相关联。化合物的辛醇-水分配系数可以实验测定，也可以根据分子结构估算或预测。

一、概述

测定 K_{ow} 的方法有许多，传统上采用的是摇瓶法。摇瓶法是将被测物质直接加入由辛醇和水组成的两相液体中,在恒定温度下,充分摇动混合,使之达到平衡状态,然后再进行分离,分别测定辛醇和水相中的被测物质的摩尔浓度,经过计算可以得到被测物质的分配系数。一般来说,K_{ow}是在室温(25 ℃)条件下测定,而且总的浓度不超过 0.01 mol/L。在这种条件下,K_{ow}随温度和浓度变化较小。由于系统中水相被辛醇饱和,而辛醇相也被水相饱和,因此,K_{ow}值并不等于物质在两相中的溶解度的比值。

在实际应用中,为方便起见,通常使用对数形式 $\log K_{ow}$。其数值分布范围从亲水性化合物的−4 到憎水性化合物的+8.5。$\log K_{ow}$与分子的结构直接相关,包括分子的大小、分子的柔韧性、极性及分子之间的氢键等。从另一个角度来说,$\log K_{ow}$也表征分子的结构特征,从而可以替代结构参数,预测化合物的环境行为。典型污染物质的 K_{ow}如表 5-4 所示。

根据化合物的相分配系数,通过差分可以计算相应的取代基团或者官能团的特征分配系数,用 π 表示:$\pi = \log K_{ow\text{衍生物}} - \log K_{ow\text{母体}}$。表 5-5 列出了部分有机分子取代基的特征 π 值。π 值并不是非常恒定的,尤其是对于多取代芳香烃化合物,官能团之间通过共轭和诱导而相互影响。

目前,辛醇-水分配系数的应用非常广泛。大量研究表明,相分配系数小,则表明该物质在水中溶解度可能比较大,此时物质由于极性比较大而可能难于进入或者穿过类脂膜或者累积于脂肪中。如果相分配系数比较大,表明该物质脂溶性比较大,而水溶解性比较小,物质容易进入生物膜,但是可能不容易出来。因此,两种极端情况都可能导致污染物质的生物活性降低。相比较而言,处于中间数值范围的化合物的生物活性比较高。

表 5-4　典型污染物质的 $\log K_{ow}$

污染物名称	$\log K_{ow}$	污染物名称	$\log K_{ow}$
甲醇	−0.66	葡萄糖	0.41
乙醇	−0.32	苯	1.95
乙酸	−0.17	苯酚	1.46
丁二酸	−0.61	五氯苯酚	4.16
乙醚	1.03	2,5-二氯联苯	5.16
三氯甲烷	1.90	3,5-二氯联苯	5.37
四氯化碳	6.73	六氯联苯呋喃	8.00
甲胺	−0.57	萘	3.36
DDT	5.98	蒽	4.45

（续表）

污染物名称	$\log K_{ow}$	污染物名称	$\log K_{ow}$
α-六六六-	3.80	菲	4.18
阿特拉津	6.35	芘	5.18
苊	6.85	1,4-二氯萘	4.66

表 5-5　分子取代基的特征 π 值

母体分类	π 值			
	3-Cl	3-CH₃	3-OH	3-NO₂
苯类	0.71	0.56	−0.67	−0.28
苯酚类	1.04	0.56	−0.66	0.54
苯胺类	0.98	0.50	−0.73	0.47
苯甲酸类	0.83	0.52	−0.38	−0.05
硝基苯类	0.61	0.57	0.15	−0.36
苯乙酸类	0.68	0.49	−0.52	−0.01
苯氧基乙酸类	0.76	0.51	−0.49	0.11

二、 分子碎片预测法

1991 年，Klopman 等人提出并验证了分子碎片法，如下式所示：

$$\log K_{ow} = a + \sum_i b_i B_i + \sum_j c_j C_j \tag{5-7}$$

其中，a 是常数，一般取 −0.70 336；b_i 代表分子结构中 i 分子片的数目；B_i 代表 i 分子片的贡献率；c_j 代表分子片需要被修正的数目；C_j 代表经过修正后的贡献率。该模型通过对各种各样化合物进行归类分析和计算，识别出 64 个分子结构片、25 个修正因子和 5 个特殊因子系数用于分子的折叠和分子之间的相互作用（见表 5-6、5-7）。

被验证过的化合物有 1 663 种，包括脂肪和芳香类化合物、醇、醚、酚、酮、醛、羧酸、酯、胺、硝化物、氰化物、硫化物、氨基酸、卤代烃和多功能化合物等。所测定的 $\log K_{ow}$ 值范围在 −3.0 和 +6.5 之间。

表 5-6　分子片对辛醇-水分配系数 $\log K_{ow}$ 的贡献率

分子片	贡献率 B_j	备注
—CH₃	0.661	
—CH₂—	0.415	
—CH<	0.104	
>C<	−0.107	
=CH₂	0.553	
=CH—	0.315	不包括—CHO
=C<	0.470	不包括—CO—,—CS—
=C=	1.748	
—C≡CH	0.262	包括 HC≡CH
—C≡	0.131	不包括—C≡N,—C≡CH
—CᵣH₂—	0.360	
—CᵣH—	0.104	
>Cᵣ<	0.064	
=CᵣH—	0.380	
=Cᵣ<	0.129	不包括—CᵣO—
—F	0.468	直接连接在 Cₐ
—F	0.487	不直接连接在 Cₐ
—Cl	0.905	直接连接在 Cₐ
—Cl	0.713	不直接连接在 Cₐ
—Bᵣ	1.088	直接连接在 Cₐ
—Bᵣ	1.021	不直接连接在 Cₐ
—I	1.442	直接连接在 Cₐ
—I	1.209	不直接连接在 Cₐ
—OH	−0.681	一级醇
—OH	−0.575	二级醇
—OH	−0.415	三级醇
—OH	0.135	酚类
—OH	−0.190	其他

（续表）

分子片	贡献率 B_j	备注
—O$_r$—	0.103	不包括酯
—O—	−0.402	不包括酯
—CHO	0.009	醛
—COOH	0.467	直接连接在 C_a
—COOH	−0.263	不直接连接在 C_a
—COO—	−0.414	
—C$_r$OO—	0.874	
—CONH$_2$—	−0.795	
CONH—	−1.006	
—CON$\diagup$	−1.283	
—CON =	−1.661	
—CO—	−0.493	不包括—COO—,CONH$_{2(1,0)}$—
—C$_r$O—	−0.187	不包括 C$_r$OO—
—NO—	−0.469	不包括—NO$_2$
—PO	Nd	不包括—PO$_4$
SO	−1.320	不包括—SO$_2$
—NH$_2$	−0.894	一级胺
—NH—	−0.759	二级和三级胺
—NH$_2$	−0.402	苯胺
—NH—	0.021	不包括—CONH—
—N$\diagup$	−0.937	不包括 —CON$\diagup$
—N$_r$H—	−0.160	不包括 CON$_r$H
—N$_r$$\diagup$	−1.027	不包括 —CON$_r$$\diagup$
—C≡N	−0.067	直接连接在 C_a
—C≡N	0.072	不直接连接在 C_a
—NH	Nd	
= N—	0.739	
= N$_r$—	−0.034	

(续表)

分子片	贡献率 B_j	备注
—NO_2	0.220	包括芳香环上的 N
—NO_2	0.079	直接连接在 C_a
—SH	0.875	不直接连接在 C_a
S	0.485	
—S_r—	0.812	
=S	Nd	
—CS—	−0.042	不包括—N=C=S
—SO_2	−0.818	
—S_rO_2	−0.984	
—P=	Nd	
—P=(<)	−0.450	不包括—P=O

注:下标 r 代表环,a 代表芳香环上的碳原子,括弧中价键代表非碳氢键,括弧中数字代表所允许的氢原子数目,Nd 代表尚未确定的价键.

计算示例:估算 2,6 -二异丁基苯酚$[(C_4H_9)_2C_6H_3OH]$的 $\log K_{ow}$的数值。

解:(1) 识别分子结构片:

分子含有 4 个 CH_3,2 个 CH_2,2 个—CH—,3 个=C_rH—,3 个=C_r<

以及 1 个酚的 OH 基团。

(2) 计算: $\log K_{ow} = a + \sum_i b_i B_i + \sum_j c_j C_j$

$$= -0.703 + 4 \times 0.661 + 2 \times 0.415 + 2 \times 0.104 + 3 \times 0.380$$

$$+ 3 \times 0.129 + 1 \times 0.135$$

$$= 4.64$$

实测值是 4.36,估算误差为 6.4%。

分子碎片法计算 $\log K_{ow}$时应注意的几个问题:

(1) 写出化合物的正确分子结构式,并对结构式进行分解,使之成为适合的分子碎片是该方法的关键步骤。

(2) 正确判断分子中碎片之间的连结方式及位置。

(3) 对具有卤原子的化合物的计算应给予特别的注意,卤原子与烷烃中碳原子结合时,键因子 F 值随卤原子数目及位置的不同而不同。

(4) 对于离子型有机化合物的计算,目前还不太成熟。

表 5-7　修正后的分子片对辛醇-水分配系数 $\log K_{ow}$ 的贡献率

分子片	贡献率 C_j	备注
HO—C≡N—	−1.133	
HO—CO—C≡N	−3.578	
—NH—N≡CH—X	0.363	X 不包括 N≡
HCO—X	0.736	X 不包括 C
$NH_{2(1,0)}$—CO—$NH_{2(1,0)}$	0.510	
$OH_{(0)}$—CO—$NH_{2(1,0)}$	0.652	
—CO—$NH_{(0)}$—CO—	0.541	
—$CH_{2(1,0)}$—NH—$CH_{2(1,0)}$—	−0.367	
—$CH_{2(1,0)}$—O—$CH_{2(1,0)}$—	−0.121	
—N≡C($NH_{2(1)}$)—N≡	−0.185	
HO—C≡C—CO—OH	0.419	
HO—C≡C—CO—	0.730	
HO—CO—$CH_{2(1)}$—$NH_{2(1)}$	−1.846	
≡$NH_{(0)}$—N≡N—N≡	0.326	—$NH_{(0)}$—N≡N—$CH_{(0)}$ —$NH_{(0)}$—N—$CH_{(0)}$—N—
—C—N(—NH_2)—C≡N	0.178	
HO—CO—CH_2—O—	0.261	
$NH_{2(1)}$—CH_2—CH_2—OH	−0.324	
$NH_{2(1)}$—CO—N—NO	0.704	
—N—$CH_{(0)}$—$CH_{(0)}$≡C—OH	−0.494	
NO_2—C—$CH_{(0)}$—$CH_{(0)}$≡C—OH	0.302	
NO_2—C≡$CH_{(0)}$—$CH_{(0)}$≡C—NH_2	0.185	
NH_2—C≡$CH_{(0)}$—$CH_{(0)}$≡C—CO—OH	−0.530	包括 NH_2—C≡$CH_{(0)}$—C—CO—OH
$NH_{2(1)}$—C≡$CH_{(0)}$—$CH_{(0)}$≡C—SO_2—$NH_{2(1)}$	−0.466	
—CO—NH—C≡$CH_{(0)}$—$CH_{(0)}$≡C—OH	−0.187	
CH_3—CH_2—CH_2—CH_2—CH_2—CH_2—	0.824	不包括烷烃
OH—$(CH_2)_n$·吡啶	−0.650	$n > 3$

（续表）

分子片	贡献率 C_j	备注
NH$_2$—(CH$_2$)$_n$·吡啶	−0.545	$n>3$
NH$_2$—CO—(CH$_2$)$_n$·吡啶	−0.903	
烷烃原子数目	0.095	包括环烷烃
不饱和烃	0.872	

注：下标 r 代表环，a 代表芳香环上的碳原子，括弧中价键代表非碳氢键，括弧中数字代表所允许的氢原子数目，Nd 代表尚未确定的价键.

研究表明，对于研究有机污染物环境行为和多介质环境数学模型，采用分子碎片常数法估算有机物的 $\log K_{ow}$ 值是可行的，其误差也是可以接受的。碎片的设计应当是最小可能的结构单位，即相关链型的孤立原子，将分子中相互作用因子 F 的数目减少到最低的唯一方法是使所设计的碎片中尽可能多地将这些因子包容进去。该方法目前对于溶质分子链内的电位效应、溶质的空间场效应以及溶剂的结构作用还不能解决。

三、 分子连接性指数预测法

Kier 和 Hall 于 1976 年利用分子连接性指数理论对各种物质的 $\log K_{ow}$ 进行了分门别类的分析，建立了相应的定量关系式，列于表 5-8，化合物包括烃类、单羟基醇、醚、酮、酸、酯和胺。

表 5-8　分子连接性指数与辛醇-水分配系数相关方程式

化合物	相关方程式
烃类（烷、烯、炔、取代苯、萘和菲）	$\log K_{ow}=0.406+0.884\,{}^1X^v$
脂肪醇	$\log K_{ow}=-0.985+0.860\,{}^1X^v$
脂肪类醚	$\log K_{ow}=-1.411+0.988\,{}^1X^v$
脂肪酮	$\log K_{ow}=-1.468+0.985\,{}^1X^v$
脂肪羧酸	$\log K_{ow}=-0.859+1.615\,{}^1X^v-0.550\,{}^1X$
酯类	$\log K_{ow}=-1.778+2.560\,{}^1X^v-0.541\,{}^0X-0.535\,{}^4X_{PC}$
脂肪胺	$\log K_{ow}=-1.001+0.696\,{}^0X^v-0.566\,{}^6X^v-0.248\,\delta_N$

但是，表 5-8 中的关系式不能适用于多基团化合物。因此，Doucette 和 Andren 于 1988 年比较了表 5-8 中各种方程式. 得到一个通用的关系式：

$$\log K_{ow} = -0.085\ 3 + 1.272^1X^v - 0.049\ 9(^1X^v)^2 \qquad (5-8)$$

其中，$^1X^v$代表一阶价连接指数。经过对64种化合物的计算，误差范围是$-16.8\%\sim+11.9\%$，平均误差是4.19%。

计算示例：估算甲苯的K_{ow}。

解：(1) 标示甲苯分子：

$$\delta_1=1,\delta_2=4,\delta_3=3,\delta_4=3,\delta_5=3,\delta_6=3,\delta_7=3$$

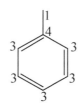

(2) 计算甲苯的一级价连接指数：

$$^1X^v = \sum (\delta_i\delta_j)^{-1/2}$$
$$= 4\times(3\times3)^{-1/2} + 2\times(4\times3)^{-1/2} + (4\times1)^{-1/2}$$
$$= 2.41$$

(3) 计算K_{ow}值：

$$\log K_{ow} = -0.085\ 3 + 1.272^1X^v - 0.049\ 9(^1X^v)^2$$
$$= -0.085\ 3 + 1.272\times2.41 - 0.049\ 9\times2.41^2$$
$$= 2.69$$

$\log K_{ow}$的实测值为2.65，误差为1.5%，以K_{ow}计误差为9.6%。

四、 Hansch 取代常数预测法

Hansch 取代常数法是一种计算$\log K_{ow}$的"构造"法，易于计算机化，在 QSAR 研究中，特别是在结构—致癌性关系研究中要求测定几百个数据，工作量相当大的情况下采用 Hansch 取代常数法预测$\log K_{ow}$显示出极大的优越性。

Hansch 取代常数(π)是以正辛醇/水体系为基础的，π无量纲，其定义为：$\pi = \log(K_{ow\chi}/K_{owH})$，这里，下标 H 表示未取代化合物，下标$\chi$表示氢被$\chi$基团取代后的衍生物。

用π值估算$\log K_{ow}$的步骤与应用 Hammett 常数估算解离常数相似。例如，2-丁酮在正辛醇/水中的分配系数为$6.01(\log K_{owH}=0.32)$，因此，2-己酮在相同

体系中的分配系数应该为：

$$10^{(0.32+0.52\times2)}=10^{1.36}=26.9 \quad (\pi_{CH_2}=0.52)$$

在确定与芳环相连基团的 Hansch 取代常数时，可根据其在环上的性质将取代基分成三类：强斥电子基团、强吸电子基团、介于两个极端间的基团。表 5-9 列出了部分 Hansch 取代基常数，从中可以发现其中的差异。

在涉及芳环取代基的结构—活性关系研究时，建议将苯氧乙酸的 π 常数应用在由第三组基团组成的体系，而将苯酚的 π 常数应用在由第一组基团组成的体系。对于母体是苯、苯甲酸或苯乙酸的芳烃，取代基中除了强亲水性基团外，π 值通常总是恒定的。这类 π 取代常数可应用于第二组基团。

表 5-9　部分基团的 Hansch 取代基常数

与非共轭体系相连的基团			
基团	π 值	基团	π 值
—OH(伯)	−1.16	—OH(仲)	−1.39
—OH(叔)	−1.43	—OCH₃	−0.47
—Cl	0.39	—Br	−0.60
—I	1.00	—NH₂	−1.19
—COCH₃	−0.71	—NO₂	−0.86
—CH₃ , —CH₂ , —CH	0.52		

引入基团	占有基团					
	—OCH₂COOH	—CH₂COOH	—COOH	—CH₂OH	—OH	—NO₂
—H	0.00	0.00	0.00	0.00	0.00	0.00
3-Cl	0.76	0.68	0.83	0.84	1.04	0.61
4-Cl	0.70	0.70	0.87	0.86	0.93	0.54
3-CH₃	0.51	0.49	0.52	0.50	0.56	0.57
4-CH₃	0.52	0.45	0.42	0.48	0.48	0.52
3-OH	−0.49	−0.52	−0.38	−0.61	−0.66	0.15
4-OH	−0.61	—	−0.30	−0.85	−0.87	0.11
3-OCH₃	0.12	0.04	0.14	—	0.12	0.31
4-OCH₃	−0.04	0.01	0.08	0.00	−0.12	0.18

（续表）

引入基团	占有基团					
	—OCH$_2$COOH	—CH$_2$COOH	—COOH	—CH$_2$OH	—OH	—NO$_2$
3-NO$_2$	0.11	−0.01	−0.05	0.11	0.54	−0.36
4-NO$_2$	0.24	−0.04	0.02	0.16	0.50	−0.39

五、 使用溶剂回归方程的估算方法

在不同的溶剂体系里测定的溶剂—水分配系数（K_{aw}），也像 K_{ow} 一样，在结构—活性关系研究中有着广泛的应用。一些比较常用的有机溶剂是乙醚、正丁醇、氯仿、环己烷、苯等。与 K_{ow} 的定义一样，K_{aw} 的定义是在平衡条件下，溶质在有机相中的浓度与在水相中浓度之比。

大多数溶剂回归方程是把 K_{aw} 作为变量，以下面的形式表达出来：$\log K_{ow} = a\log K_{aw} + b$。目前已经提出了 30 多个这样的回归方程。如溶质的 K_{ow} 适用于 1～20 种不同溶剂的话，则可用来计算 K_{ow}。

1. 溶剂回归方程

溶剂回归方程的选择取决于溶质的特性。表 5-10 把许多溶质类型分成两个组：A 组（质子给予体）和 B 组（质子接受体）。表 5-11 提供了适合溶剂回归方程的 a 和 b 值（方程 5-1～5-31）。假定溶质（要测定的 K_{ow} 的化合物）列在表5-10 中的 A 组和 B 组，而溶剂列在表 5-11 中的前面两个部分之一，那么在两个方程之间必须做出抉择。例如从二甲苯—水体系里得到的 K_{aw}，那么就要从方程 5-4 和 5-15 选择出一个来，究竟选择哪一个方程取决于溶质位于表 5-10 中的位置，若溶质是一个醇类，就应该使用方程 6.4，若它是一个醚类，就应使用方程 5-15。

如果溶剂是位于表 5-11 中的第三部分（C 组），则从方程 5-21～5-29 中选择合适的方程。例如，K_{ow} 是从 CCl$_4$—水或 CHCl$_3$—水得来的，则有三个方程可以使用，前者为方程 5-4，5-14 和 5-30，而后者则为方程 5-7，5-18 和 5-31。表 5-11 中，a 和 b 分别为溶剂回归方程的斜率和截距，N 为化合物数目，r 为相关系数。

2. 估算方法

① 根据表 5-9，查出 K_{aw} 测定值。② 如溶剂是在表 5-11 中的 C 组，就从这一组中选择一个合适的溶剂回归方程，把给定的 a、b 和 $\log K_{aw}$ 代入表 5-11 中的回归方程，求解 K_{ow} 值。③ 假如溶剂位于表 5-11 的前两部分，再看溶质在表 5-10 中溶于 A 组还是 B 组，从而选出相应的回归方程，把选定 a 及 b 与 $\log K_{aw}$ 一起代入表 5-11 中的方程中，求解 K_{ow} 值。④ 假如有两个或更多的溶剂的 K_{aw} 可使用的

话,则可从每个 K_{aw} 求 K_{ow},然后取平均值。

表 5-10 溶质的分类

A 组:质子给予体	B 组:质子接受体
1. 酸类	1. 芳胺
2. 酚类	2. 混合接受体
3. 巴比士盐类	3. 脂肪族和芳香族烃类
4. 醇类	4. 分子内氢键
5. 酰胺类	5. 醚类
6. 磺酰胺类	6. 脂
7. 腈类	7. 酮类
8. 酰亚胺类	8. 脂肪胺和酰亚胺
9. 胺类	9. 叔胺

表 5-11 溶剂回归方程($\log K_{ow} = a \log K_{aw} + b$)

方程序号	溶剂	a	b	N	r
适用于 A 组溶质的方程					
1	环己烷	1.491	6.729	26	0.761
2	庚烷	0.947	6.700	10	0.764
3	四氯化碳	0.856	1.852	24	0.974
4	二甲苯	1.062	1.798	19	0.963
5	甲苯	0.881	1.566	22	0.980
6	苯	0.985	1.381	33	0.962
7	氯仿	0.888	1.193	28	0.967
8	油类	0.910	1.092	65	0.981
9	硝基苯	0.850	0.912	9	0.977
10	乙酸异戊酯	0.974	−0.070	22	0.986
11	乙醚	0.885	0.150	71	0.988
适用于 B 组溶质的方程					
12	环己烷	0.941	0.690	30	0.957
13	庚烷	0.541	1.203	11	0.954

方程序号	溶剂	a	b	N	r
14	四氯化碳	0.829	0.181	11	0.959
15	二甲苯	0.974	0.579	21	0.986
16	甲苯	0.715	0.660	14	0.971
17	苯	0.818	0.469	19	0.958
18	氯仿	0.784	0.134	21	0.976
19	油类	0.894	0.290	14	0.988
20	乙醚	0.876	0.937	32	0.957
C 组方程					
21	油醇	1.001	0.576	37	0.985
22	甲基异丁醇	0.914	−0.046	17	0.993
23	乙酸乙酯	1.073	−0.056	9	0.969
24	环己酮	0.966	−0.866	10	0.972
25	伯-戊醇	1.238	−0.033 5	19	0.987
26	仲-及叔-戊醇	1.121	−0.323	11	0.996
27	乙-丁酮	6.028	−0.639	9	0.987
28	环己醇	1.342	−1.162	12	0.985
29	伯-丁醇	1.435	−0.547	57	0.993
D 组方程					
30	四氯化碳	1.160	0.726	6	0.809
31	氯仿	0.909	0.561	32	0.974

估算示例Ⅰ：估算间-溴苯胺的 K_{ow} 值，已知 $\log K_{aw}$（苯）=2.21。

解：（1）在表 5-11 中有两个回归方程（方程 6 和 17）可用，表 5-10 指出，B 组的方程适用于芳胺。

（2）从方程 17 中得到：

$$\log K_{ow} = 0.818 \times 2.21 + 0.469 = 2.27$$

所以　$K_{ow} = 1.86 \times 10^2$

实测值为 2.10，误差为 +0.17 log 单位。

估算示例Ⅱ：估算叔丁醇的 K_{ow} 值，已知 $\log K_{aw}$（氯仿）=−0.04

解：表 5-11 中有三个氯仿的回归方程，表 5-11 指出，D 组方程 31 适用于醇类，从方程 31 得：

$$\log K_{ow}=0.909\times(-0.04)+0.561=0.52$$

实测值为 0.37，误差为 +0.15log 单位。

六、 辛醇-水分配系数的测定

测定有机化合物辛醇-水分配系数的实验测定方法较多，有摇瓶法、振荡法、色谱测定法、产生柱法和 HPLC 法。至今为止，大多数化合物的辛醇-水分配系数是用摇瓶法来测定的。

1. 摇瓶法

取一定体积用水饱和的正辛醇配制的受试物溶液，加入一定体积的蒸馏水（用正辛醇饱和），放入恒温（实验温度为 20~25 ℃）振荡器中振荡使之达到平衡，离心后，测定水相中浓度，由此求出分配系数。

（1）溶剂的预饱和

在测定分配系数前，将正辛醇和二次蒸馏水在振荡器上振荡 24 h，使其相互饱和，静置分层后，两相分离，分别保存备用。

（2）平衡时间的确定

称取 0.5~1 mL 某一浓度的待测物质的被水饱和的正辛醇溶液至 10 mL 具塞离心管中，加入正辛醇饱和的二次蒸馏水至刻度，盖紧塞子，置于振荡器上振荡，测定振荡不同时间水中有机物含量。水相中有机物浓度达到平衡时的时间即为有机物在正辛醇相和水相中浓度达到平衡时的时间。

（3）分配系数的测定

在 <0.01 mol/L（正辛醇相）浓度下进行分配系数测定（操作与步骤（1）相同），至少要做两种不同浓度的试验，通常第一种浓度为第二种浓度的 10 倍。振荡时间采用步骤（2）中所得的平衡时间。取水样时，为了避免正辛醇的污染，可利用带针头的玻璃注射器来取水样。首先在注射器内吸入部分空气，当注射器通过正辛醇相时轻轻排出空气，在水相中吸取足够的水量时，迅速从溶液中抽出注射器，拆下针头后，即可获得无正辛醇污染的水。

（4）计算方法

正辛醇-水分配系数是在平衡状态下化合物在正辛醇相与水相中浓度之比，即：

$$K_{ow}=C_o/C_w \tag{5-9}$$

式中,C_o:达到平衡时有机化合物在正辛醇相中浓度($\mu g/mL$);C_w:达到平衡时有机化合物在水相中浓度($\mu g/mL$)。

如果仅测了达到平衡时有机化合物在水相中的浓度,也可以应用下式计算 K_{ow} 数值:

$$K_{ow} = \frac{C_o V_o - C_w V_w}{C_w V_w} \tag{5-10}$$

式中,C_o:有机化合物在正辛醇相中的初始浓度($\mu g/mL$);C_w:达到平衡时有机化合物在水相中的浓度($\mu g/mL$);V_o:正辛醇相的体积(mL);V_w:水相体积(mL)。

该方法的缺点为速度慢、费时、烦琐,易受溶质的稳定性或纯度的影响,存在有机物易形成胶体颗粒、挥发、吸附等缺点。为了克服这些缺陷,有人提出了简单快速的分配系数色谱测定法。

2. 色谱测定法

这种方法的原理是以 $\log K_{ow}$ 与色谱保留指数 R_M 具有线性关系为基础的,可用下列方程来表示:

$$\log K_{ow} = \log K + R_M \tag{5-11}$$

式中:$R_M = \log(1/R_f - 1)$,K 是常数。

由于 R_f 值可以用薄层、纸或平板色谱法测定,因此分配系数及 R_M 就能由此而推得。近年来,反相液相色谱已被成功地用来测定多种化合物的分配系数,其测定是以下列关系式为基础的:

$$\log K_{ow} = \log K + 1\log K' \tag{5-12}$$

式中 $K' = \dfrac{t_K - t_0}{t_0}$,$t_K$ 为保留峰的洗脱时间,t_0 为死时间,K 为常数,t_K 和 t_0 可以用 HPLC 实验法测定。

气相色谱(GC)的 Kovats 保留指数 I 也能用来预测分配系数。其原理是以如下基本假设为基础的:(被测物)两种气—液分配系数之比等于液—液分配系数。由于在一种固定相上测得的化合物的保留指数 I 是随该化合物的气—液分配系数的对数变化而变化的,因此,在两固定相上测得的化合物的分配系数的权重差异 $(aI_1 - bI_2)$ 应该与化合物的 $\log K_{ow}$ 值直接相关:

$$\log K_{ow} = aI_1 - bI_2 + c \tag{5-13}$$

式中,a、b、c 为回归系数。为了能使方程 5-13 适合于 $\log K_{ow}$ 的实际测定,在选择 GC 固定相时应尽可能模拟正辛醇-水分配系统。通过在多种固定相上分析一组已知 $\log K_{ow}$ 值的化合物的保留指数,再将它们及相应的 $\log K_{ow}$ 值应用于方程(5-13),

经回归分析,求得的相关系数,即可当作判断对固定相是否适合于模拟正辛醇-水系统的量度。

在一般情况下,应用 TLC 和 HPLC 测定 $\log K_{ow}$ 较 GC 法要方便得多。GC 可用来测定正辛醇-水系统中其中一相的挥发性溶质的浓度。此外当所测物质在 TLC 和 HPLC 的流动相中较易水解或难于检测时,GC 也可作为一种补充方法。

注意事项:

(1) 化合物若是有机酸碱,应在水相中加入缓冲剂,使 pH 至少调到与未解离的成分的 pK_a 值相差三个 pH 单位。

(2) 反相高效液相色谱法测定快速,对化合物纯度要求不高,但要求参考物的 K_{ow} 测定值准确。每次改变流动相组成时,流动相冲洗整个体系,直至色谱柱达到平衡。

(3) 产生柱法克服了上述方法的缺点,但是测定步骤多,达到平衡时间长。

第三节　溶解度

溶解度在很大程度上决定着污染物质在空气、水、土壤和生物机体中的分布和积累,以及污染物质在环境中的迁移速率和降解速率,是非常重要的一个参数。

溶解度是污染物质在介质中达到平衡时的浓度。物质在液体中的溶解度可以表示为摩尔溶解度(mol/L 溶液),质量溶解度(g/L 溶液),或者质量比(g/g 溶剂)。物质的溶解度一般分为无限可溶解、可溶解(>0.1 mol/L)、中度溶解(0.1 mol/L$>C$ >0.01 mol/L)、不溶解(<0.01 mol/L)和极不溶解(<1 g/L)。

溶解度与化合物的结构密切相关,相同或者相类似的化合物容易相互溶解。例如极性的物质容易溶解于水中,容易形成氢键的物质也容易溶解于水中。另外,分子尺寸越大,溶解度越小。其他例如不饱和键数目、支链程度、分子的伸缩性和折叠特性等都会影响物质的溶解度。

在众多估算溶解度的方法中,应用比较广、结果比较准确和合理的有三种:基团贡献法(group contribution method),通用准化学结构官能团活性系数法(the universal quasi-chemical functional group activity coefficient method),以及与 $\log K_{ow}$ 的定量相关法(quantitative correlation method with $\log K_{ow}$)。第三种方法被证明更加准确,应用也比较广泛,而且也适用于比较复杂的分子结构。

一、 基团贡献法

Klopman 等人于 1992 年提出了基团贡献法，用于非离子性有机化合物溶解度的估算。

$$\log S = C_0 + \sum_i n_i G_i \qquad (5-14)$$

式中，S 表示溶解度，g/g；C_0 是常数；n_i 是分子中官能团的个数；G_i 是官能团对溶解度的贡献系数。不同类型的官能团对溶解度的贡献率列于表 5-12。

表 5-12　官能团对溶解度的贡献率

官能团	贡献率 G_i	官能团	贡献率 G_i	备注
—CH₃	−0.336 1	—F	−0.447 2	连接饱和四价 C
—CH₂—	−0.572 9	—F	−0.177 3	连接其他原子
—CH—(—)	−0.605 7	—Cl	−0.429 3	连接饱和四价 C
—C—(—)(—)	−0.785 3	—Cl	−0.631 8	连接其他原子
=CH₂	−0.687 0	—B	−0.632 1	连接饱和四价 C
=CH—	−0.323 0	—Br	−0.964 3	连接其他原子
≡C—(—)	−0.334 5	—I	−1.239 1	连接饱和四价 C
—C≡CH	−0.601 3	—I	−1.259 7	连接其他原子
—CᵣH₂—	−0.456 8	—OH	1.464 2	一级醇
—CᵣH—(—)	−0.407 2	—OH	1.562 9	二级醇
—Cᵣ—(—)(—)	−0.312 2	—OH	1.088 5	三级醇
=CᵣH	−0.369 0	—CHO	0.447 6	醛
=Cᵣ—(—)	−0.494 4	—COOH	0.265 3	共轭酸
—Oᵣ—	−0.299 1	—COOH	1.169 5	非共轭酸
—O—	0.855 1	—COO—	0.872 4	酯
—CONH—	0.193 1	碳氢化合物	−0.259 8	指其他非烷烃
—CO—	1.304 9	—Nᵣ—	−0.372 2	
—CᵣO—	1.541 3	—NO₂	−0.264 7	
—SO—	0.582 6	—SH	−0.511 8	

官能团	贡献率 G_i	官能团	贡献率 G_i	备注
—NH$_2$	0.693 5	S≡P—	−2.409 6	
—NH—	0.954 9	S≡	−1.309 7	
—C≡N	0.626 2	烷烃	−1.539 7	
系数：C_0	3.565 0	—OH	1.191 9	在羧酸中连接饱和四价 C

计算示例：估算液体五氯苯的溶解度

解：（1）识别分子结构：

系数：C_0	3.565 0
＝C_r—（—）	−0.494 4
＝C_rH—	−0.369 0
—Cl	−0.631 8

（2）计算：

$$\log S = C_0 + \sum n_i G_i$$
$$= 3.565\ 0 + 5 \times (-0.494\ 4) + 1 \times (-0.369\ 0) + 5 \times (-0.631\ 8)$$
$$= -2.435\ 0$$

因此，估算的溶解度是 3.67×10^{-3} g/g 或者 1.46×10^{-2} mol/L。

二、 分子连接性指数模型

有机物在水相的溶解度与分子的大小尺寸和极性密切相关，分子连接指数能够兼顾这两个方面，因此能够准确地估算溶解度。基于分子连接指数的溶解度估算模型有各种各样，以下仅介绍两种应用比较广泛的模型。

1. 模型 1(Nirmalakhandan and Spcece,1988)

$$\log S = 2.209 + 1.653\,^0X - 1.312\,^0X^v + 1.00\Phi \qquad (5-15)$$

其中,S 是溶解度,g/g;^0X 是零级分子连接指数;$^0X^v$ 是零级价键连接指数;Φ 是极性连接因子。如下所示:

$$\Phi = -0.361N_H - 0.963N_{Cl} + 0.767N_= \qquad (5-16)$$

其中,N_H 是氢原子个数;N_{Cl} 是氯原子个数;$N_=$ 是双键个数。

该模型已经在醇、醛、醚、酯、烯烃,以及氯代或者烷基取代苯等化合物中得到验证,但是此模型不适用于酮、胺、稠环芳烃和氯代稠环芳烃。

2. 模型 2(Nirmalakhandan and Speece,1989;Speece,1990)

$$\log S = 1.564 + 1.627\,^0X - 1.327\,^0X^v + 1.000\Phi \qquad (5-17)$$

其中,S 是溶解度,mol/L;^0X 是零级分子连接指数;$^0X^v$ 是零级价键连接指数;Φ 是极性连接因子。如下所示:

$$\begin{aligned}
\Phi = &-0.963N_{Cl} - 361N_H - 2.620N_F + 1.474N_I \\
&+ 0.636N_{NH_2} + 0.833N_{NH} - 1.695N_{NO_2} - 0.767N_= \qquad (5-18) \\
&-1.24I_A + 1.014I_K - 3.332I_D
\end{aligned}$$

其中,N_I 是分子中该原子或基团的个数,I_A 是烷烃和烯烃的指示函数,I_K 是酮和醛类化合物的指示函数,而 I_D 是二苯并二恶英(dibenzodioxins)的指示函数。这个模型能够克服模型 1 的缺点,适用于比较复杂的芳香烃化合物。

三、 与 logK$_{ow}$ 定量相关模型

有机物在水介质中的溶解度与其辛醇/水分配系数有着内在的关系,Hansch 等人于 1968 年提出以下的定量关联方程式:

$$\log S = A + B\log K_{ow} \qquad (5-19)$$

其中,S 是有机物在水中的溶解度,mol/L;A 和 B 是系数。

目前,对不同的有机物已建立 18 个溶解度与分配系数(K_{ow})的相关回归方程。在选择合适的方程时首先必须考虑化合物所属类别;如果化合物属于一个特定的类型,则可选择一个适当的方程;当一些化合物没有一个合适的方程可利用时,则选用一个基于混合类型的方程,另外还必须考虑溶解度和分配系数的数值范围。

估算步骤：

① 查阅 K_{ow} 的估算值和实验值，如无测定的值，则可根据碎片法进行估算；

② 确定化合物在 25 ℃时是固体还是液体，如果是固体则需知道熔点；

③ 根据上面两点选择合适的方程式；

④ 利用 K_{ow} 值(有时需 T_m)计算 25 ℃时的 S 值，每一方程式相应的溶解度单位列在表 5-13 中；

⑤ 如有两个或更多个回归方程式被采用，而每个方程式都是有效的，即 $\log S$ 值是相同的，那么利用几何平均值比简单的平均值更好，即取每一估算值的对数(预先换算成同一单位)取对数平均值，然后找出反对数。

计算示例Ⅰ：估算残杀威的 S 值，25 ℃时该化合物为固体，$T_m = 91$ ℃，$\log K_{ow}$ 的测定值为 1.55，分子量为 209.2 g/mol。

解：(1) 由于无单独的氨基甲酸硝酸酯的方程式，所以必须用适用方程式。对这种氨基甲酸酯利用方程式 13 及 14 的校正式，可得到较好的结果。

$\log 1/S = 1.214 \log K_{ow} - 0.850 + 0.009\,5(T_m - 25)$（方程式 13 的校正式）及
$\log 1/S = 1.339 \log K_{ow} - 0.978 + 0.009\,5(T_m - 25)$（方程式 14 的校正式）

(2) 在方程式 2 中，$\log K_{ow}$ 值为 1.55。

$$\log S = 0.922 \times 1.55 + 4.134 = 2.755$$
$$S = 570 \text{ mg/L}$$

(3) 方程式 13 的校正式中：

$$-\log S = 1.214 \times 1.55 - 0.850 + 0.009\,5 \times (91 - 25) = 1.659$$
$$S = 0.22 \text{ mol/L} = 4\,600 \text{ mg/L}$$

(4) 方程式 14 的校正式中：

$$-\log S = 1.339 \times 1.55 - 0.978 + 0.009\,5 \times (91 - 25) = 1.724$$
$$S = 0.019 \text{ mol/L} = 3\,900 \text{ mg/L}$$

(5) S 的测定值为 2\,000 mg/L，与此相关的误差和几何平均值为：

方程序号	S(mg/L)	误差(%)
2	570	-72
13	4\,600	$+130$
14	3\,900	$+95$
几何平均值	2\,200	$+10$

计算示例Ⅱ:估算 2-氯碘苯的 S 值,$\log K_{ow}$ 的估算值为 4.12。

解:表 5-13 中的方程式 17 最合适,因为它是根据卤代苯得出的。另外,方程式 2 也适合于卤代烃,两个方程式都适用,比较其结果如下:

(1) 根据方程式 17,$\log K_{ow}=4.12$,$T_m=25\ ^{\circ}C$

$$\log S=-0.987\,4\times4.12-0.009\,5\times25+0.717\,8=-3.583$$
$$S=2.58\times10^{-4}\ mol/L$$

(2) 根据方程式 2:

$$\log S=-1.37\times4.12+7.26=1.616$$
$$S=41.3\ \mu mol/L=4.13\times10^{-5}\ mol/L$$

(3) S 的测定值是 $2.88\times10^{-4}\ mol/L$,方程式 17 和方程式 2 的误差分别为 -10% 和 -86%。

表 5-13　估算溶解度的回归方程

序号	方程式	S 单位	n	r^2	代表的化合物类型
1	$\log S=-1.37\log K_{ow}+7.26$	$\mu mol/L$	41	0.903	各种类型,对芳烃及卤代烃更合适
2	$\log S=-0.922\log K_{ow}+4.134$	mg/L	90	0.740	各种类型,适用于农药
3	$\log S=-1.49\log K_{ow}+7.46$	$\mu mol/L$	34	0.970	几种杀虫剂
4	$\log 1/S=1.113\log K_{ow}-0.926$	mol/L	1	0.935	醇
5	$\log 1/S=1.229\log K_{ow}-0.720$	mol/L	13	0.960	酮
6	$\log 1/S=1.013\log K_{ow}-0.520$	mol/L	18	0.980	酯
7	$\log 1/S=1.182\log K_{ow}-0.935$	mol/L	12	0.980	醚
8	$\log 1/S=1.221\log K_{ow}-0.832$	mol/L	20	0.861	卤代烷烃
9	$\log 1/S=1.294\log K_{ow}-1.043$	mol/L	7	0.908	炔
10	$\log 1/S=1.294\log K_{ow}-0.248$	mol/L	12	0.970	烯
11	$\log 1/S=0.996\log K_{ow}-0.339$	mol/L	16	0.951	芳烃(苯及其衍生物)
12	$\log 1/S=1.237\log K_{ow}+0.248$	mol/L	16	0.908	烷烃
13	$\log 1/S=1.214\log K_{ow}-0.850$	mol/L	140	0.912	包括方程 4～11 的所有化合物
14	$\log 1/S=1.339\log K_{ow}-0.978$	mol/L	156	0.874	包括方程 4～12 的所有化合物

（续表）

序号	方程式	S 单位	n	r^2	代表的化合物类型
15	$\log S = -2.38\log K_{ow} + 12.90$	$\mu mol/L$	11	0.656	磷酸酯
16	$\log S = -0.962\log K_{ow} + 0.50$	$\mu mol/L$	9	0.878	1-,2-碳卤代烃
17	$\log S = -0.987\,4\log K_{ow} - 0.009\,5T_m + 0.7178$	mol/L	35	0.999	卤代苯
18	$\log S = -0.88\log K_{ow} - 0.01T_m + 0.012$	mol/L	32	0.989	多环芳烃

四、 从结构估算其溶解度（Irmann 法）

Irmann 提出三种从结构信息估算烃类和卤代烃类溶解度的方法。这主要是用于在 25 ℃时为液体的有机物，对于固体，需要知其熔点。

该法涉及原子的取代常数和结构常数，从近 200 种化合物的测定值得出下列方程：

$$-\log S = x + \sum y_i m_i + \sum z_j n_j \tag{5-20}$$

$-\log S$ 可按下法计算：

（1）基值 x，它依赖于化合物的类型；

（2）各种原子类型的分布 y_i，乘以它们出现的频率 m_i；

（3）各种结构单元的分布 z_j，乘以它们出现的频率 n_j，x、y、z 可从表 5-14 中查到。

对于在 25 ℃时为固体的物质，Irmann 建议用下列方程：

$$-\log S_{固} = -\log S + 0.009\,57(T_m - 25) \tag{5-21}$$

在这个方程式中，$-\log S$ 是由式 5-20 中右边项得到。

表 5-14 总结了包括 Irmann 基于原子和结构常数获得的数据误差。

估算溶解度的基本步骤如下：

① 写出分子结构式；

② 从表 5-14 中确定化合物类型和合适的 x 值；

③ 从表 5-14 中找出合适的 y、z 值，根据在分子中出现的频率（n_j，z_j）汇总；

④ 从②和③步骤代入式 5-20，求出在 25 ℃时的溶解度（g/g H_2O）；

⑤ 如物质在 25 ℃时为固体，则用式 5-21 求值；

⑥ 如物质在 25 ℃时为气体,则从式 5-20 中得到的溶解度是液—气两相共存时的溶解度。

表 5-14　计算水溶解度的参数

x 值

	化合物类型	No	x
C，H	芳烃化合物	53	0.50
X，H≡C	卤代烃,非饱和脂肪烃,有卤原子在非饱和碳上的,以及在分子中有氢(无氢)	6	0.60
F，H (Cl) —C	卤代烃,饱和脂肪烃,分子中含氢	8	0.50
X，H，—C	卤代烃,饱和脂肪烃(无 F)	47	0.90
X，—C 或 F(X)，—C	多卤代烃(有 F),饱和脂肪烃(分子中无氢)	12	1.25
X，≡C	多卤代烃(无 F),非饱和脂肪烃	—	0.90
H，C	烃、脂肪烃	21	1.50
—C	环烷烃	—	−0.35

y 值

原子	位置	No	y
C			0.26
H			0.125
F	在芳烃 C 上	1	0.19
	在饱和烃 C 上	19	0.28
Cl	在芳烃和非饱和烃 C 上	22	0.675
	在饱和 C 上	41	0.375
Br	在芳烃和非饱和 C 上	31	0.796
	在饱和烃 C 上		0.495
I	在芳烃和非饱和 C 上	13	1.125
	在饱和烃 C 上		0.825

z 值

	结构单元	No	z
—C＝C—	脂肪族化合物的双键(非共扼体系)	16	−0.35
—C＝C–C＝C—	脂肪族共扼双键	—	−0.65

（续表）

	结构单元	No	z
—C≡C—	脂肪族化合物的三键	9	—1.05
=CH—X，—CH₂—X	除卤素外，含 H 的基团在饱和 C 上	54	—0.30
—CHX—	非端位重复基团	—	—0.10
—C(C₂)—C(C₂)—C—R	带有脂肪链分支或非端位单取代	17	—0.10

计算示例Ⅰ：估算邻溴异丙苯的 S 值。

解：（1）邻溴异丙苯的结构式：

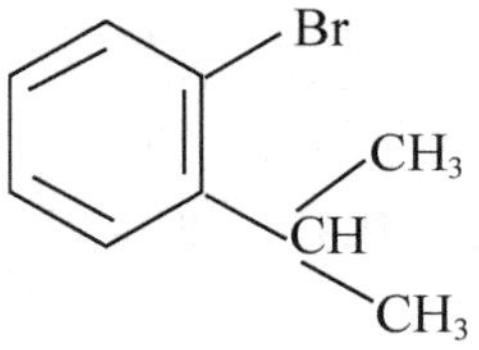

（2）基本类型是芳烃，从表 5-14 中查知 x 值为 0.5。

（3）从表 5-14 知原子的结构数据为：

$$9C = 9 \times 0.25 = 2.25，11H = 11 \times 0.125 = 1.375$$

芳烃 $Br = 0.795，\sum y_i m_i = 4.42$，

烷基链的分支 $\sum z_j n_j = -0.10$

（4）代入方程式 5-20：

$$-\log S = 0.50 + 4.42 + (-0.10) = 4.82$$
$$S = 1.51 \times 10^{-5}\ g/g = 15.1\ mg/L$$

S 的测定值为 13 mg/L，偏差为 +16%。

计算示例Ⅱ：估算氯代二氟甲烷的 S 值，$CHClF_2$ 的 b. p = —40.8 ℃，蒸气压 = 10.4 atm(25 ℃)。

解：（1）氯代二氟甲烷的结构式：

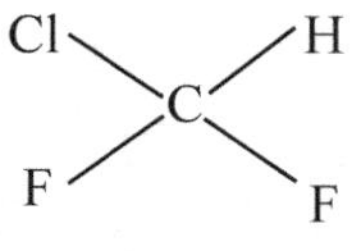

（2）为卤代烃，除含氟外还含氢，饱和烃由表 5-14 知 $x = 0.50$

（3）由表 5-14 知原子的结构数据为：

$$1C = 0.25 \quad 1H = 0.125$$

1C 在芳烃 C 上$= 0.375$，2F 在饱和 C 上$= 2 \times 0.28 = 0.56$

$$\sum y_i m_i = 1.31$$

（4）代入方程式 5-20：

$$-\log S = 0.50 + 1.31 + (-0.30) = 1.51$$
$$S = 0.031 \text{ g/g}$$

S 的测定值为 0.028 g/g，偏差为$+11\%$。

五、 有机化合物水中溶解度的测定方法

1. 摇瓶法

将过量待测物加入纯水中，在恒温振荡器中振荡使之达到平衡，高速离心后，测定水相中的浓度，即为溶解度。

称取几十至几百毫克待测化合物纯品置于 3 L 烧瓶中，用丙酮或其他相应的有机溶剂溶解，加入 80 g 经过净化处理的石英砂，加热回流 1 h 后挥发除净有机溶剂，加入 2 L 二次蒸馏水，并置于 25 ℃的恒温器中，按一定的时间间隔取水样过 2~4 μm 的精细玻璃过滤漏斗后，采用相应方法测定水中有机化合物含量。

用溶解度平衡曲线法获得化合物在水中溶解度的数值，即为化合物在水中浓度达到平衡时的数值。

2. 产生柱法

将过量的待测化合物溶于少量有机溶剂中，加入一定量石英砂，搅拌，使溶剂挥发净以后，将石英砂装入产生柱中，在恒温（25±0.5 ℃）下使蒸馏水缓慢通过石英砂层，连续取样测定，直至保持不变，再连续测定 5 个平行样，求出化合物的平均溶解度值。

3. DCCHPLC 方法

整个 DCCHPLC 系统由三部分组成：用于制备饱和溶液的产生柱；收集和浓缩饱和溶液的提取柱；分析测定用的 HPLC 系统。

（1）饱和溶液的制备

称取一定量的硅胶，用高浓度的待测物的溶液浸泡 1 h 后，挥发除净有机溶剂，得到涂渍好的硅胶，将其均匀地装入空的不锈钢色谱柱（300 mm×5 mm）中。将产生柱放入恒温水浴中，启动产生泵输水冲洗柱子，直到流出液中待测物浓度恒

定,此时由产生柱得到的溶液即为饱和溶液。

（2）饱和溶液的提取

将六通阀置于提取位置,由产生柱得到的饱和溶液直接进入 250 mm×4.6 mm 的不锈钢提取柱(C₈),收集尾液以测定通过提取柱的饱和溶液的体积。

（3）提取物的分析

提取之后,将六通阀转移到分析位置,此时 HPLC 泵用流动相洗脱提取柱液,通过一个 250 mm×4.6 mm 的分析柱(ODS,ZORBAX)以测定待测物的浓度。

（4）化合物溶解度的计算公式为:

$$S(\mathrm{mg/L}) = \frac{AV_0}{A_0 V} \times C_0 P \qquad (5-22)$$

式中,V、V_0 分别为通过富集柱的饱和溶液和标样的体积(mL),A、A_0 分别为 V_{mL} 饱和溶液和 $V_{0,\mathrm{mL}}$ 标样的色谱峰面积,C_0 为标准溶液的浓度(mg/L),P 为标准样品的纯度。

4. 注意事项

（1）摇瓶法通常适用于测定溶解度在 10^{-2} g/L 以上的化合物;产生柱法和 DCCHPLC 法适用于测定溶解度低于 10^{-2} g/L 的化合物。

（2）化合物若是有机酸碱,应在蒸馏水中加缓冲剂,将 pH 至少调到与未解离成分的 pK_a 值相差三个 pH 单位。

（3）UNIFAC 法是从结构上估算有机物活度系数的有效方法,适用于在缺少试验数据的情况下估其溶解度,与实测值比较该法的估算值偏低,且不能区别异构体。

（4）用熔点熵法估算有机物溶解度所得的估算值与实测值较好地吻合,而对于与正辛醇结构相差较大的化合物应代入该化合物在正辛醇中的平均活度系数进行校正。

某些有机化合物水中溶解度的测定结果见表 5-16。

表 5-16　某些有机化合物水中溶解度[25 ℃]

化合物	S_W(mg/L)				
	摇瓶法	产生柱	DCCHPLC	熔点熵	UNIFAC
灭幼脲	0.17				
单甲脒	21.80				
1-硝基萘			9.182		
2-硝基萘			9.243		
3-硝基联苯			1.231		

（续表）

化合物	$S_W(mg/L)$				
	摇瓶法	产生柱	DCCHPLC	熔点熵	UNIFAC
4,4′-二硝基联苯			0.224		
5-硝基苊			0.910		
2-硝基芴			0.216		
3-硝基-9-芴酮			0.234		
2,7-二硝基芴			0.555		
9-硝基蒽			0.114		
3-硝基荧蒽			0.020		
4-硝基荧蒽			0.029		
1-硝基芘			0.012		
3-硝基芘			0.021		
1,4-二氯苯	3.34	3.27		3.07	3.61
1,2,3-三氯苯	3.80	3.96		3.79	4.64
1,2,4-三氯苯	3.60	3.66		3.50	4.64

第四节　量子化学参数

　　理论上，量子化学可以精确地描述分子及分子间相互作用的全部电子和几何信息。但量子力学的计算十分复杂，对相关方程的精确求解目前还难以实现。如果在量子力学计算过程中引入一些近似处理或实验参数以简化相应计算，则可以得到相应的近似解。近年来，由于计算机硬件技术和计算方法的发展以及各种半经验分子轨道近似方法的出现，量子化学参数的计算时间大大缩短。目前，量子化学参数已经被广泛地应用到 QSAR 建模中。从头计算法（ab initio）是在量子力学三个基本近似的基础上，不借助于任何经验参数，通过计算体系全部的分子积分而求解 Schrödinger 方程的方法。与为数众多的半经验计算方法相比，从头计算法的结果最精确，在理论上最严格。但是该方法的计算相当繁杂，目前还主要适用于小分子化合物，且对于计算机硬件要求较高，占用机时较多。可以预料，随着计算机技术的迅猛发展,通过进一步的改进和完善,这种计算方法将在 QSAR 建模领域得到广泛的应用。

区别于从头计算法,在计算过程中忽略一些积分,或在一些积分值的选择上使用实验参量以大大降低计算时间,就产生了各种各样的所谓半经验分子轨道近似方法。任何半经验分子轨道法都可以用来计算量子化学参数。其中,影响最大、应用最广的方法包括简单的 Hückel 分子轨道法(HMO);扩展的 Hückel 分子轨道法(INDO);全略微分重叠法(CNDO)、间略微分重叠法(INDO)和忽略双原子微分重叠法(NDDO;改进的 INDO 法(MINDO)、改进的 NDDO 法(MNDO)、AM1 法、PM3 法和 PM5 法。

上面所提到的 MNDO、MINDO、AM1、PM3 和 PM5 已经被 Stewart 等人编制成量子化学计算程序包 MOPAC,并被广泛地用于量子化学描述符的计算。目前在 QSAR 中常用的量子化学描述符有原子形式电荷(atomic formal charge)、前沿分子轨道能(frontier molecular orbital energy)、超离域度(superdelocalizability)、分子极化率(molecular polarizability)、偶极矩(dipole moment)、分子生成热、表征化学键的参数(如键序和键能)等。

1. 原子电荷

根据经典的化学理论,所有化合物之间的相互作用在本质上归结于静电作用和价键作用。而经典的点电荷静电作用模型表明,原子的净电荷适用于表征分子间的静电相互作用。显而易见,分子中的电荷是静电作用的驱动力,因而适用于表征化合物之间的相互作用。因此,原子电荷参数已经广泛用于 QSAR 模型中。

分子中某一特定原子的 σ 电子密度和 π 电子密度常表示化合物之间某些相互作用的取向,因此他们常被用作定向反应指数。与之相比,原子的总电子密度和净电荷被视作非定向反应指数。其他常用的基于电荷的分子描述有:分子中某种原子部分电荷的绝对值加和或平方加和、整个分子中最正原子净电荷和最负原子净电荷以及分子中原子电荷的绝对平均值等。

2. 前沿分子轨道能

最高占据分子轨道能(energy of the highest occuptied molecular orbital,E_{HOMO})和最低未占据分子轨道能(energy of the lowest unoccuptied molecular orbital,E_{LUMO})是两个常用的量子化学参数。根据化学反应的前线轨道理论,化学反应过渡态的形成是由于反应物的前线轨道(最高占据分子轨道 HOMO 和最低未占据分子轨道 LUMO)的相互作用。分子的前线轨道在控制化学反应过程和决定固体化合物的电子带间隙中起主要作用。它们还影响着电子传递复合体的形成。软、硬亲电试剂和亲核试剂的概念与 E_{HOMO} 和 E_{LUMO} 的相对大小密切相关。硬亲核试剂具有较低的 E_{HOMO} 和较高的 E_{LUMO}。E_{HOMO} 与分子电离势(ionization potential,I)直接相关,可定义为 I＝－E_{HOMO},它表示分子与亲电试剂反应的难易程度。E_{LUMO}则与电子亲和势(electron affinity,A)直接相关,可定义为 A ＝－E_{LUMO},它表示分子与亲和试剂反应的难易程度。

3. 前沿分子轨道能距

前沿分子轨道能距 ΔE 被定义为 $\Delta E＝E_{LUMO}－E_{HOMO}$,是表示分子相对硬度的指数,常作为确定芳香系统稳定性的标准。化合物的 ΔE 值高表明分子的稳定性好,反应性差。相反,ΔE 值越低,表明电子从最高占有轨道迁移所需的能量越少,因此分子的反应性越强。

4. 其他量子化学参数

分子生成热(H_f),表示有最稳定的单质合成标准状态下 1 mol 物质的反应热,是化合物分子稳定性的量度。

分子总表面积(TSA),可以定量反映分子的空间形状和大小。

分子偶极矩(μ),表征分子极性的大小。

同其他分子结构描述符相比,量子化学描述符具有如下特点:首先,由于量子化学参数的获得只与分子的化学结构有关,因此可以用来预测未合成、未投入使用的新化合物的理化性质和生物毒性,从而有助于实现"污染预防";其次,量子化学参数具有明确的理化意义,有利于应用 QSAR 模型揭示影响化合物活性的分子结构特征;再次,应用量子化学参数,可以进行非同系列化合物的 QSAR 建模;最后,量子化学参数可以快速地通过计算获得,不需要实验测定,从而节省大量的实验费用和时间。目前已经有较多的量子化学计算软件,如 MOPAC、Hückel、HyperChem、MOLCAS、MCDFGME、Gaussian、Gamess-US 及 Chem3D 等。这些软件的应用使量子化学描述符的计算变得方便快捷,大大促进了 QSAR 的发展。随着计算机技术的不断发展,量子化学结构描述符将发挥更加广泛和重要的作用。

思考题与习题

1. 计算乙酸丙酯的^1X、$^1X^v$。
2. 计算 2,4-二甲基己烷的$^4X_{pc}$、$^5X_{pc}$。
3. 计算对硝基苯胺和 2,4-二硝基苯酚的^1X、^2X。
4. 用分子碎片法计算 2,4-二氯苯酚的 $\log K_{ow}$。
5. 比较用分子碎片法和分子连接性指数法计算所得对硝基甲苯的 $\log K_{ow}$。
6. 用分子连接性指数法估算对氯联苯的 $\log K_{ow}$。

7. 用 Hansch 取代常数法估算乙酸甲酯的 $\log K_{ow}$。

8. 分别用基团贡献法、分子连接性指数模型计算间硝基苯甲酸的溶解度。

9. 根据溶解度与结构的关系和与 $\log K_{ow}$ 定量相关模型估算 2,4 - 二硝基苯胺的溶解度。

10. 用基团贡献法、溶解度与结构的关系、分子连接性指数模型计算对氯苯胺的溶解度。

主要参考文献

[1] 张锡辉. 高等环境化学与微生物学原理及应用[M]. 北京:化学工业出版,2001.

[2] 王连生. 环境化学进展[M]. 北京:化学工业出版社,1995.

[3] 徐晓白,戴树桂,黄玉瑶. 典型化学污染物在环境中的变化及生态效应[M]. 北京:科学出版社,1998.

[4] 王连生,支正良,高松亭. 分子结构与色谱保留[M]. 北京:化学工业出版社,1994.

[5] 王连生,韩朔睽. 分子结构、性质与活性[M]. 北京:化学工业出版社,1997.

[6] 王连生. 有机污染化学[M]. 北京:高等教育出版社,2004.

[7] 陈景文,全燮. 环境化学[M]. 大连:大连理工大学出版社,2009.

[8] 余刚,徐晓白,安凤春,等. 机化合物水中溶解度的测定与估算[J]. 环境化学,1994,13(3):198-202.

[9] 何艺兵,赵元慧,王连生,等. 有机化合物正辛醇/水分配系数的测定[J]. 环境化学,1994,13(3):195-197.

[10] 李玉梅. 卤代苯类化合物对江水细菌的毒性及其 QSAR 研究[D]. 南京:河海大学,2005.

第六章

结构—性质—活性—

　　结构决定性质是化学中的一条基本规律。近年来,以分子的拓扑学、图论等理论为基础的定量结构-活性相关(QSAR)、定量结构-生物降解相关(QSBR)和定量结构-性质相关(QSPR)研究引起了学者的广泛关注,并在物理化学、生命化学、环境化学、毒物学和医药化学等许多领域得到应用,并日益成熟。

　　根据拓扑理论,对分子结构进行定量描述,使分子间结构差异实现定量化,找出与其性质、活性的相关性,就可以预测化合物的各种理化性质和生物活性。由于该法具有简单、方便,使用参数不依赖于实验等优点,故其应用越来越广。随着计算机技术的日益成熟,促使这一研究向着智能化方向发展,所以它是一个覆盖了化学、数理统计学、计算机科学和生命科学的交叉学科点。

第一节　定量结构-活性相关(QSAR)

　　分子结构是决定有机物的物理化学性质及其在环境中迁移转化行为和生态毒理学效应的内因。具有类似分子结构的物质,可能具有类似的物理化学性质,发生类似的环境行为过程,产生相似的生态毒理效应,即:有机物的物理化学性质、环境行为和生态毒理学参数,与其分子结构之间存在内在联系。这种内在联系,以模型的方式表征出来即称为定量结构-活性关系(QSAR,quantitative structure-activity relationship)。QSAR 可以弥补有机物环境行为与生态毒理数据的缺失,大幅度降低实验费用,有助于减少实验,尤其是动物实验。此外,由于这种内在的可表征的关系,系列化合物的物理化学性质、环境行为和生态毒理学参数的大小及其变化趋势,必然与其分子结构的变化相一致,所以 QSAR 有助于评价实验数据的不确定性。

　　有机化合物的 QSAR 研究最初作为定量药物设计的一个研究分支领域,是为了适应合理设计生物活性分子的需要而发展起来的。近年来,随着计算机技术的发展和广泛应用,QSAR 的研究已经提高到了一个新的水平,并在环境化学等领域得到了广泛的应用。许多环境科学工作者通过各种污染物结构参数与毒性数据之间的定量关系的研究,建立了许多具有毒性预测能力的环境模型,对已进入环境的污染物及尚未投放市场的新化合物的生物活性、毒性乃至环境行为进行了成功的预测、评价和筛选。QSAR 在环境领域中已显示出极其广阔的应用前景。

一、 QSAR 的作用

QSAR 具有预测化学物质的生态效应和环境性质的潜在能力,能有效减少动物实验次数,还可以帮助我们理解化学物对生物毒性作用的机制。QSAR 的作用有以下几点:

(1) 提供可靠、简便的估算污染物质潜在危害的方法,以便减少或避免耗时、耗力的实验方法;

(2) 提供化学物质分类原则,区别离群化合物;

(3) 帮助理解化学物质作用机理。

得到可靠 QSAR 模型的基本条件包括:化学物质的结构和作用机理相似;具有可靠、有关的分子描述符;有代表性的化合物;可靠的数据分析统计学方法;同种方法测量毒理学数据;以及获得可靠的模型。

二、 QSAR 模型的机理

QSAR 模型的建立应该基于对机理的正确分析和解释;反过来,所建立的 QSAR 模型,应该进一步有助于机理的解释。机理解释可以明确影响化合物生态风险指标的分子结构因素,进而判断是否可以用于新物质的生态风险性评价。模型的机理解释性主要通过如下两方面实现:

(1) 建立模型所使用的分子结构描述符,应有利于模型的机理解释。所以要尽可能选择具有明确物理化学意义的分子结构描述符。比较而言,一些基础性质描述符(如分子量)和量子化学描述符较以原子和碎片为基础的结构和拓扑指数更易于解释。

(2) 与不断发展的生物化学、毒理学相结合,深入对化合物毒性作用机理的认识,提高模型的机理解释性。

三、 QSAR 分析方法

目前比较普遍使用的 QSAR 法有四种,即辛醇-水分配系数法,线性溶剂化能相关,分子连接性法以及 Free-Wilson 法。此外还包括量子化学法和线性自由能相关法。每种方法都有其优点和缺点,下面逐一作简要介绍。

1. 辛醇-水分配系数法

在毒理学研究中,辛醇-水分配系数($\log K_{ow}$)是最普通的理化参数,一般随着

$\log K_{ow}$值的增大,有机污染物的毒性增强;但是,当$\log K_{ow}$增到一定值时,低水溶性的化合物随$\log K_{ow}$值增大,毒性减弱,因此,通常引入$(\log K_{ow})^2$项对低水溶性化合物的毒性进行修正:

$$\log 1/LC_{50} = a\log K_{ow} - b(\log K_{ow})^2 + c \tag{6-1}$$

辛醇-水分配系数与毒性数据有较高的相关性已被许多学者所证实,尤其是对于具有麻醉型毒性的有机物,$\log K_{ow}$与水生毒理数据如$\log LC_{50}$或者$\log EC_{50}$具有较好的相关性。

2. 线性溶剂化能相关法

线性溶剂化能相关法(linear salvation energy relationship,LSER)最早是由Kansch等提出的,他们认为化学物质的性质以及毒性和溶质-溶剂反应有关,分子的特征可以用四个参数来描述,称为溶剂化色散参数(solvatochromic parameters),它们是:V-分子体积相;π-分子偶极项(偶极性/极化度);β和α-氢键项。LSER方法的表达式为:

$$-\lg LC_{50} = mV + s\pi + a\beta + b\alpha + c \tag{6-2}$$

式中,m、s、a、b为系数,c为常数项。

LSERs法的局限性在于化合物的四种参数难以获得,除V可以用结构参数及键长、键角计算得到或用Mc Gowan法进行估算外,其他参数需根据核磁共振、紫外及可见光谱等数据计算得到,或用与其他参数相关性等方法进行估算。许多有机物的参数尚未确定,不能从文献中查到。总之,与其他理化参数相比,LSERs法参数的获得更难一些。

3. 分子连接性指数法

分子连接性指数(molecular connectivity index)是目前已知的对有机分子结构进行数字化表达的最简单和适用的方式。最早提出分子连接性指数的是Randic,随后经过Kier和Hall以及其他许多学者的进一步发展,形成了一个比较完整的系统。分子连接性指数是一种拓扑学参数,它是根据分子中各个骨架原子排列或相连的方式来描述分子的结构性质,而不是用分子的理化参数。对于某一给定的分子结构,可以计算不同类型和阶项,用点价乘积的平方根的倒数来表示。分子连接性指数能够较强地反映分子的立体结构,但反映分子电子结构的能力较弱,因此缺乏明确的物理意义,使其在实践应用中受到了限制。但由于其方便、简单且不依赖于实验等优点,近年来得到广泛的应用和发展。因为分子连接性指数是由分子结构式算得,所以,可以预测结构的变化对毒性的影响。

分子连接性指数与有机物的毒性数据有较好的相关性,已有许多文献报道。

该方法的不足之处在于分子连接性指数缺乏明确的物理意义，因此，在实际应用中受到限制。

4. Free-Wilson 法

Free-Wilson 法又称基团贡献模型法，其假设分子中任一位置上所存在的某个取代基始终以等量改变相对活性的对数值。数学表达式为：

$$\log 1/c = A + \sum^{i}\sum^{j} G_{ij}X_{ij} \tag{6-3}$$

式中，A 为基准化合物的理论活性对数值；G_{ij} 是第 j 取代位置上取代基 i 的基团活性贡献；X_{ij} 是指示变量，用以表示取代基 i 在第 j 位置上的有无，若有取代基 i，则 X_{ij} 取 1.0，无取代基 i，X_{ij} 取 0.0。用最小二乘多重回归法将数据拟合成上述方程式加以计算。从这个模型无疑可以看出，任一特定取代基的活性贡献大小取决于它在分子中的不同位置。

Free-Wilson 法未假定任何模型参数，仅以物理性质作为决定生物活性的关联因素，因而所得结果提供信息不多。

5. 量子化学法（quantum chemical method）

通过对有机物分子的量子化学计算，可以全面获得有关分子的电子结构和立体结构的信息，如分子轨道能级、原子的电荷密度、偶极矩、分子净电荷以及优势构象等。目前常用的量子化学计算法有 MNDO 法、MOPAC-AMI 分子轨道法等。量子化学方法的不足之处在于量化参数复杂多样，使得人们在模型参数的选择、定量模型的确定及毒性机理的解释方面遇到一定困难，但相比于传统的经验参数，量子化学参数具有对化合物的描述更加全面、理论性更强等优点，因而被广泛采用。常用的量子化学参数包括前线分子轨道能，即最高占据轨道能（E_{HOMO}）和最低未占据轨道能（E_{LUMO}）、分子生成热、分子总表面积、偶极矩、原子净电荷、前线轨道电子密度、超离域能等。

6. 线性自由能相关法

线性自由能相关模型（linear free energy relationship，LFER）是 Hansch 于 1964 年提出的，因此又被称为 Hansch 法。Hansch 认为，如果不考虑有机物在生物体内的代谢，那么生物活性的变化总可归因于分子疏水效应（$\log K_{ow}$）、电子效应（Hammett 常数 σ）及立体效应（Taft 常数 Es）的一种或几种。因此有下式成立：

$$-\log LC_{50} = a\log K_{ow} - b(\log K_{ow})^2 + cEs + d\sigma + e \tag{6-4}$$

式中，a、b、c、d 为系数，e 为常数项。多数的 Hansch 相关方程，不一定同时包含三种参数，如果有机物分子不太大，电子效应和立体效应有时就可以忽略，方程就简化成 $-\log LC_{50} = a\log K_{ow} - b(\log K_{ow})^2 + c$，就是常用的辛醇/水分配系数法模型（6

-1)式。

Hansch 法用于分析最小抑制浓度(MIC),半数致死剂量(LD_{50}),半数抑制浓度(IC_{50}),半数有效浓度(EC_{50})等。该方法由于参数较易获得,并具有一定的理论意义,有助于人们理解生物活性的作用机制,因此被广泛采用。

研究实例 1:辛醇/水分配系数法对细菌急性毒性的 QSAR 研究

目前,有关有机物对水生生物急性毒性的 QSAR 研究已有很多,受试化合物包括取代脂肪烃、取代酚、取代胺以及硝基芳烃等多种类型,试验生物也涵盖了发光菌、藻类、酵母菌等各种微生物和鱼类等。本文将测定的卤代苯类化合物对江水细菌的毒性进行 QSAR 研究,建立了预测模型,来探讨取代苯类污染物对水生生物毒性作用的机理和规律。

取长江南京段的江水为细菌种源,细菌总数采用平板数法测定。根据预实验,按等对数间距(0.2),将受试化合物用 95% 的乙醇溶液配制 5 个浓度梯度,以灭菌江水为空白对照,以江水为种子对照,恒温避光培养 24 h 后测定吸光度,得到细菌生长的半抑制浓度(IC_{50})。

从 Biobyte 软件中查得的 18 个化合物的 $\log K_{ow}$ 值与其 $24h-IC_{50}$ 值进行线性回归(数据见表 6-1),得到:

$$-\log IC_{50} = 0.124 \log K_{ow} + 3.559 \tag{6-5}$$
$$n=18, R=0.472, R_{adj}^2=0.174, S=0.164, F=4.588, P=0.04$$

从方程(6-5)可以看出,18 个化合物的 $-\log IC_{50}$ 与其 $\log K_{ow}$ 线性相关性很差。本文用于构建模型的 18 个化合物中,卤代苯属于非极性麻醉型化合物,而卤代苯酚、苯胺属于极性麻醉型化合物,两类物质的致毒机理有所不同。Toshio 和 Fujita 等人在研究取代苯在辛醇/水、氯仿/水中的分配行为时发现,当所研究的化合物既有疏水性的(如卤代苯),又有亲水性的(如硝基苯、苯腈)时,它们在两种分配体系的分配系数线性相关性不好。

将 18 个化合物按极性不同分为两类,分别进行讨论,得到了化合物的 $-\log IC_{50}$ 与 $\log K_{ow}$ 的相关图(见图 6-1)和相关方程(6-6、6-7)。

(1)非极性化合物 $-\log IC_{50}$ 与 $\log K_{ow}$ 的相关方程

$$-\log IC_{50} = 0.565 \log K_{ow} + 2.000 \tag{6-6}$$
$$n=10, R=0.942, R_{adj}^2=0.873, S=0.070, F=62.606, P=0.000$$

(2)极性化合物 $-\log IC_{50}$ 与 $\log K_{ow}$ 的相关方程

$$-\log IC_{50} = 0.326 \log K_{ow} + 3.174 \tag{6-7}$$
$$n=8, R=0.769, R_{adj}^2=0.523, S=0.121, F=8.686, P=0.000$$

从以上两个模型可以看出,辛醇/水分配系数 $\log K_{ow}$ 与非极性化合物的毒性相关性良好,相关系数为 0.942;与极性化合物相关性一般,相关系数仅为 0.769。这是因为非极性化合物对水生生物的致毒过程主要是一个化合物在两相(水相和生物相)的分配并达到平衡的过程。而极性化合物对水生生物的毒性除了与化合物在两相间的分配有关外,还可能与电子因素或空间效应有关。

此外,从 $-\log IC_{50}$ 与 $\log K_{ow}$ 的相关图来看,18 个化合物的辛醇/水分配系数和毒性关系按化合物的极性强弱明显分为了两组,且极性化合物的相关曲线在非极性化合物相关曲线的上方,即相对于非极性化合物而言,极性化合物的毒性更高。

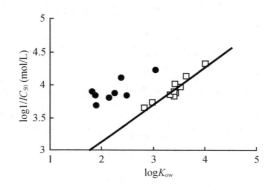

图 6-1 江水细菌急性毒性($\log 1/IC_{50}$)与 $\log K_{ow}$的相关散点图

表 6-1 18 个化合物的疏水性参数和毒性数据

化合物名称	$\log K_{ow}$	$-\log IC_{50}$
氯苯	2.84	3.65
1,2-二氯苯	3.43	4.01
1,3-二氯苯	3.53	3.96
1,4-二氯苯	3.44	3.87
2-氯甲苯	3.42	3.82
4-氯甲苯	3.33	3.85
2-氯苯胺	4.02	4.32
3-氯苯胺	2.99	3.73
4-氯苯胺	3.64	4.13
2-氯苯酚	3.42	3.89
3-氯苯酚	1.90	3.68

（续表）

化合物名称	$\log K_{ow}$	$-\log IC_{50}$
4-氯苯酚	1.88	3.83
2,4-氯苯酚	1.83	3.90
1,2,4-三氯苯	2.15	3.80
溴苯	2.50	3.84
1,2-二溴苯	2.39	4.11
4-溴甲苯	3.06	4.22
4-溴苯胺	2.26	3.88

研究实例2：取代芳烃对发光菌毒性的QSAR研究

近年发展起来的基于细菌生物发光测定的微生物毒性试验，可在相对较短的时间内进行大量化学品毒性的测定。以此为依据，而进行的化学品结构与活性相关研究日益受到研究人员的重视。本研究利用40种取代芳烃对发光菌（*Vibrio fischeri*）的急性毒性数据和结构参数，建立QSARs预测模型，并探讨典型化合物的毒性作用机制。

发光菌冻干粉购自中科院南京土壤所，污染物暴露15 min后，用生物毒性测试仪侧定发光强度的减少。将受试化合物浓度的对数和发光菌发光抑制率进行回归分析，求出发光抑制率为50%时所对应的化合物浓度，即EC_{50}值（mol/L）。将40个化合物随机分为两组，其中35个化合物为训练组，用于建立模型，其余5个化合物为测试组，用于预测。通过多元线性回归分析，得到一系列QSAR方程，见表6-2。

表 6-2　取代芳烃的 QSAR 模型

模型	$\log 1/EC_{50} =$	n	R^2	SE	F
(6-8)	$0.411\log K_{ow} - 0.523E_{LUMO} + 2.391$	35	0.719	0.355	40.94
(6-9)	$0.448\log K_{ow} - 0.526E_{HOMO} - 2.342$	35	0.630	0.408	27.24
(6-10)	$0.009M_w - 0.395E_{LUMO} + 2.028$	35	0.801	0.299	64.28
(6-11)	$0.010M_w - 0.447E_{HOMO} - 2.150$	35	0.804	0.296	65.79

表6-2中的方程6-8和6-9表明取代苯类化合物对发光菌的毒性主要与化合物分子通过细胞膜渗透进入细胞内的能力，以及与细胞内的活性作用点发生的电子反应有关。对于苯胺、甲基苯胺和苯酚等不含硝基的化合物，其E_{LUMO}为正值，因此认为这类化合物的毒性主要受分子疏水性而不是电子因素影响。对于含硝基

的化合物而言,它们的 E_{LUMO} 为负值,因此毒性更强,增强的毒性可能主要与硝基得电子被还原成更毒的亚硝基化合物有关。由于 M_w 和 $\log K_{ow}$ 存在明显相关,因此使用 M_w 代替 $\log K_{ow}$ 得到方程 6-13、6-14。显然,方程 6-10、6-11 的相关性较6-8、6-9 更显著。对于本文所研究化合物而言,M_w 越大,疏水性越强,因此毒性更强,如 2,4,6 -三溴苯胺和五氯酚。

从预测的角度讲,表 6-2 中的方程并不令人满意。对其预测误差进行考察,发现两个离群化合物,即 2,32 -二氯苯胺和 4 -硝基苯胺,它们的实测毒性较预测值高,也高于其异构体。从训练组中剔除这两个化合物后,通过逐步回归分析得到改进的 QSAR 方程:

$$\log 1/EC_{50}=0.010\,M_w-0.521\,E_{HOMO}-2.926 \tag{6-12}$$
$$n=33, R^2=0.861, SE=0.257, F=92.88, p=0.000$$

使用 $\log K_{ow}$ 和 E_{LUMO} 代替 M_w 和 E_{HOMO},得到如下方程:

$$\log 1/EC_{50}=0.428\,\log K_{ow}-0.571\,E_{LUMO}+2.248 \tag{6-13}$$
$$n=33, R^2=0.815, SE=0.297, F=66.04, p=0.000$$

使用方程 6-12 和 6-13 预测了化合物的毒性。方程 6-12 对训练组的平均百分误差为 5.2%,预测组为 6.7%;方程 6-13 则分别为 6.4% 和 6.7%。尽管本节所研究的化合物都含有共同的母体——苯环,但是其毒性作用机制并不相同。比如苯酚及多数简单的烷基和卤素取代的苯酚属于极性麻醉剂,而五氯酚和某些硝基苯酚可能作为弱酸解偶联剂发生作用。许多研究表明,包括苯酚和苯胺在内的极性麻醉剂的毒性与化合物疏水性有关。硝基苯是反应型化合物,可以认为是亲电子试剂,可能与细胞内的软亲电试剂发生强烈电子作用,产生相应的潜在毒性更高的 C -亚硝基化合物。

比较毒性实测值与预测值及结构参数 E_{LUMO}、$\log K_{ow}$,其变化趋势见图 6-2。由图 6-2 可见,方程 6-13 对发光菌毒性的预测很精确,实测毒性和预测毒性的变化非常一致,而且 $\log K_{ow}$ 的变化与毒性基本一致,而 E_{LUMO} 与毒性呈相反的变化趋势。

第二节　定量结构-生物降解性相关(QSBR)

QSAR 在生物降解性方面的应用,即定量结构生物降解性相关 QSBR(quanti-

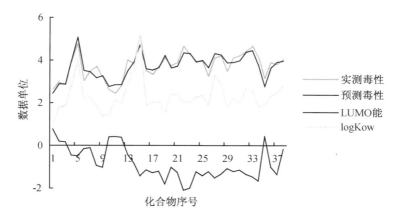

图 6-2　发光菌毒性实测值、预测值及结构参数的比较

tative structure-biodegradability relationship）。生物降解是有机污染物在环境中迁移、转化一个非常重要的消失过程,化学物质的生物降解性由于受到化学物质结构及环境因素的双重影响,其生物降解速率常数很难比较和外推,由实验室得到的速率常数外推到实际环境中受到了一定的限制,原因之一可能是不同条件下的降解机理可能完全不一样,尽管如此,许多研究试图从分子结构角度来研究化学物质的生物降解性。

一、 生物降解的分类

一般来说,生物降解过程可分为两种类型:初始生物降解:改变母体化合物分子完整性的任何生物诱导的结构转化过程;最终生物降解或矿化过程:生物催化由有机物到无机物的代谢过程。

二、 生物降解的限制步骤

微生物代谢是环境中化学物质归趋一个最重要的过程之一,在某些情况,微生物用合成有机物作为食物源时,传统的微生物技术(包括生物生长 Michaelis-Menten-Monod 动力学方程)可用于化学归趋模型中。在实验室研究中,用合成化学物质作为唯一碳源和食物源的研究,很难外推到实际情况,而且,在自然情况下,合成化学物质是被多种微生物集合体所降解,生物降解速率是一系列过程速率的函数,如果知道这些过程中的一个是速率的决定因素,将会有助于建立生物降解速率与结构的相关性。

一般情况,决定生物降解速率过程可分为两种类型:(1)吸附速率和传输速率(例如:物质在微生物细胞上吸附速率或在细胞内迁移到有关酶上的传输速率);(2)和酶的结合速率或在酶上的转化速率。由于缺乏特殊的吸附机制,合成有机物也许是通过扩散穿过类脂膜进入微生物细胞内,如果化学物质在细胞膜内和水相是分配过程,则该扩散系数将正比于油脂/水分配系数,如辛醇/水分配系数。因此,如果扩散吸附速率是生物降解的限制步骤,生物降解速率常数与宏观疏水性参数(如辛醇/水分配系数)应具有相关性。化合物酶的催化转化是通过和酶的活性点形成氢键或共价键而进行的,其相互作用能力受化学物质的电子结构及化学物质与活性点相吻合的空间结构影响,其相互作用能力也决定于化合物的电子和空间性质,因此,如果和酶的结合速率或转化速率决定着生物降解速率,生物降解速率常数将与影响这种化学物质与酶的结合或反应因素有关(例如空间或电子参数),但是有时很难区分它们的作用,例如:空间因子不仅仅影响与酶的结合性和反应性,而且还会影响化合物的疏水性。

三、 QSBR 技术

研究 QSBR 的方法有很多种,而且发展很快。目前常用的方法有基团贡献法、线性自由能相关法、分子连接性指数法及人工神经网络法等等。

1. 基团贡献法

基团贡献法是由 Free、Wilson 等人在研究化合物亚结构信息和生物活性的相关性基础上建立起来的。该法将各种化合物分子按其结构分解为若干官能团或碎片,并假定每个官能团或碎片对化合物的特性都有独立的贡献。

Tabak 等人分别使用线性和非线性基团贡献法研究了 26 种醇、酚、酸等化合物的生物降解速率常数 $\ln K$ 与化合物基团或碎片之间的关系,得到 $\ln K$ 可由每个基团或碎片的贡献函数 α 来表示:$\ln K = f(\alpha_1, \alpha_2, \cdots, \alpha_j)$,用泰勒级数(Talor Series)展开,忽略二级以上的部分,可得生物降解性的一级线性模式:$\ln K = \Sigma N_j \alpha_j$,其中,$N_j$ 为化合物分子第 j 类基团的数目,α_j 为第 j 类基团的贡献值。考虑到基团之间的相互影响,作者同时采用了非线性的基团贡献法(人工神经网络法)对所研究的化合物的 $\ln K$ 进行了预测。结果表明,对训练组而言(18 个化合物),线性和非线性方法的拟合均很好,但是线性法的平均误差比非线性方法的要大。对于测试组的 8 个化合物,线性基团贡献法对某些化合物如苯甲酸、苯胺等的预测误差很大,而非线性方法的百分误差均低于 10%,表现出更精确的预测能力。

2. 线性自由能相关法

线性自由能相关(LFER)的理论认为有机物的生物效应主要与它从水相到有

机相的传输过程及与受体靶细胞发生作用能力有关。如果忽略有机物在生物体内的代谢过程，可以认为生物活性与该物质的电子效应参数、立体效应参数及疏水性参数有线性相关。

但是在 QSBR 建模过程中，常常忽略训练组的选择和预测能力的检验。此外，LFER 要求所有受试物具有相同的活性中心和相似的反应机理，而且必须正确使用统计分析方法，如因子分析、回归分析、判别分析等，否则，可能得到无效结果。

3. 人工神经网络法

人工神经网络（artificial neural networks，ANN）是由许多计算单元组成的一种理想化的神经元模型，是模拟人脑结构的一种大规模并行连接机制系统，能实现从输入到输出的高度非线性映像，具有与人脑同样的自适应、自组织和自学习的能力。一般认为它是一个高度复杂的非线性动力学系统。人工神经网络由许多非线性的计算单元组成，这些计算单元平行排列或像生物神经元那样排列。节点或计算单元通过权重连接，通过调节权重改善网络的性能，简单的计算单元高密度地互相连接可得到优级网络。神经网络通常使用反向传递算法训练，它使用梯度搜寻技术来实现代表期望输出与实际网络输出之间的均方差的费用函数最小化。开始时选用较小的随机权重和内部阈值来训练网络。每次训练结束后都对权重进行调整，直到权重收敛，且费用函数减小到一个可接受的水平。

多层 ANN 的主要问题是决定对于一个给定的实际应用，应该有多少个隐含层神经元。这个数量可在很大范围内变化，它取决于很多因素，如自变量和因变量之间的相关结构和它们的数量、化合物的数量等。如果网络中包含的隐含神经元数量太少，则网络得不到很好的训练，就不能提供一个非常满意的输入-输出模拟。然而，如果隐含层神经元过多，除了会延长训练时间外，网络还会有记忆训练数据的趋势。

在某一特定应用中，一般是通过某种形式的交互验证决定所使用的神经元的最终数量。在交互验证最简单的形式中，把数据分为两组：训练组和测试组。训练组用于训练如上所述的网络，测试组数据经网络处理，目标输出和实际输出之间的平均方差（MSE）按下式计算：$MSE = \sum T \sum m (t_{ij} - out_{ij})^2 / (T \times m)$，其中 T 是测试组中模式的数量；m 是输出层中神经元数量。保持这两组数据不变，改变隐含层中神经元的数量，重复这一过程，产生最小的 MSE 的神经元的数量被认为是最优的。在这里需要说明的是，由于 ANN 与其他统计回归方法一样，用于模型内拟合结果较好，用于外推结果则不太好，因而，被选作用于交互验证的受试数据应该是训练组中具有代表性的。

很多研究表明，ANN 对生物降解问题有较高的求解能力，能更有效地进行生物降解性预测。但它是一个"黑箱"系统，不能给出直观的数学模型，因而无法准确了解各结构参数对模型的贡献。

4. 机制分析

机制分析方法主要研究生物降解过程中发生的多种机制,分析联合机制的可能性。通过比较不同菌种、不同条件下、不同组织中测得的生物学数据以探寻并量化微生物降解过程中发生的机制。

目前,机制分析研究面临的限制因素主要有两点。其一是限速反应的复杂性。在不同的环境条件下生物降解具有不同的限速反应。从理论上讲,哪一步是限速反应取决于化合物的化学性质、分子大小、酶对分子的亲和力、化学反应动力学等。有专酶催化的生化反应主要分为三步:基质在酶活性部位的扩散与键合、发生化学反应、产物释放。实验技术很难描述上述反应,但分子模型的应用将为寻求限速反应提供一条有效途径。其二是生物降解酶中已知 3D 结构的很少,人们期盼 X-射线结晶学或核磁共振谱学能揭示更多的酶分子的结构。

5. 比较分子力场分析

比较分子力场分析(CoMFA)是最重要的 3D-QSAR(三维定量构效关系,即基于分子的三维结构对其性质或活性进行预测)方法之一,是进行 QSAR 研究的有用工具。它将一组具有相同性质(活性)的分子按照其相同的几何作用点,在三维空间进行叠加,计算这一组分子叠加的立体场和静电场,用某种探针原子对这些场进行作用,然后用偏最小二乘法(PLS)及交叉验证得到预期模型。即通过比较活性化合物与非活性化合物的有关分子结构信息,可以筛选并确定对分子生物活性起关键作用的化合物电子结构或立体结构特征,进而推测化合物——受体作用机制。CoMFA 还可以进行静电势、等高图等的显示以指导新分子的设计并根据所得数学模型对新设计的分子进行活性预测。CoMFA 的基本假设为配体和受体结合时静电作用和立体效应是发生相互作用的根本原因,因此必须计算分子中的原子电荷。分子的重叠方式与空间网格的大小对结果也有一定影响。

6. 专家系统

专家系统(expert system)的生物降解数据基础,既不需要实验研究也无须文献检索,它是由生物降解专家经过推理与假设,凭经验判断所得到的。对于非常复杂的有机合成化学品(含多个官能团),生物降解性不能直接借鉴结构类似物,在很大程度上只能依赖于少数技术专家的职业判断。由于缺乏实验数据,即使对于简单分子,不确定性可能依然很大,这使生物降解途径与速率并不完全明确,但从专家的某种共识中,依然可以得到大量有益信息。

以专家系统预测生物降解性,常以基团贡献法为基础,同时可能结合几类参数,例如:理化参数、分子连接性指数等。

四、QSBR 展望

虽然 QSBR 研究工作取得了一些进展,但 QSBR 目前还是处在初级发展阶段,生物降解性和结构的相关性还不理想,生物降解速率限制步骤的鉴别还很困难。目前,进行生物降解速率与化学结构相关研究所用化合物的数量有限,因此很难进行生物降解性预测。QSBR 还需要更可靠的生物降解速率数据和对生物降解速率限制步骤机理更深的理解,目前 QSBR 需要着重于以下几个方面问题的研究:

(1) 缺乏同一条件下测得的生物降解速率数据,因为生物降解结果的筛选分析高度依赖于测试结果。Howard 等对不同人测得的生物降解数据进行了评价研究,得出的评价方法有助于结构——生物降解性相关的研究。

(2) 缺乏微观环境的变化对生物降解作用影响的理解,也就是说,某一系统中得到的生物降解数据很难外推到另一个系统中去,由实验条件下得到的数据,由于缺乏对生物降解影响的自然因素的理解,很难外推到自然环境中去,如氯甲烷的半衰期在表层土中和亚表层土中相差两个数量级以上。

(3) 一些生物降解指数(如 BOD 等)不能代表实际生物降解过程,也就是说,根据某种生物降解指数得出的可降解性的化合物在实际环境中可能为不可降解性化合物。

(4) 应注重适用多种类型化合物 QSBR 模型的研究,许多 QSBR 方程只适用于很窄的化合物类型,这些化合物的结构一般很相近,目前的 QSBR 技术还不适用于现在多种变化的化合物结构的要求。

(5) QSBR 方法学需要改进,这里包括可靠数据的选择,描述生物转化过程理想描述符的选择,较复杂统计分析技术的引进及具有内部和外部可靠性 QSBR 模型的获得。

需要注意的是,进行可降解性和持久性分类的错误的划分,二者具有不同的意义。在生态系统中把持久性化合物划分成可降解性化合物,要比把可降解性化合物划分成持久性化合物带来的问题严重得多。

研究实例:取代苯类生物降解性的 QSBR 研究

生物降解是有机污染物最重要的转化和消失过程之一。目前,国内外对生物降解的研究多集中在使用污水处理厂的活性污泥或筛选的纯菌株作为接种体来降解高浓度的有机毒物,采用自然水体中的微生物作为接种体的研究很少。本节主要研究 21 种有机污染物(取代苯酚、苯胺及苯甲酸类有机物)的生物降解性与结构参数间的定量关系(QSBR),建立预测模型,为规范和限制污染物的生产、使用、排

有机污染化学

放以及化学品的生态风险评价提供科学依据。

1. 实验方法

根据 BOD 标准测试方法测定了 21 种化合物在自然江水（松花江）中的生化需氧量 BOD 随时间的变化。实验周期为 120 h，每 12 h 测定一次。具体的实验条件和过程参见第三章。

本节研究的微生物降解有机物所消耗的氧量，符合一级反应动力学，即：

$$\frac{dL}{dt} = -KL \qquad (6-14)$$

积分：

$$\int_{L_a}^{L} \frac{dL}{L} = -K \int_{0}^{t} dt \qquad (6-15)$$

所以，

$$\ln \frac{L}{L_a} = -Kt \qquad (6-16)$$

式中，L_a 是最后一天的生化需氧量（BOD_u）；L 是 t 时刻剩余的 BOD；K 为降解速率常数；降解半衰期（$t_{1/2} = 0.693/K$）见表 6-3。

2. 结构参数的计算

使用量子化学方法 MOPAC6.0-AM1 软件计算得到所研究化合物的电性参数 E_{HOMO}、H_f、M_w 及空间参数 TSA。由 Qsar 软件查得 pK_a 值；从 Biobyte 软件查得分子的辛醇/水分配系数 $\log K_{ow}$。

$TSA(Å^2)$ 为分子总表面积，可以定量反映分子的空间形状和大小。

$H_f(kJ/mol)$ 为分子生成热，表示由最稳定的单质合成标准状态下 1 mol 物质的反应热，是化合物分子稳定性的量度。

pK_a 是酸解离常数的负对数，反映了化合物分子释质子的能力，可体现分子的亲电或亲核能力。pK_a 越大，释质子的能力越弱，表明亲核性越强；相反，pK_a 越小，释质子的能力越大，表明亲电性越强。

取代苯类化合物的结构参数见表 6-4。

表 6-3 化合物的生物降解速率常数及降解半衰期

化合物	$K(d^{-1})$			$t_{1/2}(h)$
	实测值	预测值	残差	实测值
邻苯二酚	0.62	0.80	−0.18	26.70
2-氨基苯酚	0.73	0.78	−0.05	22.88
4-氨基苯酚	0.64	0.76	−0.12	26.07
4-甲氧基苯酚	0.74	0.74	0	22.51

（续表）

化合物	$K(d^{-1})$			$t_{1/2}(h)$ 实测值
	实测值	预测值	残差	
3-硝基苯酚	0.54	0.62	−0.08	31.03
2,3-二甲基苯酚	0.77	0.58	0.19	21.52
2,4-二甲基苯酚	0.61	0.62	−0.01	27.36
苯胺	1.04	0.78	0.26	15.93
4-甲基苯胺	0.84	0.73	0.11	19.71
2-甲基苯胺	0.65	0.76	−0.11	25.67
苯甲酸	1.14	1.02	−0.12	14.58
2-羟基苯甲酸	1.13	1.27	−0.14	14.69
4-羟基苯甲酸	1.38	1.21	0.17	12.09
邻苯二甲酸	1.56	1.46	0.10	10.70
对苯二甲酸	1.54	1.46	0.08	10.80
间苯二甲酸	1.43	1.46	−0.03	11.66
2-氨基苯甲酸	1.17	1.11	0.06	14.24
4-氨基苯甲酸	0.80	1.07	−0.27	20.84
2-甲氧基苯甲酸	1.06	1.18	−0.12	15.68
4-甲氧基苯甲酸	1.18	1.19	−0.01	14.09
3-甲基苯甲酸	1.09	1.05	0.04	15.26

表6-4 化合物的结构参数值

化合物名称	$H_f(kJ/M)$	$E_{HOMO}(eV)$	$TSA(\mathring{A}^2)$	pK_a	$logK_{ow}$
邻苯二酚	−277.48	−8.88	124.69	9.53	0.88
2-氨基苯酚	−97.45	−8.36	128.83	4.84	0.62
4-氨基苯酚	−95.98	−8.27	130.77	5.47	0.04
4-甲氧基苯酚	−248.32	−8.64	153.81	10.2	1.5
3-硝基苯酚	−75.14	−9.97	146.27	8.27	2.00
2,3-二甲基苯酚	−107.15	−8.93	157.37	10.3	2.42
2,4-二甲基苯酚	−150.79	−8.89	158.11	10.5	2.47

化合物名称	H_f(kJ/M)	E_{HOMO}(eV)	TSA(Å^2)	pK_a	$\log K_{ow}$
苯胺	−85.77	−8.52	121.59	4.58	0.90
4-甲基苯胺	−53.35	−8.36	142.17	4.98	1.39
2-甲基苯胺	−55.19	−8.44	141.38	4.29	1.32
苯甲酸	−284.34	−10.1	140.96	4.20	1.87
2-羟基苯甲酸	−470.11	−9.47	150.38	2.98	2.26
4-羟基苯甲酸	−472.21	−9.61	158.88	4.58	1.58
邻苯二甲酸	−631.24	−10.5	169.46	2.95	0.73
对苯二甲酸	−653.83	−10.4	177.47	3.46	1.44
间苯二甲酸	−656.09	−10.5	175.90	3.55	1.66
2-氨基苯甲酸	−296.02	−8.78	150.12	2.05	1.21
4-氨基苯甲酸	−297.27	−8.91	158.88	3.23	0.83
2-甲氧基苯甲酸	−422.08	−9.68	171.54	4.08	1.70
4-甲氧基苯甲酸	−446.14	−9.48	174.89	4.48	2.20
3-甲基苯甲酸	−316.94	−9.75	162.34	4.26	1.70

3. QSBR 研究

使用 TSA、H_f、E_{HOMO}、pK_a 及 $\log K_{ow}$ 为描述符进行 QSBR 研究。结构参数与生物降解速率间的一元线性相关矩阵见表 6-5。结果可见，生物降解速率常数 K 与 H_f、E_{HOMO}、pK_a 和 TSA 中任一参数均有明显的线性关系，相关系数分别达到 −0.862、−0.712、−0.655 和 0.607。然而 K 与 $\log K_{ow}$ 的相关系数仅为 0.058。这表明所研究化合物的生物降解性主要与影响反应性或与酶键合能力的因素有关，如电子参数和空间参数，而受化合物的疏水性影响很小。

表 6-5　化合物生物降解速率常数与结构参数之间的相关矩阵

R	K	H_f	E_{HOMO}	pK_a	TSA	$\log K_{ow}$
K	1.000	0.862	0.712	−0.655	0.607	0.058
H_f	0.862	1.000	0.796	−0.467	0.741	0.116
E_{HOMO}	0.712	0.796	1.000	−0.301	0.688	0.336
pK_a	−0.655	−0.467	−0.301	1.000	−0.224	0.307
TSA	0.607	0.741	0.688	−0.224	1.000	0.462
$\log K_{ow}$	0.058	0.116	0.336	0.307	0.462	1.000

通过逐步回归分析，得到如下方程：

$$K = -1.365 \times 10^{-3} (\pm 1.84 \times 10^{-4}) H_f + 0.581 (\pm 0.065) \qquad (6\text{-}17)$$

$$n = 21, \ R^2 = 0.743, \ R^2(\text{adj}) = 0.730, \ SE = 0.167, \ F = 54.97, \ p = 0.000$$

$$K = -1.127 \times 10^{-3} (\pm 1.77 \times 10^{-4}) H_f - 0.0388 (\pm 0.013) pK_a + 0.859 (\pm 0.111)$$
$$(6\text{-}18)$$

$$n = 21, \ R^2 = 0.825, \ R^2(\text{adj}) = 0.805, \ SE = 0.142, \ F = 42.31, \ p = 0.000$$

模型(6-18)的预测值与实测值之间的相关见图6-3，相关系数达0.908。本文所研究的化合物含多种基团，如—CH_3、—OCH_3、—COOH、—OH、—NH_2 和—NO_2等，因此该 QSBR 模型可用于取代苯酚、苯胺及苯甲酸生物降解性的预测。

取代苯酚、苯胺及苯甲酸的生物降解速率主要与 H_f 和 pK_a 有关。生成热 H_f 是化合物分子稳定性的量度，也与分子大小有关，可以反映有机物的降解能力，H_f 值越低，分子越易被江水细菌降解。如三种苯二甲酸的生成热最低，它们的生物降解速率最高；而 3-硝基苯酚最难降解，K 值仅为 0.54 d^{-1}，其生成热亦高达 -75.14 kJ/mol。显然，H_f 与 K 之间存在明显的负相关。酸解离常数 pK_a 反映化合物的释质子能力。取代苯的生物降解性与 pK_a 亦呈负相关。pK_a 越大，分子的释质子能力越弱，分子态浓度越高，化合物越不易降解。

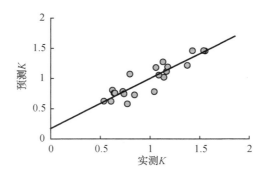

图6-3 模型(6-18)的预测值与实测值之间的相关关系

第三节 定量结构-性质相关(QSPR)

目前已经发现的化合物有数千万种以上，且每年都以数十万计的数目增加，虽然化学家们给化合物进行了分类，并了解了它们的性质和用途，但至今尚没有一个完整的数据库把它们的结构和性能联系起来。这项任务是巨大的而且也是十分有意义的,这不仅是要建立一个数据库,更重要的是要研究各种化合物结构和性能的关系。研究定量结构-性质相关(quantitative structure-property relationship, QSPR)将对人们实际生活所用产品的优化,研制特种功能材料都有重要的作用。

QSPR 是在 Hansch 与 Free-wilson 等建立的定量结构-活性关系基础上发展起来,目前已被广泛应用于各个领域。QSPR 在结构参数的获取、建模方法、模型评价等方面与 QSAR 基本相同。

天然有机产物的分离所用的提取剂、分离条件完全决定于被分离物质的性质,天然产物的特征性质也与结构有着必然的联系,所以有机物分子的 QSPR 的研究主要以分子结构及静电势分布的参数为基础。有研究报道采用拓扑学指数和量子化学参数来预测有机物的沸点、溶解度、亨利定律常数、辛醇-水分配系数;用金属离子的特性参数和配体中取代基的电子效应参数预测配合物的稳定常数;结合辛醇-水分配系数与分子连接性指数预测取代苯化合物的土壤吸附系数等。

QSPR 研究具如下特点:

(1)建立适当的计算方法

建立适当的计算方法对于 QSPR 研究是很重要的,计算方法的正确建立能对不同类型结构的化合物取得最佳计算结果,才能获得明显的相关性,分子模拟、模式识别、应用化学图论等是常用的方法。

(2)数据信息的收集与数据库的建立

化合物 QSPR 研究是以大量的化合物的结构数据、性质特征数据作为研究的基础,寻找其主要的参数与性质的相关性,没有大量的数据,相关性分析就可能产生片面的结果,引起极大的偏差的误导作用。

(3)结合实际需求开展研究

因为化合物 QSPR 的研究本身来源于生产和科学研究的实际中,因而要求研究的成果具有较高的应用价值,具有实际可操作性,因而在选题上尽可能结合生产实际、科研项目进行。

化合物的 QSPR 的研究起始于 20 世纪 50 年代,随着化学、材料学、生命科学等学科的发展,化合物数目的增加,研究的内容愈来愈多,研究的范围日趋扩大,研究的意义也日趋明显和重要,因此,对于化合物的 QSPR 的研究既有理论上的意义,又有更重要的实际上的应用。

研究实例:多环芳烃光解行为的 QSPR 研究

多环芳烃(PAHs)是一类典型的环境污染物,大多数 PAHs 具有致癌性,它们在水环境中很难被生物降解,研究表明,光分解是 PAHs 在水环境中的一个重要迁移、转化途径。然而,实验测定 PAHs 的光解需要特殊的实验装置,既费时又需大量经费,难以适应 PAHs 类有机污染物危害性评价的需要,因此,陈景文等发展了 PAHs 光解行为的定量结构-性质关系(QSPR)。

由于量子化学参数具有明确的物理意义、可以较容易地通过计算获得、节省大量时间和经费、便于对机理进行探讨等优点,使之成为目前 QSPR 研究的一个热点。

近年来,量子力学研究者相继提出了 MINDO/3、MNDO、AM1 和 PM3 等求解 HFR 方程的半经验分子轨道算法,其参数化的标准是使计算结果全面符合实验结果(包括分子的成键能)。这些量子化学算法各有优缺点,它们对不同类型化合物的适合程度不同,研究采用 MINDO/3、MNDO 和 AM1 等算法计算 17 种 PAHs 的前线分子轨道能,以基于这些算法得出前线分子轨道能量差为分子结构参数,发展 PAHs 光解速率常数的 QSPR 模型,并将得到的 QSPR 模型与以往基于 PM3 算法得出的 QSPR 模型相比较,从而筛选出适合进行 PAHs 光解速率常数 QSPR 研究的最佳量子化学算法。

1. 材料与方法

研究的 17 种 PAHs 及其光解速率常数(K_{exp})的实测值见表 6-6。应用 AL-CHEMYⅡ软件来观察分子结构并采用内坐标编写分子结构文件。应用 MOPAC(6.0 版)软件中的 MINDO/3、MNDO 和 AM1 算法。在对分子结构进行优化后,计算得到 PAHs 前线分子轨道能(表 6-7)。

采用 STATGRAPHICS(4.0 版)软件进行回归分析,用复相关系数(R)、经过自由度校正的复相关系数($R_{adj.}$)、拟合值的标准误差(SE)、方差分析的方差比(F)、t 检验值(t)及显著性水平(p)来表征模型的优劣。

2. 结果与讨论

量子化学原理表明,前线分子轨道能,即最高占据轨道能(E_{HOMO})和最低未占据轨道能(E_{LUMO})是两个非常重要的分子性质参数。其中,E_{HOMO} 表示某个分子与其他分子相互作用时给出电子的能力,E_{LUMO} 表示某个分子与其他分子相互作用时接受电子的能力。前线分子轨道能量差($E_{LUMO}-E_{HOMO}$)则反映一个分子的外层电子从最高占据轨道跃迁到最低空轨道时所需能量的大小。

1996 年,陈景文等以采用量子化学 PM3 算法得出 PAHs 的最低未占据轨道能(E_{LUMO})和最高占据轨道能(E_{HOMO})的差为分子结构参数,首次报告了一个包括 17 个 PAHs 光解速率常数的 QSPR 方程,该方程的形式如 6-19 所示,其模型拟合结果见表 6-6。

$$\log K_{exp} = -32.734 + 9.769(E_{LUMO}-E_{HOMO}) - 0.715(E_{LUMO}-E_{HOMO})^2$$

(6-19)

$$n=17 \quad R^2=0.848 \quad R_{adj.}^2=0.826 \quad SE=0.322 \quad F=38.926 \quad p=0.0000$$

表 6-6　PAHs 及其光解速率常数

化合物	$\log K_{\text{exp}}$（实测值）$(100 \times \min)^{-1}$	残差＝实测值－拟合值			
		PM3 算法	MINDO/3 算法	MNDO 算法	AM1 算法
萘	−1.292	0.227	−0.716	−0.727	−0.333
联苯	−1.222	−0.012	0.610	0.462	0.686
蒽	0.362	−0.112	0.220	0.243	−0.019
菲	−0.185	0.553	0.173	0.205	0.368
1-甲基菲	−0.785	−0.199	−0.514	−0.441	−0.365
2-甲基菲	−1.189	−0.432	−0.821	−0.793	−0.619
3-甲基菲	−0.775	−0.213	−0.511	−0.431	−0.370
9-甲基蒽	1.212	0.677	1.000	1.044	0.787
9,10-二甲基蒽	0.801	0.222	0.527	0.561	0.347
9-苯基蒽	0.593	0.079 5	0.389	0.437	0.167
丁省	0.708	0.158	0.315	0.229	0.339
苯并(a)蒽	0.400	0.010 2	0.294	0.327	0.076
屈	−0.151	−0.210	−0.119	−0.066	−0.241
芘	−0.441	−0.024	−0.920	−1.077	−0.476
苯并(a)芘	0.508	−0.111	−0.186	0.149	0.049
二萘嵌苯	0.182	−0.427	−0.169	−0.216	−0.255
苯并(a,h)蒽	0.146	−0.188	0.055	0.094	−0.143

　　方程(6-19)的相关关系是显著的,该方程具有较大的相关系数和较小的拟合值标准误差,并且该方程的拟合值与实测值接近(见表 6-6),因此方程(6-19)可以应用于 PAHs 在与实验条件相同光源的照射下的光解速率常数的预测。经检验在标准化之后,方程(6-19)的两个自变量之间的相关系数较小,该方程克服了自变量的共线性问题,因此该方程有利于对 PAHs 光解机理的解释。以采用 MINDO/3、MNDO 和 AM1 算法计算得到的前线分子轨道能为分子结构参数,基于方程(6-19)的形式,分别对所研究的 PAHs 的光解速率常数进行回归分析,得到以下 QSPR 方程。

　　MINDO/3 算法:

$$\log K_{\text{exp}} = -4.907 + 1.789(E_{\text{LUMO}} - E_{\text{HOMO}}) - 0.149(E_{\text{LUMO}} - E_{\text{HOMO}})^2$$

$$(6\text{-}20)$$

$$n = 17 \quad R^2 = 0.507 \quad R_{\text{adj.}}^2 = 0.436 \quad SE = 0.580 \quad F = 7.195 \quad p = 0.007\ 1$$

MNDO 算法：

$$\log K_{\text{exp}} = 0.559 + 0.463(E_{\text{LUMO}} - E_{\text{HOMO}}) - 0.073(E_{\text{LUMO}} - E_{\text{HOMO}})^2 \quad (6\text{-}21)$$

$$n = 17 \quad R^2 = 0.491 \quad R_{\text{adj.}}^2 = 0.419 \quad SE = 0.589 \quad F = 6.766 \quad p = 0.008\ 8$$

AM1 算法：

$$\log K_{\text{exp}} = -28.389 + 8.351(E_{\text{LUMO}} - E_{\text{HOMO}}) - 0.604(E_{\text{LUMO}} - E_{\text{HOMO}})^2$$

$$(6\text{-}22)$$

$$n = 17 \quad R^2 = 0.724 \quad R_{\text{adj.}}^2 = 0.685 \quad SE = 0.434 \quad F = 18.363 \quad p = 0.000\ 1$$

表 6-7　PAHs 的前线分子轨道能

化合物	MINDO/3（eV）		MNDO（eV）		AM1（eV）	
	E_{HOMO}	E_{LUMO}	E_{HOMO}	E_{LUMO}	E_{HOMO}	E_{LUMO}
萘	−8.884	1.085	−9.332	0.253	−8.956	−0.064
联苯	−8.213	0.477	−8.574	−0.332	−8.710	−0.265
蒽	−7.606	−0.074	−8.049	−0.842	−8.123	−0.840
菲	−8.050	0.348	−8.480	−0.481	−8.617	−0.409
1-甲基菲	−7.997	0.275	−8.455	−0.522	−8.518	−0.398
2-甲基菲	−8.067	0.346	−8.484	−0.477	−8.595	−0.376
3-甲基菲	−7.996	0.265	−8.458	0.525	−8.510	−0.400
9-甲基蒽	−7.539	−0.172	−8.024	−0.902	−8.007	−0.840
9,10-二甲基蒽	−7.475	−0.273	−7.978	−0.984	−7.890	−0.848
9-苯基蒽	−7.524	−0.139	−8.024	−0.880	−8.048	−0.884
丁省	−7.226	−0.440	−7.721	−1.185	−7.747	−1.234
苯并(a)蒽	−7.642	−0.032	−8.114	−0.830	−8.206	−0.813
屈	−7.783	0.097	−8.261	−0.719	−8.372	−0.674
芘	−7.408	−1.293	−7.932	−1.736	−7.879	−1.182
苯并(a)芘	−7.344	−0.290	−7.861	−1.088	−7.922	−1.111
二萘嵌苯	−7.272	−0.316	−7.816	−1.118	−7.856	−1.158
苯并(a, h)蒽	−7.647	−0.006	−8.149	−0.829	−8.255	−0.805

从显著性水平来看,方程(6-19)的显著性水平值最小,其次是方程(6-22)的显著性水平值;从方差分析的 F 值来看,方程(6-19)的 F 值最大,方程(6-22)的 F 值次之,这些都说明在得到的 4 个 QSPR 方程中,方程(6-19)最显著,其次是方程(6-22);从方程的复相关系数来看,方程(6-19)的复相关系数最高,其次是方程(6-22);从方程的拟合值标准偏差 SE 的大小来看,方程(6-19)的 SE 最小,其次是方程(6-22)的 SE,这些说明在得到的 4 个 QSPR 方程中,方程(6-19)的预测能力最强,其次是方程(6-22),它们的实测值与拟合值之间的残差都较小(见表 6-6),说明可以应用这两个方程来预测其它 PAHs 的光解速率常数。综上所述,应用 PM3 算法得出的量子化学参数进行部分 PAHs 光解速率常数 QSPR 研究的结果最好,其次是 AM1 算法,而 MINDO/3 和 MNDO 算法得到的结果较差,说明 PM3 和 AM1 算法可以更好地表征 PAHs 的分子性质,这可能是因为 MINDO/3、MNDO、AM1、PM3 算法是以时间的先后顺序发展起来的,后面的算法都克服了前面算法的不足,并发扬了前面算法的优点。

3. 结语

应用 MINDO/3、MNDO 和 AM1 算法计算了 17 个 PAHs 分子的前线分子轨道能,并以其为分子结构描述符,对所研究的 17 种 PAHs 的光解速率常数进行回归分析,得到一系列 PAHs 光解速率常数 QSPR 方程,并与基于 PM3 算法所得的 QSPR 方程做了比较。研究结果表明,应用 PM3 算法得出的前线分子轨道能参数进行这些 PAHs 光解速率常数 QSPR 研究的结果最好,其次是 AM1 算法,而 MINDO/3 和 MNDO 算法得到的结果较差。因而可以认为,PM3 和 AM1 算法可以更好地表征 PAHs 的分子性质。

思考题与习题

1. 请说出 QSAR 的作用及得到可靠 QSAR 模型的基本条件。

2. 论述目前普遍使用的四种 QSAR 法的优越性和不足之处。

3. 在辛醇-水分配系数法的数学表达式中为什么引入 $(\log K_{ow})^2$ 项?

4. 如何获得四种 QSAR 法中各项参数?

5. 请阐明非反应性化合物的毒性作用机制? 反应性化合物分为哪几类? 它们的作用机制分别是什么?

6. 什么是 QSBR 法? 它的局限性在哪里?

7. 生物降解过程可分为哪两种? 它的限制步骤是什么?

8. QSBR 常用的研究方法有哪些？请说出这些方法的理论依据及优缺点。

9. 试述采用 QSBR 方法预测水生态系统中有机污染物的可生物降解性需要注意哪些问题？

10. 什么是 QSPR 法？试述该方法的实用意义。

主要参考文献

［1］陈景文，李雪花，于海瀛，等. 面向毒害有机物生态风险评价的(Q)SAR 技术：进展与展望[J]. 中国科学 B 辑：化学，2008，38(6)：461-474.

［2］王连生，支正良. 分子连接性与分子结构-活性[M]. 北京：中国环境科学出版社，1992.

［3］周永欣，章宗涉. 水生生物毒性试验方法[M]. 北京：农业出版社，1989.

［4］王飞越，陈雁飞. 有机物的结构-活性定量关系及其在环境化学和环境毒理学中的应用[J]. 环境科学进展，1994，2(1)：26-51.

［5］王连生，杨翃，张爱茜，等. 定量结构-活性相关研究进展[J]. 环境科学进展，1994，2(4)：15-22.

［6］于瑞莲，胡恭任. 环境化学中有机化合物毒性的 QSAR 研究方法[J]. 环境科学与技术，2003，26(1)：57-59.

［7］王连生，韩朔睽. 有机物定量结构-活性相关[M]. 北京：中国环境科学出版社，1993.

［8］任碧野，许友，陈国斌. 一个新的拓扑指数用于有机化合物 QSPR/QSAR 研究[J]. 化学学报，1999，57(6)：563-571.

［9］Lu G，Wang C，Li YM. QSARs for acute toxicity of halogenated benzenes to bacteria in natural waters. Biomed Environ Sci，2006，19：457-460.

［10］Lu G. H，Yuan X，Wang C. Quantitative structure-toxicity relationships for substituted aromatic compounds to *Vibrio fischeri*[J]. Bull Environ Contam Toxicol，2003，70：832-838.

［11］Lu GH，Wang C，Bao GZ. Quantitative structure-biodegradation relationship study for biodegradation rates of substituted benzenes by river bacreria[J]. Environ Toxicol Chem，2003，22：272-275.

［12］陈景文，孙平，杨凤林，等. 不同量子化学算法在多环芳烃光解行为定量结构-性质关系(QSPR)中的应用[J]. 中国环境科学，1999，19(2)：102-105.

第七章

污染环境的生物修复技术及应用

近年来,我国的工农业迅速发展,环境污染状况也日益严峻。生物修复技术是在生物降解的基础上发展起来的一种新兴的清洁技术,它是传统的生物处理方法的发展,并以其具有的投资低、效益好、应用简便等特点,被应用于环境有机污染的治理中,现已成为一项高效、经济和生态可承受的清洁技术并有很大的发展潜力,逐渐被越来越多的人所接受。

第一节　污染环境的生物修复

一、 生物修复的概念

生物修复(bioremediation)是指利用特定的生物(植物、微生物和原生动物)吸收、转化、清除或降解环境污染物,从而修复被污染环境或消除环境中污染物,实现环境净化、生态效应恢复的生物措施。生物修复可分为天然生物修复(intrinsic bioremediation)和强化生物修复(enhanced bioremediation)。在不添加营养物的条件下,土著微生物利用周围环境中的营养物质和电子受体,对污染物进行降解的作用,称为天然生物修复,该技术在石油产品污染的场地正得到广泛的应用。强化生物修复技术则是通过适宜的营养物质、电子受体及改善其他限制生物修复速度的因素,达到提高生物修复速度,加速污染物降解的目的。

与传统的化学、物理处理方法相比,生物修复技术具有下列优点:(1)污染物在原地被降解、清除;(2)修复时间较短;(3)就地处理,操作简便,对周围环境干扰少;(4)较少的修复经费,仅为传统化学、物理修复经费的 $30\%\sim50\%$;(5)人类直接暴露在这些污染物下的机会减少;(6)不产生二次污染,遗留问题少。应用生物修复的主要原因是出于价格上的考虑。尽管任何一项污染物去除或降解技术都是较昂贵的,但生物处理相对较便宜。生物修复技术也常与其他修复方法联合使用,可以更有效地分解和去除污染物质。

生物修复技术的缺点为:(1)不是所有的污染物都可使用;(2)有些化学品的降解产物的毒性和迁移性增强;(3)地点特异性强;(4)工程前期投入高;(5)需增加微生物监测项目。

二、 生物修复的基本原则

尽管生物修复技术多种多样,生物修复的地点千差万别,但它必须遵循三个原则,即使用适合的微生物、在适合的地点和适合的环境条件下进行。适合的微生物是指具有生理和代谢能力并能降解污染物的细菌和真菌。在许多情况下,修复点就有降解微生物存在。如果在反应器内处理高浓度有毒污染物,则要加入外源微生物。

适合的地点是指要有污染物和合适的微生物相接触的地点,例如在表层土壤中存在的降解苯的微生物就无法降解位于蓄水层中的苯系污染物,只有抽取污染水到地面在地上生物反应器内处理,或将合适的微生物引入污染的蓄水层中处理。

适合的环境条件是指要控制或改变环境条件,使微生物的代谢和生长活动处于最佳状态。环境因子包括温度、无机营养盐(主要是氮和磷)、电子受体(氧气、硝酸盐和硫酸盐)和 pH 等。

三、 生物修复的类型

根据被修复的污染环境,可以分为土壤生物修复、地下水生物修复、沉积物生物修复和海洋生物修复等。

根据生物修复利用微生物的情况,可以分为使用污染环境土著微生物,使用外源微生物和进行微生物强化作用。使用土著微生物是利用污染环境中自然存在的降解微生物,不需加入外源微生物,已成功应用于石油烃类的生物修复,对于天然存在的有机化合物都可以用土著微生物来生物修复。但对于外来化合物,如果污染新近发生,很少会有土著微生物可以降解它们,所以需要加入有降解能力的外源微生物,例如在生物反应器中接种外源培养物就可以去除氯代芳烃或硝基芳烃、二氯甲烷、农药或杂酚油等废物。微生物强化作用或称生物促进作用,需要不断向污染环境投加外源微生物、酶、其他生长基质或氮、磷无机盐。有些微生物可以降解特定污染物,但它们却不能利用该污染物作为碳源合成自身有机物,因此需要另外的生长基质维持它们的生长,例如处理五氯酚需加入其他基质,以维持微生物生长。

另外,根据人工干预的情况,生物修复技术也可分为自然生物修复和人工生物修复。人工生物修复根据是否在污染原地点进行修复又可分为原位生物修复和易位生物修复,而易位生物修复根据是否是在反应器中进行又分为反应器型和非反应器型。

自然生物修复是不进行任何工程辅助措施或不调控生态系统,完全依靠自然的生物修复过程,即靠土著微生物发挥作用。在生物降解速率很低或不能发生时,可采用人工修复,通过补充营养盐、电子受体,改善其他限制因子或微生物菌体,促进生物降解。

原位生物修复在原地点进行,采用一定的工程措施,但不人为移动污染物,不挖出土壤,利用生物通气、生物冲淋等一些方式进行。易位生物修复是移动污染物到邻近地点或反应器中进行,采用工程措施,挖掘土壤进行。下面将分别对实践中常见的原位生物修复技术和易位生物修复技术进行介绍。

1. 原位生物修复技术

在实践中常见的原位生物修复技术主要有生物通气法、生物注气法、生物冲淋法、土地耕种法等几种方法。

（1）生物通气法

生物通气法是向亚表层供给空气或氧气,促进不饱和层中污染物的生物降解的技术。原位生物技术严格限制在不饱和层土壤。这项技术假定氧是生物降解的限制因素,补充氧气可促进生物降解。

具体措施是向不饱和层打通气井,通气井的数量、井间的距离和供氧速率根据污染物的分布及土壤类型等而定。在正式施工前要进行中试,原位测定土壤气体渗透和原位氧气吸收的情况,通常用真空泵使井内形成负压,但在抽真空的同时有一部分污染物挥发,需要有专门设施回收。与此同时可以通过渗透补充营养物,土壤水分升高也会促进生物降解。

（2）生物注气法

生物注气法是将空气压入饱和层水中,使挥发性化合物进入不饱和层进行生物降解,同时饱和层得到氧气有利于生物降解。这种补给氧气的方法扩大了生物降解的面积,使饱和带和不饱和带的土著菌发挥作用。空气注气井是间歇式运行,这种方式在停止期可使空气吹脱达到最小,在生物降解时可大量的供给氧气。运行中需要监测地下水的溶解氧和不饱和带中挥发性有机物的含量。

（3）生物冲淋法

生物冲淋法又称液体供给系统,将含氧和营养物的水补充到亚表层,促进土壤和地下水中污染物的生物降解。生物冲淋法大多在多种石油烃类污染的治理中使用,改进后也能用于处理氯代烃溶剂。生物冲淋法向污染层提供营养物和氧气时,在位于或接近污染地带有注入井,还可以有抽水井抽出地下水,经过必要的处理后增加营养物回用。在水力设计时,可以考虑将靶标地区隔离起来,以使处理带的迁移达到最小。氧可以用空气或纯氧通过喷射供给,也可以加过氧化氢。由于水中氧溶解度的限制,向污染的亚表层供给大量溶解氧很困难,所以也可以供应硝酸盐、硫酸盐、三价铁盐等作为电子受体。

（4）土地耕种法

该方法通过耕翻污染土壤（但不挖掘和搬运土壤），补充氧和营养物提高土壤微生物的活性。这种原位处理法无法控制可能的淋溶和径流。

上述几种不同的原位技术主要表现在供应氧的途径上的差别，生物通气法和生物注气法强制供给空气，但前者向不饱和层供气而后者向饱和蓄水层供气，生物冲淋法靠水中携带的氧或过氧化氢，土地耕作法靠空气扩散等。一般来说，土地耕种法、生物通气法适合于不饱和带的生物修复，生物冲淋法和生物注气法适合于饱和带和不饱和带的生物修复。

2. 易位生物修复技术

实践中常见的易位生物修复技术主要有易地土地耕作法、通气土壤堆处理、堆制处理、泥浆相处理等几种方法。

（1）易地土地耕作

易位生物修复中也有土壤耕作法，用于处理污水处理厂的污泥，也用于处理石油产品污染的土壤等。将污泥或污染土壤均匀地撒到土地表面，然后用拖拉机作业使之与土壤混合，耕层深度为 $15\sim30$ cm，必要时加入营养物，以后不必每年都加。但是耕翻需要根据土壤的通气情况反复进行。土壤耕作对土地有一定要求，要求土壤均匀，没有石头、瓦砾，土地经过平整，应有排水沟或其他方式控制渗流和地表径流，必要时需要调整 pH，防止土壤过湿或过干。需随时对土壤污染物含量、营养物含量、pH 和通风等状况进行监测，以决定耕翻、加改良剂和调整 pH 等操作。

经实际应用，总石油烃浓度处理可以减少 $90\%\sim99\%$。苯、甲苯、二甲苯、乙苯的混合物（BTEX）和多环芳烃（PAHs）等有机污染物也能降解。

（2）通气土壤堆处理

通气土壤堆处理又称预制床（prepared bed）反应器，将污染土壤挖出堆成堆，堆中布置通气管道，上面还可安装喷淋营养物的管道。如果挥发有害产物，整个运行过程可以在塑料棚内进行。预制床下面有衬层和排水系统。将污染土壤转移到预制床上，通过施肥，灌溉，调节 pH，加入微生物和表面活性剂。曾用这种方法处理被石油等石油烃产品污染的土壤，处理时加肥料、石灰，灌水井通氧，促进好氧微生物的降解作用。也可使用此系统处理含杂酚油的废物，使 PAHs 在土壤中分解，经过 1 年的时间可萃取 60% 的烃，二环和三环 PAHs 有超过 95% 以及四环、五环 PAHs 的 70% 被分解。分解主要发生在堆置前 90 d 温度较高的时段。

（3）堆制处理

和普通堆肥相似，在堆制时除了待处理的污染物之外，还有易降解的有机物质,如稻草、木屑、树皮和畜牧场的垫草,并补充氮和磷以及其他无机物。一般用条形堆,下面铺设通气管道,并保持堆中的水分。堆制后由于微生物活动使温度上升,温度有时会上升到 $50\sim60$ ℃,更有利于生物降解。通常使用这种方法处理高含量有机物。曾用此法处理过受氯酚污染的土壤,土壤中有多种氯酚,夏天气温高可以使氯酚含量迅速下降,而在冬天降解很慢。

（4）泥浆相处理

和前面的固相处理不同,这类处理在泥浆相中进行,系统内可以补充营养物。由于有机物溶解在水相中容易被微生物利用,而有机物吸附在固体颗粒上最不容易被利用,因此污染的土壤或污泥以泥浆的形式存在比较容易降解。泥浆相处理适用于黏土或粉砂黏土、黏滞的含油污泥、土壤经处理后的残留颗粒等基体。

机械式曝气方式将处理的固体含量限制在 $15\%\sim30\%$,如果固体物质浓度超过 20%,要消耗更多的能量,不经济。泥浆处理的停留时间一般以天计。处理的费用与处理物质的体积和停留时间有关。

泥浆反应器可以是经过防渗处理的池塘,也可以是很先进的污染物混合器。操作运行方面与活性污泥反应器很相似,需要通风、充分混合,随时监控溶解氧、pH、无机盐浓度和温度。某些情况下需要接种高效降解微生物。如果有挥发性有机产物产生,需要收集处理。对吸附在土壤上的有机化合物,加入适当的有机化合物或分散剂时其降解速率增加。

室内研究表明,许多 PAHs、杂环化合物、杂酚油的酚类能在泥浆反应器中快速分解,低分子量的 PAHs 在 $3\sim5$ d 内降解超过 50%,高分子量的 PAHs 则降解慢一些。好氧塘可用来处理炼油厂废物。将废水和污泥混合,曝气并补充氮、磷,$7\ 000\ m^3$ 的含油污泥能很快降解。

在上述的几种易位生物修复技术中,通气土壤堆处理、堆制处理、泥浆相处理都属于反应器型生物修复技术。对于反应器型生物修复技术,国外实践有以下几种形式：曝气盆是一个用来修复经过沉淀后的微量组分的系统；泥浆净化工艺（SDP）最初是为油的修复设计的,适合于任何剂量的油的修复；连续的生物串联系统（CBC）是曝气盆和 SDP 的结合,适用于更微量污染的生物修复。

3. 生物修复的新方法

（1）植物修复

植物修复技术是以植物忍耐和超量积累某种或某些化学元素的理论为基础,利用植物及其共存微生物体系清除环境中污染物的一门环境污染治理技术。一些研究已经表明,由于根系作用,根圈内有机碳、pH、生物活性和无机可溶性组分的变化,使根际微生物的数量和活性明显高于非根际带。根圈作用能明显促进石油及其他难降解有机污染物的生物降解。石油污染土壤后,碳源大量增加,氮、磷含量和微生物的活性成为影响生物修复的重要因素。因此,调节土壤营养物质含量,增加土壤微生物整体活性,是提高土壤有机污染物降解速率的重要手段。

在植物及其根际微生物这一共存体系中,植物给根际微生物提供生态位和适宜的营养条件,以保证微生物的数目和活性。植物的根向根际释放碳水化合物、氨基酸和有机酸,而这些物质促进了各种微生物群的生长。越来越多的文献报道:与根共生的细菌和部分真菌能够降解有机物质,如除草剂和杀虫剂。

但植物修复亦有很多缺点,比如,用于污染土壤生物修复的植物通常矮小、生物量低、生长缓慢、生长周期长;对土壤肥力、气候、水分、盐度、酸碱度、排水与灌溉系统等自然和人为条件有一定要求。植物修复的效率在很大程度上取决于与根接触的土量,而非禾本科植物根际土量的比例是很小的。菌根的外延菌丝能解决以上问题,这样便有了菌根生物修复技术。

（2）菌根生物修复

菌根是土壤中的真菌菌丝与高等植物营养根系形成的一种联合体。20 世纪 90 年代开始,研究人员利用菌根能有效降解和转移环境污染物的特点,将其应用到生物修复中。据报道,VA 菌根外生菌丝的重量约占根重的 $1\%\sim5\%$。在每 1 cm 长的菌根表面,外生菌丝的干重 $3.6\ \mu g$。这些外生菌丝能帮助植物从土壤中吸收矿质营养和水分,促进植物生长,提高植物的耐盐、耐旱性;外生菌丝在土壤中形成纵横交错的网络,增加了与根接触的土量。此外,菌根生物修复技术不仅能修复土壤,还能改善土壤质量、提高植物抗病能力和作物产量。因为菌根的外生菌丝对土壤质量影响较大,如 *Glomus mosseae* 对提高土壤质量非常有效。

四、 生物修复的影响因素

环境条件在很大程度上影响有机污染物的生物降解。例如有些研究表明,在 43 个地下水和土壤样品中只有 1 个样品中的原有土著微生物可以代谢三氯乙烯（TCE）;芳香族化合物的还原性脱卤只发生在厌氧条件下的含水层中;某种化合物在一种环境下可矿化,而在另一种环境下则只能是共代谢。

下面分别讨论了非生物因素（物理化学因素、矿质元素供应和多基质作用等）和生物因素（协同和捕食作用等）对生物修复的影响。

1. 非生物因素

非生物因素包括物理化学因素、养分供应、电子受体、多基质作用等。

（1）物理化学因素

每个微生物菌株对影响生长和活动的生态因素（如温度、pH 等）均有一个耐受范围。当环境条件超出所有降解微生物的耐受范围,降解作用将不会发生。不同类型的含水层对不同微生物种群的吸持性能差异很大,直接影响到微生物在地下水中的迁移规律。

pH:在极端的酸性或碱性条件下微生物的活性会降低,在合适的 pH 下微生物活性增高,生物降解趋向加快。Ritter 主张微生物所处环境的 pH 应保持在6.5~8.5 的范围内。但在现场修复的实例报告中,很少有人提到去调节 pH。这可能是因为生物修复通常是一个相对长的过程,几个月、几年甚至十几年的过程均有过报道,微生物的生长代谢或处于平衡状态,或处于十分缓慢的增长过程。这一过程中微生物被驯化适应了周围的环境,人工调节 pH 可能会破坏微生物生态,反而不利于其生长。

温度:温度对微生物活性影响显著,一般 20~35 ℃是普通微生物最适宜的温度。随着温度的下降,微生物的活性也下降,在 0 ℃时微生物活动基本停止;同样,温度也决定生物修复过程的快慢。这在实验室中是容易模拟出来,但在实际现场处理中,温度一般是不可控因素,应将季节性温度的变化考虑进去。

土壤类型:不同类型含水层的土壤对不同微生物种群的吸持性能差异很大,使微生物在地下水中迁移规律对于生物修复的结果可能具有重大影响。Sim 在水流运动方程和连续方程的基础上,采用土壤介质对细菌的线性表面吸附平衡的假设和经验传质方程,建立了一个细菌在地下水中运移的三维模型。Thompson 则进一步考虑了空气注射后,微生物在空气、水和固体介质等多相界面处的流动性和相互作用。从目前的报道看,这些模型虽然还不能充分地被现场结果证实,但却为定量地下水中环境因素对微生物增长作用提供了一定的理论依据。

要改变这些因素一般是不切合实际的,经济上也是不可行的。但是了解诸因素在不同强度下对有机物降解速率的影响是有益的。另外,在一些实践中要求调控某些非生物因素,例如在反应器内或可控制处理区内可通过调节温度、pH,使用活性剂等,使生物降解反应达到最佳。

(2)养分供应

碳源:有机化合物既是微生物的碳源又是能量来源。在微生物代谢过程中,分解有机化合物,获得生长、繁殖所需的碳及能量。含水层中含碳量很高(约 1%),但是许多碳以微生物不可利用的或缓慢利用的络合形式存在,经常出现碳源是微生物限制因素的情况。有机污染物进入环境后,若浓度较低会成为微生物的限制因素。有时污染物浓度虽然表面上较低(水溶相浓度),但实际上是由于环境中大量的污染物未混合均匀或是以非水溶相的形式存在,此时原本不是限制因素的营养盐类上升为高度的限制因素,通常以 N、P 为主。

N、P:如果有机污染物质量浓度过高,在完全降解之前 N、P 可能就完全耗尽了。一般来说地下水是寡营养的,这是限制微生物活性的一个因素,因而人为地增加一些营养物质对于快速降解有时是必要的。如在汽油污染的地下水样中加入 N 和 P 可刺激细菌生长。但与此同时,过多地加入营养物质也会造成富营养化,促进藻类繁殖,反而不利于污染物的降解;大量引入硝酸盐还可能导致厌氧降解占优势,抑制好氧菌的生长。这样,为避免二次污染,加入前须控制营养物质的形式、最佳浓度和比例。虽然可以在理论上估计 N、P 的需要量,但由于现场条件不确定因素很多,计算值只能是一种估算,与实际情况有较大偏差。同样是石油类污染物的生物修复,不同研究者得到 C∶N∶P 比例可能相差很大,Ritter 建议为 300∶15∶1 左右,而马文漪引用的一些报道中还有 800∶60∶1、700∶50∶1 等比值。

有时当环境中 N、P 的含量很低,生物降解速度也很低时,降解仍可继续进行。这可能与营养物的再生有关,即无机营养物被微生物同化为细胞后,再经细胞溶解或原生动物消化后又被转化为无机物。

生长因子:当环境中仅存在异养型降解菌时,生长因子的供应就会成为限制因素。此外生长因子还会影响到提供生长和生物降解碳源的阈值浓度,如单种氨基酸可降低酚的矿化阈值。

(3)电子受体

电子受体可以是溶解氧、有机中间产物和无机含氧酸根等,但具体采用电子受体的种类及浓度对修复速率均有很大影响。多数情况下,好氧条件有利于环境中污染物的生物降解,因而溶解氧的输送是关键的限制因素。

氧气的参与是广泛存在的脂肪烃和芳香烃类污染物发生反应的关键因素,主要有两个方面的作用:充当电子受体,并直接与有机分子反应。虽然 NO_3^-、SO_4^{2-}、CO_2 及金属离子等均可作为电子受体,但产生的能量较少,并且其他物质均不可取代氧直接参与反应。因此,典型的修复策略是增加氧气的供应量。

氧输入地下的方式主要有空气注入、纯氧注入、臭氧引入、过氧化氢溶液引入、胶态微气泡引入等。

在常温下空气注入可使地下水溶解氧质量浓度达到 8~12 mg/L,是最经济、最简单的形式。早期用于处理汽油污染、三氯甲烷污染等,结果表明空气注入虽有一定降解作用,但由于溶解氧浓度的限制,效果都不十分理想。事实上,苯酚类物质在水中溶解度稍大,汽油或其他油品渗漏会造成这类物质在水中达到 10~100 mg/L,若在好氧条件下,则需要质量浓度为 20~200 mg/L 的溶解氧才能将其完全降解。注入纯氧可使溶解氧达 40~50 mg/L,但成本相对较高,故一般较少采用。

德国有一例利用臭氧注射对某柴油污染地点的生物修复,结果取得了较明显的修复效果,然而由于臭氧的强氧化性,很难区分化学氧化和生物氧化,况且臭氧成本很高,应用受到限制。

使用过氧化氢可以使水中氧的质量浓度超过 200 g/L,大大高于上述几种输氧方式,是生物修复中较普遍的供氧方案,估计其成本约是空气注射的 15～20 倍。过氧化氢作为氧源引入的最大问题在于其毒性和不稳定性。实验表明,当溶解氧质量浓度低于 200 mg/L 时,对微生物一般没有毒性,经驯化后,微生物甚至可耐受 1 000 mg/L 的溶解氧浓度,因而可以通过逐渐加量的方式降低过氧化氢的毒性。对于过氧化氢的不稳定性,实际应用中已有不少报道。比如,在处理密歇根州一处石油产品污染时,将过氧化氢注入地下水中,经过一定时间后测得包气带土壤中氧的浓度很高,说明过氧化氢已经大量分解。

胶态微气泡(colloidal gas aphrons,CGAs)除了具有一般表面活性剂的性质以外,这种特殊结构还使之具有很高的比表面积和容氧量,从而大大降低有机污染物与水之间的表面张力,使有机物更易于黏附于气泡表面并向内部扩散,并对有机物的氧化降解有潜在的利用价值。

（4）多基质作用

实验室的研究一般使用单个有机基质,但在自然环境或污染环境下经常使用多种基质(multiple substrates)。多种基质可以被同时利用,经常是一种基质可以促进另一种基质的降解速度,如芴可以促进地下水样中咔唑的矿化。另一方面,一种基质也可减缓另一种基质的降解速度,如存在苯酚时,会使富集菌对五氯苯酚的利用率降低,但对其影响机理的了解尚不够深入。

2. 生物因素

生物因素包括微生物的降解能力,对污染环境的适应性,以及微生物间的竞争、捕食等作用。

生物修复作用的成功与否很大程度上取决于降解微生物群落在环境中的数量及生长繁殖速率。由于土著微生物对环境的适应性强且污染过程中已经历一段自然驯化期,因而是生物降解的首选菌种。只有当污染环境中很少或甚至不存在降解菌,而由于时间所限又不允许在当地富集培养降解菌时,方才考虑引入降解菌株,即采取生物强化技术。早期在处理因 400 000 L 乙二醇泄露引起的土壤及地下水污染时,外加了商业菌、营养物质和空气。一段时期后,检测井中污染物质量浓度由 36 000 mg/L 降到了 100 mg/L,证明了生物降解的效果,但是最后却很难从现场分离出商业菌种,说明外来菌的成长率很低,修复作用主要应归功于土著菌。外来菌效率低的一个重要因素是由于地下水中土壤对它们的吸附作用和土壤渗透率的各向异性而造成菌分布不均。实际上,工程应用多数为土著菌。美国 124 个污染地点的生物修复实例中,96 处采用土著菌种,17 处采用外来菌种,11 处二者均有。

有时引入的菌株的确可缩短暴露于污染物的降解时间,而引入菌种成功与否与菌株的降解能力及在环境中的竞争力有关。菌株的生存除了受到如温度、氧、水分等的供给等非生物因素影响外,还会受到微生物间的竞争、捕食等生物因素的影响。提高引入菌株生存概率的方法为引入足够的数量,以适当的方式引入,同时引入一些选择性的底物,创造一个新的生态位。这种方法在应用时的有效性及安全性常引起争议,尤其是基因工程菌(GEMs)。目前对引入外来菌种方法的争论要点有:接种只能提高很小范围内的微生物浓度、接种效应维持时间较短、对有些报道真实程度的质疑、技术的复杂性以及费用问题等。因此一般在应用生物强化技术引入菌种之前应先做风险评价及可行性的研究。

第二节　土壤有机污染的生物修复技术应用

土壤中的有机污染主要是指工农业生产中产生的有机溶剂、多环芳烃、农药等有机物释放到土壤中所造成的污染。生物修复技术在治理石油及多环芳烃污染土壤环境中的作用日益突出,其应用研究越来越受到重视。

一、 土壤有机污染物的种类

土壤污染物的来源主要是工业废水、固体废弃物、农药化肥、大气污染沉降、重金属等,其中工业三废占比较高。工业生产过程中,排放的废水、废气、废渣中,含有大量有毒有害物质。此外,过量使用农药和化肥,其中的污染物也会在土壤中沉积下来。

有机物污染主要是化学农药造成的,一是氯类,如 DDT、艾氏剂;二是有机磷类,如硫酸、敌敌畏;三是氨基甲酸酯类,如除草剂、杀虫剂;四是苯氯羧酸类,如 2,4－D 除草剂;五是工业三废中的油类、PAHs、酚类等。

二、 土壤污染的常用生物修复技术

1. 植物修复技术

植物修复技术,是植物在生长过程中,对土壤中的有害物质进行汲取、降解,或利用光合作用吸纳污染物,实现净化效果。植物种类不同,对污染物的吸收能力也不同,有的植物只对一种污染物有效,有的植物对多种污染物有效。应用植物修复技术时,应该掌握植物的特征,分析土壤污染物的类型,对症治理才能有效治理污染。

2. 微生物修复技术

微生物修复技术,就是利用土壤中的微生物降解污染物,或者人工培养微生物,将其补充到土壤中,实现土质净化的效果。微生物修复技术的应用包括生物刺激、生物强化和生物通风等。该技术优点为绿色低廉,对低浓度污染物去除效率高,其局限性在于处理高浓度污染效率低,修复时间长达几年,而且筛菌复杂、有生物入侵的风险等。

3. 混合修复技术

对于污染程度严重的土壤,单纯采用某一种修复技术,难以实现良好的治理效果。将两种或多种修复技术相结合,就是混合修复技术,实际应用表明效果显著。以植物修复技术+微生物修复技术为例,一方面微生物能降解污染物,另一方面植物根部可以吸收污染物,两者相互作用,实现污染治理、土壤修复的双重目标。

三、 生物修复技术在土壤污染治理中的应用要点

1. 提高降解作用

生物修复技术的本质,就是微生物和污染物相互作用反应,从而消除污染。其中,筛选出高效的降解菌,提高降解作用,才能实现修复目标。对此,要分析土壤污染的类型、程度,从而针对性选择、培养降解菌。例如:针对有机氯农药污染,可以使用棒状杆菌、芽孢杆菌;针对五氯硝基苯污染,可以使用诺卡氏菌、链霉菌属等。

2. 科学选择生物

污染降解是一个长期缓慢的过程,随着污染物种类增多,不仅会降低微生物的降解效率,还会导致微生物死亡。对此,技术人员应该科学选择生物,创造适宜微生物生存的环境,并添加氧气、营养盐等成分,增强微生物的降解能力。针对不同土壤、不同污染源,应该培养合适的微生物群,提高污染治理效率。

3. 注重绿色环保

对土壤污染进行治理修复时,应该遵循绿色环保的原则,避免造成二次污染。随着科学技术的发展,在生物修复技术的基础上,原位修复技术、基于设备化的快速修复技术、土壤修复决策支持系统、土壤修复后评估技术等不断出现。在实际应用中,形成了农药、重金属、放射性核素、新型污染物、复合污染物的修复技术体系,在污染治理的同时,也满足了绿色环保的要求。

四、 土壤多环芳烃污染的修复技术及应用

1. 多环芳烃污染概况

多环芳烃(polycyclic aromatic hydrocarbons,PAHs)是一类广泛分布于天然环境中的有毒有机污染物,通常指含有两个或两个以上苯环,以线状、角状或簇状

排列的稠环化合物。PAHs 具有疏水性、蒸气压小及辛醇-水分配系数高的特点。随着苯环数量的增加,其脂溶性越强,水溶性越小,在环境中存在时间越长,遗传毒性越高,其致癌性随着苯环数的增加而增强。一般认为 PAHs 主要是由石油、煤炭、木材、气体燃料、纸张等含碳氢化合物的不完全燃烧以及在还原气氛中热分解而产生。环境 PAHs 的自然源包括:火山爆发、森林植被和灌木丛燃烧以及细菌对动物、植物的生化作用等。但是,人为活动特别是化石燃料的燃烧是环境 PAHs 的主要来源。

在世界范围内每年有约 4.3 万吨 PAHs 释放到大气中,同时有 23 万吨进入海洋环境。由于其较高的亲脂性,进入海洋环境中的 PAHs 易分配到生物体和沉积物中,并通过食物链进入人体,对人类健康和生态环境具有很大的潜在危害。许多研究表明,一些 PAHs 进入动物体后,对哺乳类动物及人类有致癌、致畸、致突变的作用。我国土壤、气体、江河都有严重的污染,因此,在预防和治理 PAHs 污染方面还有许多工作要做。

影响土壤 PAHs 污染生物修复的因素主要包括:PAHs 的性质;降解 PAHs 的生物学特性;微生物对 PAHs 的氧化方式;微生物的驯化和适应;土壤性质与环境因素;表面活性剂的使用。

2. 强化 PAHs 污染土壤生物修复技术的途径

(1) 适当的电子受体:在土壤中 PAHs 污染浓度高时,氧的供给就成为生物降解的控制因素。微生物氧化还原反应一般以氧为电子受体,可以直接采用氧气,或压缩空气,或用双氧水分解产生,另外有机物分解的中间产物和无机酸根也可以作为最终的电子受体。最近在密歇根州的 Fsaverse 用 NO_3^- 代替氧作为电子受体降解甲苯、二甲苯和乙苯已经获得成功。

(2) 营养物的添加及量的配比:氮、磷元素的缺乏是影响细菌生长繁殖的主要原因。研究表明氮,磷元素的配比以 5∶1～10∶1 比较合适,但是需要结合实际处理的污染土壤确定。氮源主要利用氨根离子,磷源主要利用磷酸根离子。也有的研究者用有机氮源代替无机氮源。

(3) 接种和基因工程菌的开发:从土壤中分离出的对烃类有很强分解能力的降解菌,制成干菌剂;或利用遗传工程方法,使微生物的遗传基因发生变异,以得到降解能力强的变异菌种。在需要时,向污染土壤接种,接种所受影响因素很多,例如,对烃类的适应性要强,遗传稳定性要好,休眠后仍然有活力,使用时能快速增殖并对土著菌种有一定竞争力等。

应用实例 1:

宋玉芳等通过盆栽实验,研究植物对土壤中石油及 PAHs 生物修复影响及其调控作用。

在过 2 mm 筛的生态站土壤中加入一定量的油浆柴油、有机肥和特性菌,分别配制成不同有机质和特性菌含量的石油和 PAHs 污染土壤,按正交设计分装于 9 个处理盆中(表 7-1),每个处理两个重复,放置于室外防鸟网中 48 h,使其与土壤充分混合后,将 50 粒苜蓿草种播于各盆中,并分别取土壤样品做矿物油和 PAHs 初始含量分析。植物发芽生长 3 周后间苗,每盆保留 15 棵苜蓿草,并定期补充水分,保持植物正常生长。实验周期为 150 d。同时按同样正交设计,一一对应作 9 盆不同苜蓿草的土壤对照,其管理办法与苜蓿草的盆栽实验相同。

表 7-1　盆栽实验设计

处理	投加柴油量（mg/kg）	真菌（%）	细菌（%）	肥料（%）
C1	5 000	5	2	0
C2	1 500	0	0	0
C3	30 000	2	5	0
C4	5 000	2	0	2
C5	15 000	5	5	2
C6	30 000	0	2	2
C7	5 000	0	5	5
C8	15 000	2	2	5
C9	30 000	5	0	5

结果显示:土壤中 PAHs 和矿物油的降解率与施加于土壤中的有机肥含量呈正相关。对污染水平较高的土壤,增加有机肥可以提高矿物油和 PAHs 的降解率。在苜蓿草存在条件下,能提高土壤中 PAHs 的降解能力,而且土壤对有机肥的依赖性比土壤对照相对减弱,表明植物根际使土壤环境发生变化,起到了改善和调节作用,从而更有利于对污染物的降解。投加特性降解菌可不同程度地提高土壤中 PAHs 和矿物油的降解率,相比之下,矿物油降解率的提高幅度更大。通过选择适当植物和调控土壤条件等手段,可以实现污染土壤快速清洁。

应用实例 2:

为了研究了生物表面活性剂强化微生物修复 PAHs 长期污染土壤的效果,刘魏魏等通过温室盆栽实验,单独或联合接种 PAHs 专性降解菌(DB)和添加生物表面活性剂——鼠李糖脂(RH)来进行探究。90 d 的培养后,接种 PAHs 专性降解菌增加了土壤微生物数量,促进了土壤 PAHs 的降解;添加生物表面活性剂活化了土壤 PAHs,增加了其溶解度、促进了降解。随着苯环数的增加,土壤中 15 种 PAHs 的平均降解率逐渐降低。添加 RH、接种 DB 能够促进各组分 PAHs 的降解,RH＋DB 处理对各组分的降解率最高,两者协同修复能明显促进土壤中各组分 PAHs 的降解。接种微生物明显提高了 PAHs 污染土壤中脱氢酶、多酚氧化酶活性及 PAHs 降解菌数量,促进了 PAHs 的降解。

第三节　地表水有机污染的生物修复技术应用

地表水生物修复的基础研究始于 30 多年前,其中最典型的一个例子就是美国环保局在阿拉斯加 Exxon Valdez 石油泄漏的生物修复工程项目。1989 年 Exxon 石油公司的 Valdez 号油轮在美国威廉王子湾搁浅,导致了 3.8 万 t 原油的泄漏。Exxon 公司最初用热水冲洗海滩上的油污,这种方法处理费用高,但效果却不明显。于是,美国环保局和 Exxon 公司用从污染海滩分离的具有特殊的降解能力的细菌菌株清除石油污染,效果很好。生物修复技术成为去除威廉王子湾石油污染的重要方法。经过两年多时间,成功修复了因为原油泄露而引起的海岸线污染,消除了油污,生物修复成为主要措施并发挥了巨大作用。美国环境保护局在此生物修复项目中,短时间内消除了污染,治理了环境,是生物修复技术成功应用的开端,同时开创了生物修复在治理海洋污染环境中的应用。

一、 海洋污染的生物修复

海洋污染尤其是海洋有机污染是当今世界沿海国家普遍关心且高度重视的环境问题之一。随着现代工业及海洋运输业的蓬勃发展,大大地提高了人类的生活水平,同时带来的环境负效应也越来越明显。对于当前海洋污染中,运用生物修复进行处理的包括以下几个方面。

1. 微生物修复技术

(1) PAHs 污染的微生物修复

微生物联合修复 PAHs 是一种重要的生物修复方法,它通过多种微生物共存的生物群体,在其生长过程中降解 PAHs,同时依靠各种微生物之间相互共生增殖及协同代谢作用进一步降解环境中的 PAHs,并能激活其他具有净化功能的微生物,从而形成复杂而稳定的微生态修复系统。

(2) 石油污染的微生物修复

海上石油的开发,各式各样石油加工产品的生产、使用及排放,海上溢油事故等,使得石油污染已成为海洋环境的主要污染物,治理石油污染已成为当今各国环境专家的研究热点。微生物降解是石油污染去除的主要途径,是生物降解基础上研究发展起来的生物修复技术,提高了石油降解速率,最终把石油污染物转化为无毒性的终产物。治理方法主要是通过加入具有高效降解能力的菌株,或者通过改变环境因子,促进微生物代谢能力。在许多情况下,生物修复可在现场处理,而对于污染的沉积物,则一般使用生物反应器治理。

在实际环境中,能够降解石油类污染物的微生物大量存在,但是土著微生物对石油类污染物的自然降解效率很低。通过人为添加活性物质、营养物质以及接种高效降解菌株等手段可以促进微生物对石油的降解。添加表面活性剂扩大油类的弥散面积,可以增强细菌、真菌对石油烃的吸收和降解。微生物实际上在生长过程中自身也会产生表面活性剂如糖脂、脂肽、多糖脂和中性类脂衍生物等代谢产物,增加石油组分的可溶性,进一步扩大石油降解率。

2. 植物修复技术

植物对有机污染物的超量积累是其主要修复机制之一,植物修复技术具有有效、廉价、不易造成二次污染等优点,在处理污染物的同时还能增强海洋环境的景观效果,逐渐在污染修复中受到青睐。例如,滨海湿地的红树及其根部微生物所构成的红树微生态系对石油、PAHs和农药等有机物污染有着良好的修复潜力。与无红树微生态系相比,红树微生态系可更高效和更快速地降解柴油、甲胺磷和芘,并能对石油污染产生的PAHs进行高浓度富集。

3. 动物修复技术

作为海洋生态系统中处于食物链上端的动物来说,它们在生态修复上所起的作用也越来越引起人们的重视,其中研究最多的是海洋底栖软体动物。由于这些动物底栖生活,活动范围相对固定,在污染物监测和环境评估上具有重要潜力。大量研究证实,底栖软体动物对污染水体的低等藻类、有机碎屑、无机颗粒物具有较好的净化效果,如贻贝、河蚌、牡蛎、螺蛳等。

二、 河流和淡水湖泊污染的生物修复

地表水还包括流动的河流和浅水湖泊等。流动的河道水体主要受到人们生活污水、河流浅水湖泊水和工业废水的污染。为了提高河水的水质,必须要对此进行生物修复,有效地减轻对下游水体的污染。生物修复主要是利用动植物或微生物来对河道中的污染物进行吸收与转化,从而达到净化水体、恢复生态的目的。生物修复方法包括植物修复法、动物修复法和微生物修复法。河道生物修复过程中,可以是单一的动植物或微生物,也可以将它们进行随机组合,形成生态循环系统。但是生物修复技术也存在一些不足,比如:重金属等有毒物质对生物降解存在抑制作

用,不能被生物降解;有些污染物在降解的过程中则会转化成有毒的代谢产物,从而进一步污染水体。

1. 河道的微生物修复

河道的微生物修复可以采用直接河道曝气的方法,提高河道水环境的质量,也可以采用生物膜法,利用填料上的微生物降解有机污染物。

华东师范大学黄民生等采用曝气复氧,投加高效微生物菌剂及生物促生液,放养水生植物等构建的组合生物技术,对苏州河严重污染支流——绥宁河进行原位污染治理和生物修复工程。通过治理,严重污染的水体消除了黑臭,水体 COD 平均下降 50%,DO 上升 2 mg/L 左右,透明度增加 10 cm,河流水质有了明显的改善。

另外,中国科学院上海植物生理研究所建立了水体净化系统,此净化系统则是由大型水生植物如凤眼莲、水浮莲、水花生、金鱼藻、狐尾藻、菱、荷花、睡莲等多种浮水、沉水、挺水植物与一定数量的鱼、蚌、螺蛳等水生动物形成一个多层次、立体交叉的水体净化系统,对富营养化水域进行治理。治理效果十分明显,藻类生长受到明显抑制,水体透明度由 15~30 cm 增加到 50~90 cm。对净化机理的研究表明,凤眼莲的遮光作用以及对营养的竞争是 2 个重要原因,但大型水生植物的根系分泌物质对藻类的抑制作用,包括根系微生物和其他软体动物如蜗牛等的作用,也起了较大的作用。

2. 大型水生植物对湖泊的净化

在我国太湖水域,中国科学院南京地理与湖泊研究所等单位曾利用大型水生植物对富营养化水体进行水质净化。该技术主要是通过水生植物对营养物质的吸收、植物叶冠的覆盖遮光、根区分泌物质对藻类的杀伤作用等途径净化水体,去除营养物质,以控制藻类的快速繁殖,达到治理富营养化湖泊的目的。

研究人员在太湖五里湖中桥湖湾中相间池栽培丁飘浮、浮叶及深水植物,有喜旱莲子草、菱、水鳖、凤眼莲、伊乐藻、金鱼藻、轮叶黑藻、紫背浮萍等高等水生植物,构成了人工复合生态系统。经一定时间的稳定后,位于进水口的喜旱莲子草群丛水上部分高约 50 cm、水下茎盘根错节形成约 30 cm 的群丛基座,使整个群丛紧密交织在一起,构成坚强的防护带。在喜旱莲子草群丛旁边的菱群丛,生长旺盛,浮水叶完全覆盖水面,水下茎叶发达,并伴生少量金色藻和轮叶黑藻。水鳖群丛盖度约为 50%,处于衰亡期;凤眼莲群丛盖度约为 90%,复合生态系统后部的菱群丛盖度达 100%,生长旺盛;在系统出水端,又设一凤眼莲植被带,完全覆盖水面。湖水经过复合生态系统的各植被带后,水中总氮、氨态氮、总磷浓度均有不同程度的下降,实验开始的第 5 d,与进水相比较,出水的总氮下降 53%,氨态氮下降 70%,总磷下降 56%。同时藻类生物量急剧下降,出水比进水的生物量下降 58%,叶绿素含量也大大降低。可见复合生态系统能有效地去除湖水中的氮、磷。

3. 水生动物对水体的净化

动物修复是指利用水生动物种群的直接或间接作用来修复河流污染的过程。在受污染的水中加入某些抵抗力强的水生动物，将一些有机污染物进行吸收、分解与转化，使其变成没有毒害的物质，继而改善受污染的城市河道环境。水生动物群落构建主要包括大型鱼类、底栖动物及浮游动物群落。底栖动物群落可以捕食水体的有机质与水生动植物残体等，在水体中起着过滤器和沉淀器的作用，从而大幅降低水质中有机物含量及营养物质的释放；浮游动物群落主要通过在河道内投加枝角类浮游动物（水蚤）来摄取蓝绿藻、水体细微腐泄物等，可以迅速提高水体的透明度。

应用实例1：上澳塘水体生物修复试验

美国 Probiotic Solutions 公司长期致力于土壤及水体污染环境的生物修复工作，并开发出相应的系列产品。徐亚同等针对受污染河道的特点，选择其中一种水体净化促生液（bio-energizer）对其进行修复。Bio-energizer 含有降解污染物的多种酶，及促进微生物生长的有机酸、微量元素、维生素等成分，可加速水体净化过程中微生物的生长及生物的演替，直接依靠酶或在生物的作用下间接地使污染物得以降解，转化成 CO_2、H_2O 等稳定的无机物，并逐步增加水体中生物的多样性。使河道水体建立起洁净水体中才能见到的良性循环的生态系统。试验初期，由于受试河道河水严重黑臭，一次性投加少量解毒剂（micatrol），可有助于消除难降解有毒物质对污染水体净化的不利影响。

1. 试验河道

试验河道为上澳塘，位于上海徐汇区境内，全长 1 800 m，北接蒲汇塘，南连漕河泾，并借新泾港与龙华港分别同苏州河、黄浦江相连，属苏州河、黄浦江支流水网。上澳塘贮水量平均为 31 010 m^3，南北端均已建有闸门，使河水分别与漕河泾及蒲汇塘相分隔。水体水质优于蒲汇塘及漕河泾。

2. 试验方案

试验开始前，先打开上澳塘两端闸门，稳定一段时间并测试确认其河水与蒲汇塘同样黑臭，然后关闭水闸，采用水泵将蒲汇塘河水抽吸进入上澳塘北端河段，并使之由北向南溢流进入漕河泾，其流量可根据试验要求控制。

（1）试验工艺参数

试验河段取上澳塘北闸门至田林路桥，河道总长 1 260 m，贮水量约为 21 700 m^3。在进水流量分别为 3 600、4 200 及 5 000 m^3/d 时，水力停留时间依次是 6.0、5.2 及 4.3 d。

（2）净化剂投加量及投加方法

试验开始，取 75.7 L 水体净化促生液，用河水稀释后均匀撒布于上澳塘进水端至宜山路桥河段。由于水体黑臭,在进水端一投加 18.9 L 解毒剂(Micatrol)。第 2 d 开始逐日用喷雾器在进水端河段投加 Bio-energizer 37.9 L。随着净化效果的显现,从第 5 d 开始水体净化液投加量减少至 9.5 L/d,4 周后减少至 3.79 L/d。试验周期为 7 周。

(3)采样点布设

处理前采样点设置一个(1#),处理后采样点沿程设置 4 个(2#、3#、4#、5#)。

3. 试验结果与讨论

(1)水体有机污染物的变化

试验 1 周后 COD_{Cr} 值明显低于进水,其后 1 个月左右时间内 COD_{Cr} 去除率一直维持在 20%～40% 之间。水体的 COD_{NB}(不可生物降解的 COD)浓度在 28～30 mg/L,而净化后河水的 COD_{Cr} 维持在 40 mg/L 左右,表明水体中可生物降解有机物已所剩无几。试验开始五周后,水温已降至 8～10 ℃,水体透明度提高至 70～80 cm,COD_{Cr} 浓度降至 30 mg/L 左右,COD_{Cr} 去除率上升至 50%～60%。水体中 BOD_5 去除率要高于 COD 去除率,在初期为 30%～50%,至后期可提高至 50%～70%。

(2)水体溶解氧的变化

在投加净化剂后的最初几天内,水体 DO 基本维持在 1 mg/L 以下,1 周后提高至 6～8 mg/L 左右,2 周后提高至 8～10 mg/L,中午阳光充足时甚至可达到 12～14 mg/L。在污染水体的生物修复过程中,环境 DO 从厌氧到好氧的转化是至关重要的一步,有助于好氧生物区系的出现并不断发展,使之从低等到高等演替,并增加生物种类的多样性。

(3)水体 N、P 营养物的变化

测定结果表明,N 的循环转化,基本处于有机 N 氧化为 NH_3—N 阶段,NH_3—N 的去除率始终维持在较低的水平。水体中的总 P 由于主要被用于合成生物体,其浓度较进水减少 0.2～0.4 mg/L,这与 NH_3—N 被用于同化合成而降低 1～2 mg/L 的比例相吻合。

(4)水体藻类、细菌、微型动物的数量、种类及多样性变化

在试验期间,共鉴定出浮游藻类 59 个属,其中蓝藻门 15 属,红藻门 1 属,金藻门 2 属,硅藻门 8 属,裸藻门 4 属,绿藻门 29 属。从浮游藻类的种类组成分析,上澳塘的藻类主要集中在蓝藻门和绿藻门,它们在种类上占优势,在数量上两类藻之和占藻类总数的 80% 以上。硅藻和裸藻为常见种,金藻、红藻和黄藻则非常少见。只有在 11 月 18 日宜山路桥的水样中,硅藻的数量占藻类总数的 50% 以上。

以每个样点的水样中同一藻类出现的频率＞5% 作为优势属来分析,结果表明上澳塘藻类优势属与占优势的门类相似,也集中在蓝藻门和绿藻门。蒲汇塘点的

优势属在整个试验过程中没有发生太大的变化,主要集中在蓝藻门的微囊藻和绿藻门的衣藻、集星藻。而饮江路桥、宜山路桥和田林路桥的优势属在试验过程中则有明显变化。硅藻门的舟形藻开始成为新的优势种,同时蓝藻门和绿藻门中的其他藻类也常常成为优势种。总之,随着水体生物修复的进行,上澳塘浮游藻类的优势种有了明显增多的趋势。浮游藻类种类数增加而数量减少是宜山路桥和田林路桥点共同的特征。

试验中的藻类生物多样性分析,主要包括浮游藻类的总属数和个体数的关系,及浮游藻类各个属的个体数量。采用 Shannon-weaver 指数进行多样性分析:$B' = \sum P_{ij} \log_{ij}$,式中 $P_{ij} = N_{ij}/y_i$,即种 j 个体数占该种在整个系统中总个体数的百分数。评价标准是:B' 值为 0~1 时重污染;1~3 中污染;>3 轻污染或无污染。通过藻类生物多样性分析表明,上澳塘水体经过生物修复,饮江路桥、宜山路桥和田林路桥的生物多样性指数都有了较大幅度的提高。3 个样点从第一阶段的中污染水平,在第三阶段都达到或超过了轻污染或无污染的水平。

对水体中细菌种群及数量的检测表明,随着水质的改善,水体中指示受有机物污染的异养菌总数及指示受粪便污染的大肠菌群数不断减少,较蒲汇塘少两个数量级。代表水体厌氧状态的反硫化细菌数下降,代表水体好氧状态的硝化细菌数及绿硫细菌数有所上升,但随后由于水温的下降及水体中硫化物浓度的降低,后两种细菌数量也随之下降。

水体中微型动物的观测结果表明,在上澳塘试验中,各样点的变形虫、鞭毛虫、游动型纤毛虫、固着型纤毛虫、匍匐型纤毛虫、吸管虫、轮虫、蠕虫等的种类和数量随水体生物修复的进行,数量往往紧随细菌和藻类的生长高峰而增加,个体较大的微型动物种类有逐渐增多的趋势。在试验中期及后期,河水出现大量枝角类水蚤(俗称红虫),之后还看到有小鱼出现。随着生物修复的进行,水体生态系统向良性洁净区系演替,生物多样性增加,但生物的绝对数量有所减少,结果水体的透明度由 20 cm 增加至 60~80 cm,证明水体已得到较好的修复。

(5)进水流量和水力负荷对水体净化效果的影响

若以消除水体黑臭为目标(DO≥2 mg/L,COD$_{cr}$<40 mg/L),在本试验条件下,处理水力负荷应在 0.2~0.5 m³(河水)/m³(河道容积)·d 范围内为宜。水力停留时间 2~5 d,温度较高、河水黑臭程度较轻时取其上限,反之取下限。

试验表明,美国 Probiotic Solutions 公司生产的水质净化促生液,具有明显的促进河道水体好氧洁净状态,生态系统各类微生物生长及向良性生态区系演替的作用,可使污染水体中微生物由厌氧向好氧演替,生物由低等向高等演替,生物多样性逐渐增加,藻类多样性指数可恢复到轻污染或无污染的水平。水体生态演替的结果,可竞争性地减少大肠菌群、反硫化细菌、低等蓝绿藻及厌氧产臭微生物的数量。通过促生作用,刺激了污染物降解微生物的生长,使污染水体中 COD_{Cr}、BOD_5 迅速下降;藻类的生长增加了水体的复氧;经生物修复后上澳塘严重污染水体有效地消除了黑臭并恢复至洁净状态。

第四节 地下水有机污染的生物修复技术及应用

在人们的生产与生活中要用到大量的有机化合物,进入土壤系统则会造成土壤的严重污染,并对地下水及地表水造成次生污染。可能进入地下水中的有机污染物主要有石油制品、氯代物溶剂及农药等。因地下水与外界联系相对较少(尤其是承压地下水),少量污染物即可造成大范围的污染,且持续时间长,处理控制难度大。以分布十分广泛的石油制品污染为例,至 20 世纪 90 年代中期美国有 10 万个地下储油罐被确认存在不同程度的渗漏,已经造成大面积地下水的污染;预测几年后该数字会增至 3 倍。

我国目前大部分油田地区浅层地下水含油量严重偏高,基本上达不到饮用水标准。石油产品主要成分为石油烃类化合物,如脂肪烃(FHs),苯系物(BTEX)和 PAHs 等,此外还含有相当多的酚类及有机氯等。由于其复杂的化学成分,此类污染物不但毒性大,还会将地下水中的溶解氧消耗殆尽,进一步使水质恶化。上述污染物质在地下水中广泛存在,对人体健康和生态环境均构成很大危害,因而,如何有效地实现对地下水有机污染的治理和控制,正得到越来越多的关注。

目前对有机污染地下水多采用原位生物修复,但有时在处理难降解化合物、有毒类化合物、挥发性污染物或浓度较高的污染物时,需在污染现场的地面上设置反应器配合原位处理,以提高处理效率。这一处理措施称为现场生物修复(on site bioremediation),可以看作是介于原位和异位生物修复之间的过渡形式。下面介绍有机污染地下水生物修复的主要方法以及新近的研究进展状况。

一、 生物注射法

生物注射大量空气,有利于将溶解于地下水中的污染物吸附于气相中,从而加速其挥发和降解。欧洲各国从 20 世纪 80 年代中期开始广泛使用这一技术,并取得了相当大的成功。当然这项技术的使用会受到场所的限制,它只适用于可运行土壤气提技术的场所,同时生物注射法的效果亦受到岩相和土层特性的影响,空气在进入非饱和带之前应尽可能远离粗孔层,避免影响污染区域。另外在处理黏土层方面的效果不甚理想。

弗吉尼亚综合技术学院的研究人员改进了生物注射法,形成了新的方法,它可集中地将氧气和营养物送往生物有机体,从而有效地将厌氧环境转变为好氧环境。这种方法被称为微泡法(micro-bubble)。微泡法的实质是在氧气和营养物上中掺入表面活性剂,在输送过程中可形成含表面活性剂 125mg/L 的微泡(55μm 大小,外观类似乳状油脂)。将这种微泡注入污染环境后,可以为细菌提供充足的氧气,将二甲苯降解到检测水平以下。研究人员同时发现该法将比普通的生物注射法更有利于含铁化合物的沉淀。

掺入表面活性剂的氧气和营养物质经空气压缩机和泵通入注射管道,注入地下饱和带以下。由于砂土层中垂向和水平向的管壁上均开有小孔,外加物质在输送过程中在此层面中会形成大量的含表面活性剂的微泡,并裹挟丰富的氧气和营养物质,与含水层充分接触。由此可见该方法可以集中地输运氧气和营养物,从而可以实现生物修复速率的提高。

二、 有机黏土法

本方法是在土壤和蓄水层含黏土的现场注入季铵盐阳离子表面活性剂,带正电荷的有机修饰物、阳离子表面活性剂通过化学键键合到带负电荷的黏土表面上合成有机黏土,黏土上的表面活性剂可以将有机污染物吸附和固定到黏土上,从而去除或进行生物降解。

本方法与上述的微泡法同样都用到了表面活性剂,实质上都是化学与生物修复方法的结合。由上述两例可见,应用化学与生物相结合的修复技术可加快有机污染物的降解。但有学者提出使用化学药剂有可能造成次生污染,因而人们更寄希望于无二次污染的天然活性剂以弥补这一不足。由微生物、植物或动物产生的天然表面活性剂称为生物表面活性剂。它们通常比合成表面活性剂的化学结构更为复杂和庞大,单个分子占据更大的空间,因而临界胶束浓度较低,清除有机污染物效果较好,且生物表面活性剂更易降解。生物表面活性剂用于清除有机污染物具有其独特的优点,在有机污染修复中有良好的应用前景。

三、 抽提地下水系统和回注系统相结合法

这个系统主要是将抽提地下水系统和回注系统(注入空气或 H_2O_2、营养物和已驯化的微生物)结合起来,促进有机污染物的生物降解。在污染地区注入压缩空气和营养盐,微生物在含有营养盐的富氧地下水中通过新陈代谢作用将污染物降

解,在地下水流向的下游地区用泵将地下水抽出地面,可以用其溶解营养盐后再回灌到地下水中,若需要时可对其进一步进行处理。这个系统既可节约处理费用,又缩短了处理时间,无疑是一种行之有效的方法。

Duba 等人将 5.4 kg 干重的三氯乙烯(TCE)降解菌 *Methylosinus trichosporium* OB3b 与 1 800 L 抽提上来的地下水混合后注入一个深 27 m 的井中,大约 50% 的投加菌吸附到沉积物上,形成一个就地固定生物反应器,受 TCE 污染的地下水以 3.8 L/min 的速率连续抽提通过这一生物滤层,保持 30 h,然后改为 2.0 L/min 的速率维持 39 d。现场实验证明抽提出的地下水中 TCE 的浓度由 0.425 mg/L 降至 0.01 mg/L,相当于 98% 的降解率。

四、 生物反应器法

生物反应器的处理方法是抽提地下水系统和回注系统相结合方法的改进,就是将地下水抽提到地上部分用生物反应器加以处理的过程。一个典型的例子是某木材防腐剂喷涂装置污染了周围的地下水,主要污染物是五氯酚。污染的地下水被抽出地面,调节 pH,加入营养物质,投入具有控温装置的生物反应器里,五氯酚在其中得到充分分解。应用生物反应器法时,可在待修复场所之上的地面上设置各种反应器,如生物滴滤池、厌氧反应器等,大大拓展了可清除有机物的种类,并提高了修复效率;虽然费用较高,但整体处理效果较好。因而生物反应器法不但可以作为一种实际的处理技术,也可用于研究生物降解速率及修复模型。近年来,生物反应器的种类得到了较大的发展。连泵式生物反应器、连续循环升流床反应器、泥浆生物反应器等在修复污染的地下水方面已初见成效。

五、 地下水生物修复新技术

1. "热处理-原位处理"联合处理方法

为修复受含氯化合溶剂及其他重度非水溶相液体(dense non-aqueousphase liquids,DNAPLs)类污染物污染的地下含水层,人们已经研发了为数众多的技术。然而在现行技术条件下,污染物经处理后往往仍不能达到既定的环境标准。

Kosegi 等提出了用于处理 DNAPLs 污染的"热处理-原位处理"联合生物修复技术。该技术将热处理和原位处理两种常规的修复方法合为一体,通过热处理后的较高温度提高污染物的可溶性和可降解性,以提高微生物的反应效率。将低温热处理和原位处理两项技术联合应用较之单纯的高温热处理具有以下优势:① 原位处理避免了有毒有害污染物的产生,并且省却了大量受污染地下水提升工作;

② 热费用相对较低,且有时甚至可以完全利用污染源区高温处理的余热作为热源。加热升温后进行的原位生物处理同样具有以下优势(较之初始环境温度下的生物修复):① 使污染物溶解、从岩土中解吸直至进入含水层的速率均有所提高,从而提高了污染物的生物可利用性;② 提高了生物降解速率(假定温度在微生物正常生长的范围之内)。

Kosegi 等还建立了模拟 DNAPLs 污染物降解的数学模型,以论证该技术的可行性。该模型已被用于模拟受四氯乙烯(PCE)污染的地下水修复实验场的修复实验。模拟实验在 $15\sim40$ ℃的温度条件下进行。结果表明:在温度从 15 ℃升至 35 ℃的过程中,处理后出水中残余污染物质的总量(该室内原位修复未能降解的量)下降了 94%,并且为达到水体净化目标值所需的时间较以前缩短了 70%。这种"热处理-原位处理"联用的新技术可望更为有效地实现 DNAPLs 类污染场所的修复。

2. 生物强化技术

生物强化技术(bioaugmentation)是指在生物处理系统中投加具有特定功能的微生物来改善原有处理体系的处理效果,如难降解有机物的去除等。投加的微生物可以来源于原来的处理体系,经过驯化、富集、筛选、培养到一定数量后投加,也可以是原来不存在的外源微生物。同时由于自然界中的微生物遗传变异概率较低,因此通过遗传工程合成高效降解菌是可行的选择,也是当今环境微生物学家致力研究的重点。并且对于某些污染物而言,目前发现只能被工程菌所降解。在这样的条件下,添加具有降解活性的工程菌有望促进生物降解过程。

3. 共代谢

早在 20 世纪 60 年代,人们已经发现在一氯乙酸上生长的假单胞菌能够使三氯乙酸脱卤,而不能利用后者作为碳源生长。微生物的这种不能利用基质作为能源和组分元素的有机物转化作用称为共代谢。现在对共代谢的研究有了进一步的进展。

实验中可通过向含水层中添加多种有机化合物以促进多种氯代芳烃的共代谢速率,但其响应程度尚不可预测。如在有关 TCE 共代谢的研究中,在一个实际 TCE 污染的地下水修复系统中,以酚、甲苯、甲烷、甲醇作为碳源,同时提供溶解氧,经处理的水中 TCE 及顺-1,2-二氯乙烯得到相当大程度的降解。在另一例具有抽提井及回注井的原位地下水生物修复系统中,加入甲醇后,水中 TCE 以每月 10% 的速率减少。

另一种提高共代谢速率的方法是添加和共代谢基质结构相类似的可矿化物质,条件是生长在可矿化化合物上的微生物区系含有转化类似分子的酶系。这种类似物富集(alogue enrichment)方法已用于添加联苯,促进多氯联苯(PCBs)的共代谢,因为无氯联苯易矿化且无毒,可以充当共代谢 PCBs 微生物的碳源。

一种化合物在同样环境下,在某一浓度被共代谢,在另一浓度则可被矿化;或者一种化合物在同样的浓度下,在某一环境中被共代谢,在另一环境中则被矿化。这提示共代谢的有机产物只在某一环境中积累。因此,预测共代谢要考虑浓度和环境。同时也要看到,由于共代谢产物在结构上和母体差别不大,基本的碳架相同,单纯某种微生物的共代谢实际上会使有机产物积累,需要考虑对其做进一步降解或矿化,这就要求进一步探索最佳共代谢微生物区系。共生关系的微生物互相提供底物以供生长,从环境中分离出降解微生物往往比较困难,原因就在于许多污染物的降解是多种微生物共代谢的结果。因而接种菌降解能力的实验研究应尽可能模拟现场环境。

4. 厌氧过程

大多数生物修复方法都是在好氧环境中进行的。事实上在厌氧环境中进行的生物修复也具有极大的潜力。厌氧降解碳氢化合物时,微生物利用的电子受体包括:硫酸盐、硝酸盐、Fe^{3+}、Mg^{2+}、CO_2 等。已有成功地利用此法在污染现场含水层缺乏溶解氧的情况下处理 BTEX 的例子。

在美国加州,BTEX 的原位厌氧生物降解强化技术,被用于治理 SEAL 海滩受石油污染的含水层。相对自然衰减的修复而言,向污染的含水层中联合注射 NO_3^- 和 SO_4^{2-},可以加速 BTEX 的迁移。采用一组多层次的取样井,监测电子受体原地的空间分布和 BTEX 化合物的变化状况。NO_3^- 比 SO_4^{2-} 先被利用,且在距注射井 $4\sim6$ m 的水平距离内即被消耗完全,而 SO_4^{2-} 则在脱氮以外的地方被消耗。虽然限制了 NO_3^- 和 SO_4^{2-} 各自的投加量,但联合注射仍增加了电子受体的总容量。较单独注射 NO_3^- 而言,联合注射的另一个优点表现为:注射 SO_4^{2-} 促进了总的二甲苯的降解。同时,联合注射也促进了注射井周围苯的降解,只是在其他优先降解的烃类化合物被去除后,苯才发生厌氧降解。

应用实例 1:

赵振业等人将某石化公司污染最为严重的 3×10^5 t 乙烯工程所在地 5 km² 范围内场地作为试验性的治理示范区,结合二氧化氯氧化技术进行石油污染地下水生物修复。

通过室内试验和现场试验,二氧化氯氧化能力强,对石油污染物具有较好的去除作用,可使芳香烃等有毒、有致癌性的有机物氧化降解为毒性较小、无致癌作用的小分子物质。将二氧化氯氧化技术与水力截获技术、曝气技术及微生物技术相结合,在去除地下水中石油污染物方面非常有效且处理成本低,具有社会效益和经济效益。因此,采用二氧化氯化学氧化并尝试外加菌株,有效地治理了地下水污染,作为生物修复技术在国内的一次成功应用,是值得借鉴的。

应用实例 2:

棕地(brownfield site)主要指工业企业由于停产、搬迁等原因而废弃或闲置的,已遭受污染或具有潜在污染可能性,但仍具有再开发利用潜力的土地。与其他污染场地相比,棕地(工业污染场地)往往具有污染程度严重(污染物检出浓度高)、污染物组成复杂(重金属、酸碱、挥发/半挥发性有机物等)、土壤和地下水均受到污染等特点。李玮等以某化工厂遗址早期排污渗坑为目标污染源,在结合水文地质勘查和地下水人体健康风险评价的基础上确定场地受污染地下水修复目标污染物,根据污染物迁移性、降解性、人体健康风险等指标及抽出处理、化学修复、生物修复、渗透反应格栅等地下水污染修复技术特点,使用偏好顺序结构评估法进行修复技术筛选。结果显示,该场地地下水中主要污染物为 1,2-二氯乙烷、1,4-二氯苯等有机污染物,其中 1,2-二氯乙烷在呼吸吸入条件下的最大致癌风险达 9.54×10^{-7}。化学清除、监测自然衰减等四项技术适用于该场地地下水 1,2-二氯乙烷修复,化学清除法综合排序分值最高,而在成本优先控制条件下,监测自然衰减技术更为适宜。

思考题与习题

1. 生物修复的优缺点及其原则是什么?

2. 生物修复有哪些类型? 其分类的原则有哪些? 在实践中常见的原位或异位生物修复技术主要有哪些?

3. 名词解释:生物修复,易位生物修复,生物注气法,土地耕种法,菌根生物修复。

4. 生物修复的影响因素有哪些?

5. 如何利用生物修复技术来修复受到有机污染的土壤、地表水和地下水?

6. 综述生物反应器法的最新研究进展。

7. 强化石油及多环芳烃污染土壤生物修复技术的途径有哪些?

8. 简述要修复有机污染的地下水有哪些特殊的方法?

9. 如何利用植物进行生物修复? 该法有何缺点?

10. 试论如何提高生物修复的效率?

主要参考文献

［ 1 ］李东艳，钟佐燊，鞠秀敏. 地下水有机污染的天然生物恢复综述［J］. 焦作工学院学报，1999，18(4):267-270.

［ 2 ］中国环境优先监测研究课题组. 环境优先污染物［M］. 北京:环境科学出版社，1989.

［ 3 ］周文敏，傅德黔，孙宗光. 水中优先控制污染物黑名单［J］. 中国环境监测，1990，6(4):1-3.

［ 4 ］沈德中. 污染环境的生物修复［M］. 北京:化学工业出版社，2002.

［ 5 ］Mueller JG, Lantz SE, Blattmann BO, et al. Bench-scale evaluation of alternative biological treatment processes for the remediation of pentachlorophenol- and creosote-contaminated materials［J］. Environ Sci Technol, 1991, 25(6): 1055-1061.

［ 6 ］Eliss B, Harold P, Kronberg H. Bioremediation of a creosote contaminated site［J］. Environ Technol, 1991, 12: 447-459.

［ 7 ］戴树桂. 环境化学［M］. 北京:高等教育出版社，1996.

［ 8 ］王建龙，文湘华. 现代环境生物技术［M］. 北京:清华大学出版社，2001.

［ 9 ］姜昌亮，孙铁珩，李培军，等. 石油污染土壤长料堆式异位生物修复技术研究［J］. 应用生态学报，2001，12(2):279-282.

［10］张文娟，沈德中，张从，等. 堆制处理过程中的多环芳烃降解［J］. 应用与环境生物学报，1999，5(6):605-609.

［11］Weissenfels WD, Beyer M, Klein J. Fifth european congress on biotechnology［J］. Copenhagen, 1990, 2:931-934.

［12］巩宗强，李培军，王新，等. 真菌对土壤中苯并芘的共代谢降解［J］. 环境科学研究，2001，14(6):36-39.

［13］李晔，陈新才，王建兵. 富含油脂污泥在土壤浆化反应器中的生物修复［J］. 环境科学与技术，2001，(9)5:13-15.

［14］徐向阳，冯孝善. 五氯酚污染土壤厌氧生物修复技术的初步研究［J］. 应用生态学报，2001，12(3):439-442.

［15］宋玉芳，许华夏，任丽萍. 两种植物条件下土壤中矿物油和多环芳烃的生物修复研究［J］. 应用生态学报，2001，12(1):108-112.

［16］徐亚同，史家梁，袁磊. 上澳塘水体生物修复试验［J］. 上海环境科学，2000，19(10):480-484.

［17］Duba AG, Jackson KJ, Jovanovich MC, et al. TCE remediation using in situ restingstate bioaugmentation［J］. Environ Sci Technol, 1996, 30(6):1982-1989.

［18］Kosegi JM, Minsker, BS, Dougherty DE. Feasibility study of thermal in situ bioremediation[J]. Environ Eng，2000，7：601-610.

[19] Jeffrey AC，Halla B，Gary DH，et al. Enhance in situ bioremediation of BTEX-contamina-ted groundwater by combined injection of nitrate and sulfate[J]. Environ Sci Technol，2001，35(3)：1663-1670.

[20] 赵振业，朱琨，黄君礼，等. 二氧化氯在石油污染地下水治理中的应用[J]. 中国给水排水，1999，15(9)：55-57.

[21] 刘魏魏，尹睿，林先贵，等. 生物表面活性剂强化微生物修复多环芳烃污染土壤的初探[J]. 土壤学报，2010，47(6)：1118-1125.

[22] 李冬，范晓琳. 生物修复技术在土壤污染治理中的应用[J]. 节能与环保，2019(7)：109-110.

[23] 侯梅芳，潘栋宇，黄赛花，等. 微生物修复土壤多环芳烃污染的研究进展[J]. 生态环境学报，2014，23(7)：1233-1238.

[24] 田兆雪，刘雪华. 环境中多环芳烃污染对生物体的影响及其修复[J]. 环境科学与技术，2018，41(12)：79-89.

[25] 陈亚奎，卢滇楠. 重金属污染土壤生物修复技术研究进展与现状[C]. 中国环境科学学会科学技术年会论文集(第三卷)，2019，564-568.

[26] 李新贵，孙亚月，黄美荣. 城市水环境的修复与综合治理[J]. 上海城市治理，2017，26(4)：12-18.

[27] 钱伟，冯建祥，宁存鑫，等. 近海污染的生态修复技术研究进展[J]. 中国环境科学，2018，38(5)：1855-1866.

[28] 李玮，王明玉，韩占涛，等. 棕地地下水污染修复技术筛选方法研究——以某废弃化工厂污染场地为例[J]. 水文地质工程地质，2016，43(3)：131-140.

[29] 陆光华，刘颖洁. 地下水有机污染的生物修复技术及应用[J]. 水资源保护，2003，4，15-18.

第八章

新型污染物的研究进展

发达国家和地区对新型污染物(emerging pollutants of concern，EPOC)定义为"新认定或尚未认定""未受法规规范"，对人体健康和生态环境具有风险性的化学污染物，包括药物及个人护理品(pharmaceutical and personal care products，PPCPs)、内分泌干扰物(endocrine disrupting chemicals，EDCs)、饮用水消毒副产物(by-products of drinking-water disinfection)、防晒剂/紫外滤光剂(sunscreens or UV filters)、人造纳米材料(artificial nanomaterials)、全氟化合物(perfluorinated compounds)、多溴联苯醚(polybrominated diphenyl ethers，PBDEs)、微塑料(microplastics)等。由于新型有机污染物品种多、数量大、用途广泛，传统的城市污水处理厂无法有效去除，近几年已引起世界各国高度关注。下面对环境雌激素、多溴联苯醚、药物、有机滤光剂、双酚类化合物、微塑料等新型污染物在水环境中的分布特征、污水厂去除效率、迁移转化规律及生态毒理效应等进行介绍。

第一节　环境雌激素

工业时代的到来，给人类社会带来高度物质文明的同时，也给人类生存环境造成巨大威胁，化学品大量生产和使用带来的生态环境问题已引起了人们越来越多的关注。外源性雌激素是指环境中存在的、能通过模仿内源性雌激素的作用而干扰人类或野生动物内分泌系统诸环节并导致异常效应的物质。外源性雌激素的种类较多，包括有机氯农药、表面活性剂、增塑剂及一些人工合成雌激素等。随着环境污染的加剧，这些物质从相应的生产过程不断释放，通过饮食、接触等途径进入生物体内，对人类的健康及生物的生存产生巨大影响。近年来，人们认为许多现象的发生均与外源性雌激素污染有关，例如：人类隐睾症与尿道下裂等疾病发病率提高，男性平均精子数量减少，女性不孕率明显上升，水生动物出现雌性化现象，以及某些鸟类出现行为反常和生育能力丧失现象。鉴于外源性雌激素深远的负面效应，有关外源性雌激素的污染监控及其生态环境安全评价已成为当今环境科学研究的前沿和热点。

许多雌激素污染物来自杀虫剂、塑料制品、电力变压器和其他产品。其他的污染物是作为副产物而产生，主要来自制造过程或是某些化学物质和药品如 17α-炔雌醇(EE_2)和己烯雌酚(DES)的降解产物。而天然雌激素如植物雌激素和真菌雌激素，在许多植物和真菌中都存在。1994 年，Purdom 等报道了污水处理厂的尾水对鱼有雌性化作用，从而引发各国对污水处理厂尾水导致鱼的雌性化问题的关注。

污水处理厂尾水中含有天然及合成的雌激素,成为雌激素进入水生环境中的主要来源,同时证明了尾水暴露能够刺激鱼产生卵黄蛋白原(vitellogenin,VTG)。外源性雌激素进入水生生态系统后,可对水生生物的生长、发育、繁殖和生存产生不利影响,最终在生态系统水平上引起效应。水环境中低浓度的外源雌激素的长期暴露导致鱼类的雌性化效应已经引起人们的关注。

一、 环境雌激素的分类

环境内分泌干扰物质是指环境中存在的能干扰人类或动物内分泌系统诸环节并导致异常效应的物质。由于目前所发现的干扰动物及人体内分泌系统的有机化合物绝大多数都具有雌激素特征,因此通常又将环境雌激素称作内分泌干扰化合物(endocrine disrupting chemicals)或外源性雌激素(xenoestrogens)。1996 年,美国环境保护局共列出了 60 种有内分泌干扰作用的物质(即环境激素类污染物),美国疾病防治中心列出了 48 种,世界野生动物基金会于 1997 年列出了 68 种。外源性雌激素可分为:

① 天然雌激素:雌酮(E_1)、17β-雌二醇(E_2)和雌三醇(E_3)。

② 植物雌激素和真菌雌激素:植物雌激素(大豆黄素、芒柄花黄素、染料木黄酮、牛尿酚、拟雌内酯、肠内脂、肠内二醇和司可异罗叶松甘油二酯)以及真菌雌激素(玉米赤霉烯酮和玉米赤霉烯醇)。

③ 人工合成的雌激素:己烯雌酚(DES),己烷雌酚、17α-炔雌醇(EE_2)、炔雌醚等口服避孕药和一些用于促进家畜生长的同化激素。

④ 环境化学污染物质:农药及其代谢产物、杀虫剂及工业化学物质等。最常见的环境化学污染物有农药(DDT、艾氏剂、狄氏剂等)、树脂增塑剂如双酚 A (BPA)、洗涤剂及表面活性剂(壬基酚)、多氯联苯(PCBs)、多环芳烃(PAHs)、二噁英以及重金属(Hg、Pb、Cd 等)化合物。

二、 环境雌激素的主要来源

① 在空气介质中:垃圾焚烧产生的二噁英和 PCBs;农药的喷施及化工生产过程中也可产生空气类激素污染。

② 水环境介质中农药、化肥的大量使用,工业废弃物的随意堆放以及垃圾场填埋物的渗滤液中内分泌干扰物借助水的淋溶作用渗入水环境中;有机废水的随意排放造成水体环境内分泌干扰物污染;地表水作为城市居民饮用水水源时,自来水厂对地表水加氯消毒产生的副产物存在于饮用水中,包括挥发性的三卤代甲烷和难挥发的卤代乙酸。

③ 在土壤介质中:农药(有机氯、有机磷杀虫剂和除莠剂等)残留、化肥的大量使用会造成土壤的环境内分泌干扰物污染。另外,自然环境系统中原有的内分泌干扰物(如天然的植物碱、动物激素和微生物代谢物)或产生的环境内分泌干扰物物质(如火山的喷发)也是一个来源。

三、 环境雌激素的主要作用机制

对环境雌激素的实际作用模式还没有完全了解。然而,最近的研究发现雌激素对内分泌调节的影响比早期预想的要更复杂。外源性雌激素可能通过以下机制对生物系统产生影响。

1. 对内分泌系统的影响

内分泌系统是指将化学信号(激素)直接释放到血液中以进行信号传递或诱导靶组织产生生理反应的任何组织或细胞。内分泌系统的核心部位是下丘脑和垂体,它们对来自脑的神经信号作出响应,并转化为化学信号(激素),作用于腺体组织如性腺、甲状腺和肾上腺等。

环境雌激素属于内分泌干扰物,它首先影响生物体的内分泌系统,主要通过以下机制发挥作用:

① 与受体结合

有些环境雌激素的化学结构与内源性雌激素(如 E_2)相似,可与 E_2 竞争靶器官的 ER,形成配体-受体复合物,并与 DNA 的特定区域结合,作用于 DNA 中的雌激素反应元件(estrogen response element,ERE),激活基因的转录,然后产生雌激素效应。雌激素受体的特异性在所有已知的类固醇激素受体中似乎是最低的,可以与许多 E_2 以外的物质结合。如 NP、DDT、硫丹、PCBs 和 PAES 等可竞争性抑制 E_2 同 ER 结合,产生类雌激素效应。某些物质还可能与其他核内受体(如视黄酸 X 型受体和甲状腺素受体)相结合作用于 ERE。某些有机氯化合物就是可与甲状腺素受体结合而产生一定的生理效应。

某些化学品可以与雄激素受体(androgen receptor,AR)结合,阻塞体内雄激素与受体的结合,表现出抗雄激素效应。如 DDT 的代谢产物 DDE 是一种雄激素拮抗剂,可竞争性结合 AR 而拮抗雄激素的作用。

有些内分泌干扰物与雌激素受体的信号传递途径无关,但依然可产生类雌激素的效应。芳烃受体即为性激素受体外的一种信号传导途径,它可与许多环境污染物如 PCBs、二噁英和呋喃相结合。

② 与血浆性激素结合蛋白结合

EDCs 可能与血清白蛋白、性激素结合球蛋白(sex hormone-binding globulin,

SHBG)和 α-甲胎蛋白发生作用,影响内源激素的代谢和运输。动物体内绝大部分的内源雌激素是与 SHBG 结合在一起的,游离状态下具有活性的雌激素水平较低。环境雌激素可与 E_2 竞争性结合血浆 SHBG。虽然环境雌激素与 SHBG 的亲和力较低,但其可置换与 SHBG 结合的内源性雌激素,增加血浆中游离态雌二醇和睾酮的浓度,从而影响内源性雌激素的转运和利用。环境雌激素如 NP、OP、BPA 及某些植物性雌激素都可作为 SHBG 的配体,与 SHBG 结合后被血浆转运,增大了它们对于组织细胞的可得性。此外,环境雌激素可通过影响内源性激素合成过程中某些酶的数量或活性影响内源性激素的合成。芳香化酶是一种重要的类固醇激素转化酶,它可使雄激素转变成雌激素。某些环境雌激素(如 NP)可增加生物体中芳香化酶的数量或活性,从而改变生物体中雄激素和雌激素的数量,影响它们的性别分化和生长发育。

③ 影响受体的表达

环境雌激素可诱导或抑制下丘脑、垂体、子宫、前列腺等多种器官中 ER 的表达,引起其数量的增减,从而影响雌激素产生的效应。不同种类的环境雌激素可引起动物不同靶器官中 ER 数量的不同变化。如 BPA、OP 和 DES 均可使雄性大鼠垂体 ER-α 和 ER-β 表达增加,DES 还可使大鼠子宫 ER-α 表达减小,而使前列腺 ER-β 表达增加。NP 可激活鱼类肝细胞 ER 基因转录,增加 ER 表达。

2. 对生殖与发育的影响

生殖系统的正常发育受内源性激素的调控,外源性激素对正常激素的干扰可以永久改变生殖系统的组织和机能。内分泌干扰物通过干扰内分泌系统诱导发育的转变,对胚胎的发育产生不利影响。下丘脑-垂体-性腺轴对脊椎动物的生理繁殖起着关键性的作用,这个复杂系统的一个重要成分是类固醇激素 E_2,这个系统的混乱将会降低有能力的生物体的繁殖力。环境雌激素通过干扰内源性激素正常水平的维持而影响生殖系统的功能和胚胎的发育。许多动物实验已表明环境雌激素可引起多种类型的雄性生殖系统发育障碍,包括性腺发育不良,睾丸萎缩,睾丸和附睾重量减轻,睾丸肿瘤,隐睾,生精细胞、支持细胞和间质细胞数目减少,精液质量下降,精子数减少甚至无精,性欲降低和不育等。

3. 致癌作用

在过去几十年中,激素依赖性器官肿瘤如乳腺癌、睾丸癌和前列腺癌发病率明显上升。已有证据证明 DES、PCBs、DDT 等具有致癌作用,其他环境雌激素如人工合成避孕药,植物和真菌雌激素等与肿瘤尤其是生殖系统肿瘤的关系正在研究。环境雌激素的致癌机制可能包括影响靶器官细胞核及 DNA 的某些变化,抑制微管聚合,引起细胞动力学改变,以及干扰细胞周期。

4. 毒害神经系统

环境雌激素对神经系统的影响可通过两个途径实现:(1)先作用于神经内分泌

器官(如甲状腺),影响激素的释放及其在靶器官的效应,再通过反馈作用影响到神经系统,如二噁英可使促甲状腺激素分泌增多,刺激甲状腺的生长和甲状腺素的分泌,而甲状腺素对大脑的发育和功能有重要作用;(2)直接作用于神经系统,引起行为、精神等的改变。

5. 对免疫系统的影响

动物实验和对野生生物的调查证实,环境雌激素能改变机体免疫功能,表现为亢进或抑制,导致免疫抑制或过度反应。环境雌激素诱导或加速自身免疫性疾病过程的机制可能为:(1)模仿内源激素与受体结合,作用于免疫细胞 DNA 上的雌激素反应元件;(2)改变自身某些分子,使免疫系统将其判定为异物;(3)妨碍胸腺素的分泌,从而抑制 T 细胞的成熟,未成熟的 T 细胞可能攻击自身细胞而引发自身免疫性疾病;(4)促使向外周释放自身免疫性细胞。

内分泌干扰物及环境因子对水生生物的生殖健康和生存率的影响序列见图 8-1。

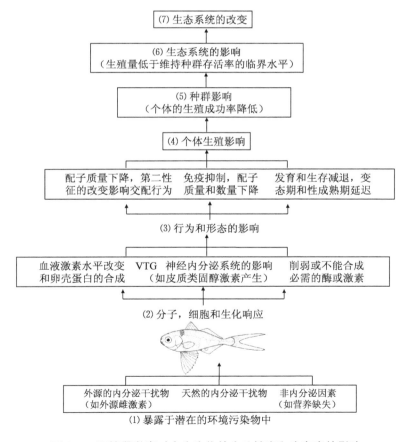

图 8-1　环境雌激素对水生生物的生殖健康和生存率的影响

四、 环境雌激素的分析检测方法

环境雌激素的分析检测方法主要包括生物测试方法、化学分析方法、生物测试与化学分析相结合的方法。

1. 生物测试方法

检验某种化合物是否具有雌激素活性通常要借助生物测试方法。生物测试包括体外生物测试和体内生物测试。

① 体外生物测试

体外生物测试法是将体外培养的细胞直接暴露于一定浓度的环境雌激素中，从细胞、分子水平上检测环境雌激素对生物体的影响。用于检测和筛选环境雌激素的体外实验主要包括雌激素受体结合实验、细胞增殖实验、受体介导的基因表达实验。

雌激素受体结合实验是通过检测环境雌激素与雌激素受体亲和力的大小来判断其活性强弱的方法，受体亲和力与雌激素活性之间具有明显的相关性。受体结合实验具有快速、灵敏的特点。雌激素需与受体蛋白结合为复合物，才能作用于相应的靶器官产生作用，但这一结合不一定能激活雌激素受体和雌激素控制的基因的表达，它只能说明被测物质具有内分泌干扰的潜在效应，因此仅仅检测化合物与受体的结合不能准确反映被测物是否具有类雌激素效应。这一较为成熟的方法被美国 EPA 推荐作为初筛的方法。

细胞增殖实验是将受试物和有关细胞进行共培养，以确定该受试物对细胞增殖的影响。最常用的是由 Soto 教授建立的 E-screen 法，选用 MCF-7 或 T47-D 等具有雌激素响应的人乳腺癌细胞系，通过比较细胞生长变化来检测和评价受试物的雌激素活性。该方法的优点是敏感性较高，简单易行，应用广泛，所用细胞来源于人，其结果能可靠地预测雌激素对人体健康的影响。但也存在一些缺点，如细胞培养实验条件要求较高，成本较高，且因不同细胞株的敏感性、培养条件、血清等的不同，不同实验室的检测结果相差较大。

受体介导的基因表达实验是将雌激素受体基因、激素应答元件和报告基因(如半乳糖苷酶基因 LacZ、氯霉素乙酰基转移酶基因等)转入 MCF-7、T47-D 细胞或酵母等真核系统中，通过环境雌激素与受体结合后诱导报告基因的表达来检测受试物的激素活性。在对环境雌激素的检测中，受体介导的基因表达实验应用最广泛。与受体结合实验相比，受体介导的基因表达实验测量的是受体的活性，所以它们能够测定物质的雌激素活性。

重组基因酵母雌激素检测法(yeast estrogen screen，YES)是近年来建立的一种环境雌激素的快速筛检方法。它是将人雌激素受体基因(hER)和与 ERE 相连的 β-半乳糖苷酶报告基因(LacZ)转染入酵母中构建而成。前两者组成转录因子,控制 Lac-Z 报道基因的表达。当外源雌激素进入酵母细胞后与 ER 结合,受体-配体复合物迅速启动 DNA 上的 ERE,激活转录因子,从而启动报告基因的表达,表现 β-半乳糖苷酶活力,通过检测 β-半乳糖苷酶的量就可以定量检测出化学品的类雌激素活性。

重组基因酵母检测法原理简单、快速、简便、经济,敏感性和特异性高。该法对所有具有雌激素受体介导的雌激素活性的物质均有响应,而不考虑其化学结构。与其他受体介导的基因表达实验(如基于人乳腺癌细胞 T47D 和荧光素酶表达的 CALUX 检测)相比,基于酵母的检测系统优于那些基于哺乳动物或鱼细胞链的检测系统,因其可能够削弱细胞增殖的非无菌条件的敏感性较小,因此更适合复杂环境样品的检测(如污水污泥)。此外,既然酵母中本身不含有激素受体(而哺乳动物细胞链中含有),这就避免了这些细胞对激素活性物质的复杂响应,这对检测内分泌干扰物质也是有利的。基于上述优点,重组基因酵母检测法适合用于实际环境中环境雌激素的检测,因此被许多专家认可,在环境雌激素测评系统中得到广泛应用。我国何世华等人于 2002 年国内首次成功构建了环境雌激素酵母检测系统,为这一方法的成功运用奠定了基础。

② 体内生物测试

污染物对生物机体的最早作用是从生物大分子开始的,然后逐步在细胞→器官→个体→种群→群落→生态系统各个水平上反映出来。要确定某种污染物对环境造成的危害程度,就需要检测并衡量其引起的生物效应,这对污染物质的鉴定和来源分析十分有用。体内法是让正常生活的动物体接触环境雌激素,再通过各种生物技术手段,以某些生理现象为指标,来测定生物体所受到的内分泌干扰影响。体内实验是环境雌激素检测与评价必不可少的步骤,它能够真实地反映其对生物体的内分泌干扰效应。

动物子宫促生长试验方法是检测和评价雌激素作用的传统体内试验方法。其原理是:子宫是雌激素的效应器官,富含 ERs,外来化合物与 ERs 的结合可使子宫雌激素引导蛋白含量增加,刺激子宫生长。以给药前后子宫湿重和子宫湿重与体重之比的变化为指标,通过测定环境雌激素对动物是否具有促进子宫生长的作用来评价其雌激素样活性。在鱼类中则为性腺与体重之比,即性腺成熟系数(gona-do-somatic index,GSI),一般来讲,暴露于雌激素或抗雄激素污染物后雄鱼的 GSI 会降低。GSI 的降低可能是由于青春期时睾丸发育受到阻止,睾丸正常的周期性的发育受到抑制或睾丸萎缩。这种方法的优点是可以检测某些需要在体内代谢活化后才有活性的物质和中间代谢产物等,但实验灵敏度不够高,费时,影响因素很多,不适于大量筛查。

生物标志物法是指生物标志物作为环境因子作用于生物体而引起的组织、生物体液或机体的生化、细胞、生理或行为的可测量的改变,能够提供一种或几种化学污染物暴露和/或毒性效应的证据。特定的生物标志物可以表征某种特定化合物暴露的有害效应。鱼类是检测水体环境雌激素的理想材料,通过监测鱼类对雌激素的敏感生物标志物可反映出外源性雌激素的暴露水平,从而为评价这一地区水体的雌激素污染程度和鱼类雌性化的风险水平提供依据。检测环境雌激素常用的生物标志物包括血清卵黄蛋白原(VTG)水平、精子 DNA 损伤、血清中类固醇激素的浓度等。

VTG 是指示环境雌激素暴露、测试环境雌激素效应的最为敏感的分子生物标志物之一。VTG 是雌鱼在卵黄生成期内由卵巢内所分泌的雌激素 E_2 作用于肝脏的雌激素受体而大量生成的,经血液运输到卵巢,作为卵黄蛋白的营养支持供鱼卵生长发育。但在雌鱼的其他生活期间,鱼体内的 VTG 的含量却很低。雄鱼及幼鱼肝脏内也存在雌激素受体,但其体内较低水平的雌激素不足以诱导出可测量的 VTG,因此正常的雄鱼和幼鱼体内 VTG 含量很低或没有。VTG 的基因表达受 ER 的控制,因此,对卵生鱼类来讲,任何具有生物有效性的 ER 激活剂都能够激起 VTG 的表达。环境雌激素可模拟内源性雌激素的作用,也可以作用于肝脏的雌激素受体诱导 VTG 的合成。因此,雄鱼和幼鱼体内的 VTG 可以很好地用来指示具有生物有效性的 ER 激活剂和那些可以间接地刺激产生雌激素活性的化合物的暴露。利用雄鱼、幼鱼血清 VTG 水平变化作为水环境中类雌激素物质监测的生物标志物已经成为一种国际通行的研究方法,国内外众多研究者通过监测雄鱼和幼鱼体内的 VTG 来监测环境雌激素污染情况,发现 VTG 水平都有明显升高。在自然条件下,由于取样点的鱼的移动剧烈或不同鱼类的进食差异或其他复杂的因素,有时环境雌激素的浓度与鱼体内的 VTG 之间缺乏一定的相关性,尤其是在毒物水平相对较低的时候。

酶联免疫吸附反应(enzyme linked immunosorbent assay,ELISA)特异性强、灵敏度高,是测定 VTG 含量最常用的方法。它是利用酶标记的抗原或抗体,在固相载体上进行抗原或抗体的测定。常用的有间接法、双抗体(夹心)法和抗原竞争法。不同鱼种的 VTG 有很大的差异,因而对不同实验动物都需要纯化一定量的 VTG,以便作为 ELISA 方法的标准。

对精子 DNA 损伤的评价可以很好地指示环境雌激素污染物的生物可利用性和污染的毒性效应。当将鱼类暴露于许多种污染物中时,可能会观察到相应的 DNA 的改变,如 DNA 链的断裂,DNA 基质的改变,DNA 交联和缺乏嘌呤等现象。DNA 的损伤会将一些资源转移来进行 DNA 的修复。这种强烈的消耗会明显削弱一个生物体的生长和繁殖。人们越来越清楚地认识到能量学和 DNA 的完整性是相互关联的,并可对不利于生长、繁殖和生存的效应作出可靠的预测。很多研究发现,受到环境雌激素污染的鱼精子的 DNA 损伤水平比对照点高。雄性双斑美大菱鲆(*Pleuronichthys verticalis*)血浆中 E_2 的水平与精子 DNA 损伤之间有一定的关系;青鳉鱼(*Oryzias latipes*)暴露于具有雌激素活性的化学物质壬基酚中后,其精母细胞、塞尔托利细胞和莱迪希细胞的凋亡增加了 6 倍。

环境雌激素的早期生物学效应之一是改变血浆类固醇激素水平,进而影响生物体的生殖和发育、降低免疫功能。通过测定水体中鱼体内的血浆类固醇激素水平,可以监测和评价该水体中的类雌激素污染情况。Tiltion 等人将雄性河道鲶鱼(*Ictalurus punctatus*)暴露于两个污水处理厂出水中 21 d 后,鱼血浆中的 E_2 浓度明显升高。有研究指出将性激素比率(E_2/T)作为评价激素干扰的指标。

除 VTG、精子 DNA 损伤和血浆中类固醇激素的浓度外,能够反映出鱼类受到环境雌激素干扰的生物标志物还有 ER 的表达、GSI 和一些微观水平上的甚至是肉眼可见的组织学改变和结构变形如睾丸的纤维化、空泡的形成、生殖上皮的萎缩、精小叶直径的减少、塞尔托利细胞肥大和生殖管道的畸形等,它们在指示水生生态系统中具有雌激素活性的污染物的暴露、量化污染物的环境水平、揭示污染物的毒性效应上是必不可少的。

现有的检测方法各有优缺点。体外生物测试方法虽然简单、快速、方便,但毕竟不能反映活体响应,体内实验虽然能够真实地反映出生物体对内分泌干扰效应的响应,但通常耗时,而且花费高,检测和评估 EDCs 需要准确度非常高的分析技术。存在浓度低、复杂的样品介质和目标化合物的多样性使得单独用一种这些已经建立的体外或体内测试方法难以对其进行准确评估,需用一组相互补充的体外和体内测试方法来全面评价环境雌激素活性。很多学者均建议采取系列或成组试验组成多阶段测评程序。美国内分泌干扰物质的筛选和测试顾问委员会(ED-STAC)推荐采用分阶段的方式评价:第一阶段采用体内和体外筛选试验方法,检测潜在的激素生物效应;第二阶段主要是利用体内实验确定内分泌干扰物的不良反应及特征,确定剂量-反应关系。

2. 化学分析方法

检测环境雌激素的污染水平及其在生物体内的蓄积状况,需要依赖于化学分析方法。化学分析方法能够对每一种待测物质进行准确定量。化学分析周期短、实验条件容易控制、能同时测定多种环境雌激素。目前对环境雌激素检测化学分析方法主要是采用色谱法,包括薄层色谱法、气相色谱法(gas chromatography,GC)、高效液相色谱法(high-performance liquid chromatography,HPLC)、气质联用法(gas chromatography-mass spectrometry,GC-MS,Gas chromatography-tandem mass spectrometry，GC-MS^2）、液质联用法（liquid chromatography-mass spectrometry，LC-MS、liquid chromatography-tandem mass spectrometry，LC-MS^2）和毛细管电泳法等。

环境雌激素一般以微量或痕量浓度存在于环境中，而色谱分析要求样品中欲测定组分的含量应当在所用检测器的最低检出限以上。为提高待测组分的含量，降低原始样品的基体干扰，目前对环境雌激素的化学分析检测一般需要依据样品介质的不同对样品进行浓缩和净化以使雌激素的浓度增加到可检测的水平。方法有溶剂萃取、固相萃取（solid phase extraction，SPE）、固相微萃取（solid phase micro-extraction，SPME）等。一般来讲，无论是用气相还是液相色谱分析定性或定量雌激素化合物，提取净化方法基本上是相同的。水样通常是在过滤除去微粒之后用 SPE 处理。SPE 减少了高纯溶剂的使用，处理效率高、操作简单，适于大批量样品的分析。SPE 是水中雌激素分析中应用最广泛的提取和浓缩方法。对固体样品（如土壤或底泥样品）的提取通常是用溶剂萃取法，辅助以超声波降解法或液体提取。在土壤、污泥或底泥提取之后的净化技术是很重要的。水中环境雌激素的分离和鉴定简化流程见图 8-2。

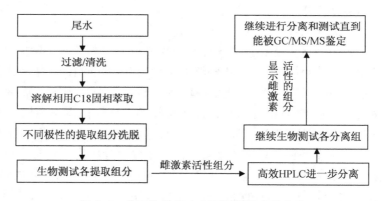

图 8-2　分离和鉴定水中环境雌激素的方法

GC-MS 结合了 GC 和 MS 的优点，有着很高的分离能力和很好的鉴定能力，能适应待测环境内分泌干扰物种类繁多的需求，是环境雌激素检测中应用最为广泛的一种化学分析方法。环境雌激素物质分子量大、沸点高，难挥发。为了对分析物进行更好的色谱分离，有必要对羟基和羧基进行衍生化。所谓衍生化技术就是通过化学反应将样品中难于分析检测的目标化合物定量地转化成另一易于分析检测的化合物，通过后者的分析检测可以对目标化合物进行定性和（或）定量分析。对环境雌激素进行衍生化可以增加化合物的热稳定性和挥发性、降低它们的极性，还可以提高检测的灵敏度。气相色谱中常用的衍生化方法有：硅烷化衍生化方法、酯化衍生化方法、酰化衍生化方法、卤化衍生化方法等。在对环境雌激素的研究中，硅烷化技术是应用最多的。常用的硅烷化衍生剂主要包括双（三甲基硅烷基）三氟乙酰胺（N，O-Bis(trimethylsilyl)trifluoro Acetamide，BSTFA）、N-甲基-N-（三甲基硅烷基）三氟乙酰胺、N，O-双（三甲基硅烷基）乙酰胺和 N-（叔丁基二甲基硅烷基）-N-甲基三氟乙酰胺等。GC-MS 检测方法被广泛用来分析环境中的雌激素。如 Quednow 等人用 GC-MS 方法调查了德国 Hessisches Ried 地区四条淡水河流中的内分泌干扰物 BPA、辛基酚（OP）和壬基酚（NP）的时空分布。在这些水样中 BPA、OP、NP 的浓度范围分别为：<20～1 927 ng/L，<10 ～770 ng/L，<10～420 ng/L。Ribeiro 等人用 HPLC-DAD 和 GC-MS 方法检测了葡萄牙 Mondego 河口地区的内分泌干扰物分布情况，结果发现植物性雌激素和 BPA 的浓度很高（分别为>1.1 μg/L 和>880.0 ng/L）。

在最近几年，用 LC 与 MS 相结合如（LC-MS，LC-MS^2）检测和定量环境雌激素迅速发展。与气相检测方法相比，液相方法可以在分析前避免衍生化步骤，因此减少了由于分析方法导致分析错误的可能性。LC-MS^2 的检测限最低，便于研究者定量痕量水平的雌激素，这对于检测即使在低浓度仍能发挥生物效能的环境雌激素来讲是很有意义的。LC-MS^2 对于分析复杂介质中实际样品有着很多的优点。由于敏感性、选择性较好并适合没有目标化合物的分析检测。Kuster 等人用 SPE 和 LC-MS 的方法测定了巴西里约热内卢州水环境中的 19 种不同种类的雌激素，结果显示河水中的植物雌激素超过 366 ng/L，黄体酮的水平超过 47 ng/L。

3. 生物测试与化学分析相结合

EDCs 分布广泛，作用效应复杂，揭露天然水体中痕量雌激素的暴露需要敏感有效的检测工具和分析方法。虽然化学分析的敏感性高且能鉴定并定量水体中痕量水平的雌激素，但是化学分析不考虑水中结构不同的雌激素之间的相加、协同或拮抗效应。而生物测试能反映出生物体对所有雌激素活性物质的综合响应，包括那些没有被化学分析检测到的物质。为了评价化学分析与环境中所观察到的效应之间的因果关系，越来越多的研究者开始采用生物测试和化学分析相结合的方法，生物测试和化学分析的结合已经成为评价水体中雌激素效应和鉴定环境雌激素的有效方法。这种结合方法可分为两种不同的类型，一种是基于已知的几种目标化合物的化学分析，得出化学分析结果与生物分析结果的相关性。在这种方法中，单个的化合物是提前选择好的，所以可以对化学分析方法进行优化并选择有效的方法。第二种类型是基于 TIE（toxicity-identification evaluation）和 EDA（effect-directed analysis）程序的，它的目的是在没有特定的目标化合物的前提下鉴定化学应激物。这类鉴定一般分为 3 个步骤，即毒性描述、鉴定化学应激物和证实确认。综合分析（如 EDA 和 TIE）已经被证明对鉴定环境中的类固醇雌激素和评价它们相对于其他内分泌干扰物在环境中的重要性有重要意义。

五、 水体雌激素污染和野生鱼类的雌性化

从 20 世纪 80 年代末期在英国的河流中首次发现畸形鱼以来,内分泌干扰现象迅速引起人们的广泛关注。作为内分泌干扰效应的一种形式,雄鱼的性别逆转引起了科学家和政府部门的注意。这些河流一般都接受大量的污水处理厂尾水和各种生活污水和工业废水。表 8-1 中列出了世界各地污水处理厂尾水中的主要雌激素的浓度范围。

表 8-1　污水处理厂尾水中的雌激素浓度

采样点	雌激素的浓度(ng/L)				分析方法
	E_1	E_2	E_3	EE_2	
巴黎	6.2~7.2	4.5~8.6	5.0~7.3	2.7~4.5	SPE/GC/MS
丹麦	<2~11	<1−4.5	—	<1−5.2	SPE/GC/MS
荷兰	<0.4~47	<0.6~12	—	<0.2~7.5	SPE/GC/MS/MS
瑞士	5.8	1.1	—	4.5	SPE/GC/MS
英国	1.4~76	2.7~48	—	<LOD-4.3	SPE/GC/MS
英国	<LOD	<LOD	—	<LOD	SPE/GC/MS/MS
英国	6.4~29	1.6~7.4	2~4	<LOD	SPE/GC/NCI/MS
德国	9	<LOD	—	1	SPE/GC/MS/MS
德国	14.6	4.6	—	—	SPE/LC/MS/MS
德国	7	6	3	3	SPE/HRGC/MS
德国	<LOD-18	<LOD-15	—	—	SPE/GC/MS
意大利	3	1.4	20.4	<LOD-12	SPE/LC/ESI/MS/MS
意大利	24	4	11.7	0.68	SPE/LC/MS/MS
意大利	17	1.6	2.3	1.4	SPE/LC/ESI/MS/MS
意大利	5~30	3~8	ND-1	ND	SPE/LC/ESI/MS/MS
西班牙	<2.5~8.1	<5~14.5	<0.25~2	<5	SPE/LC/MS
日本	—	<LOD	—	—	SPE/ELISA
日本	2.5~34	0.3~2.5	—	—	SPE/LC/MSMS

（续表）

采样点	雌激素的浓度（ng/L）				分析方法
	E_1	E_2	E_3	EE_2	
加拿大	3	6	—	9	SPE/GC/MS/MS
中国	10.8～31.5	ND-8.6	ND	ND	SPE/GC/MS

注：LOD：检测限，ND：未检出。

很多研究发现天然水体中尤其是污水处理厂排水口附近鱼类的雌性化问题。在北美，Nagler 等在哥伦比亚河的天然产卵区发现了很多 DNA 检测确定为雄鱼的大鳞大麻哈鱼生理上却表现为雌鱼。作者推断基因型雄性大麻哈鱼性别逆转的机制可能是暴露于环境雌激素中。从加拿大魁北克省的 St. Lawrence 河采集的湖白鲑（*Coregonus clupea formis*）表现出了雌雄间体现象，湖白鲑组织内的 PCBs、氯苯、杀虫剂和痕量金属的水平均升高了。生活于西班牙东北部 Anoia 河中的野生鲤鱼（*Cyprinus carpio*）表现为肉眼可见水平的雌雄间体或睾丸萎缩。从丹麦被生活污水处理厂尾水影响的河流中采集的雄性褐鳟（*Salmo trutta*）血浆内的 VTG 水平相比参照点的雄鱼高很多。从韩国的 Young-San 河中采集的野生雄性金鱼（*Carassius auratus*）显示了高水平的 VTG，而且 GSI 明显下降。澳大利亚昆士兰州东南部 5 个污水处理厂尾水中环境雌激素的总浓度为 2 446～6 579 ng/L，E_1 的浓度范围为 9.12～32.22 ng/L，E_2 的浓度为 1.37～6.35 ng/L，EE_2 的浓度为 0.11～1.20 ng/L。我国对环境激素研究起步较晚，但近年我国各界对环境激素问题逐渐重视起来。在长江、黄河、海河等流域水体都检测到了环境雌激素的存在。

六、 雌激素暴露对鱼类生命早期的影响

鱼类的性细胞起源于胚胎时期从一般的体细胞分化出来的原始生殖细胞，原始生殖细胞经过增殖、迁移，抵达生殖嵴，并与生殖嵴共同构成性腺原基。性腺原基经过进一步发育而形成性别未分化的具有两性潜势的原始性腺。原始性腺的形成对于鱼类性腺分化的进行具有重要的意义。性腺分化是指具有双向潜力的未分化性腺经过程序性发生的一系列事件，发育成精巢或卵巢并出现第二性征的过程。性别决定是性腺分化的基础。鱼类原始生殖细胞的性别决定早在受精时就已经由基因决定了，如系雌性，原始生殖细胞则分化为卵原细胞；如系雄性，原始生殖细胞则分化为精原细胞。但是与高等脊椎动物相比，鱼类的性别决定机制具有原始性、多样性和易变性，其性别决定不仅由其遗传因素所决定，往往还受到外界环境因素的影响，是其相互作用的结果，这就是所谓的环境型性

别决定。这些环境因素包括外源性激素、水温、种群密度、盐度、光周期和pH等。

对很多硬骨鱼来讲,性类固醇对性别分化具有组织作用,如指导发育中的性腺发育成卵巢或睾丸。如果在性别分化前或性别分化中暴露于环境雌激素活性物质中,鱼可以被诱导产生表型的雄性或雌性,而不受基因表达的影响。从遗传的角度来看,这种生殖功能的变化,不会动摇或改变其原来性染色体的结构。尚未分化的性腺易受类固醇组织作用的影响,这一发育阶段是个体易受影响并发生变化的关键阶段。环境雌激素在发育的关键时期的暴露可能更易对鱼类的繁殖特性产生毒性作用。这一关键阶段尤其适宜于研究 EDCs 对鱼造成的效应,因为即使是这一生命阶段的短期暴露,也可能会对表型性别和繁殖功能造成永久的,不可逆转的效应。对雌雄异体的鱼来讲,这一阶段包含了未分化的性腺发育成卵巢或睾丸这一组织分化前或组织分化中的发育阶段。这一阶段的发生时期与长短对不同的鱼类来说会有很大的差别,通常包括从胚胎/孵化阶段直到幼鱼时期。这一时期被称为鱼类生命早期。从实际观点出发,对这一阶段的了解有助于建立短期测试以评价 EDCs 暴露对成鱼繁殖能力的影响后果。生命早期雌激素效应的检测指标通常包括 VTG、致死率、生长发育、性别比例、性腺组织学、生育力和精子参数等。

自 1979 年首次召开"环境雌激素"大会以来,至今已经陆续召开了 4 次世界范围内的与环境雌激素相关的会议,着重讨论了环境雌激素的化学结构与特性;接触类雌激素物质后的生物毒性作用;环境雌激素对人类、家禽和野生动物的影响;关于危险度估计、检测方法和可能的预防措施。环境雌激素的生物活性及对水生生物生殖的影响及影响机制、生态效应、生物检测技术以及降解途径等问题已成为国际水生态毒理学研究的热点之一。国外已经在天然水体中环境雌激素的污染调查,污染途径,主要污染源,对生态系统的危害及分子作用机理,环境雌激素的降解、去除以及污染控制,防治对策等方面作了逐步深入的研究。近年我国对环境雌激素的研究发展迅速,但仍与发达国家存在巨大差距,目前国内多为实验室条件下对单一或几种环境雌激素的暴露研究,缺少对环境激素问题的全面调查评价,检测手段缺乏系统性、完整性、广泛性,缺少对环境雌激素在水体中的分配、归趋、迁移、转化等行为规律的了解,缺乏有效的控制、去除手段和检验、保护系统,缺少对野生生物的污染水平调查和种群、群落及生态系统的风险水平分析与评价。因此,加强上述各方面研究已成为当前我国环境科学界的当务之急。除此之外还应减少环境雌激素来源、控制敏感人群的暴露及加强污染点的治理等。

第二节　多溴联苯醚

多溴联苯醚(polybrominated diphenyl ethers,PBDEs)是一种新型持久性有机污染物,是目前使用最广泛的一种非反应性型溴代阻燃剂,由于其优异的阻燃性能,作为添加剂被广泛地添加于塑料、电子产品、绝缘体和纺织品、家具等中。世界上生产并使用的 PBDEs 产品主要有十溴联苯醚(主要含 BDE-209)、五溴联苯醚(主要含 BDE-47,BDE-99)和八溴联苯醚,其中十溴联苯醚用量最大,占全球生产总量的 75%。PBDEs 的化学通式为 $C_{12}H_{(0-9)}Br_{(1-10)}O$,依溴原子数量不同分为 10 个同系组,理论上共有 209 种同系物,其中有 6 种化合物被科学家研究最为普遍和深入,即 BDE-47、BDE-99、BDE-100、BDE-153、BDE-154 和 BDE-209。

PBDEs 相对分子质量大、熔点高、蒸气压低、水溶性低及辛醇-水分配系数高,因而具有疏水性、持久性和生物富集性,易于在颗粒物和沉积物中吸附以及在生物体中富集并可以在环境中长距离迁移,具有持久性有机污染物的一些特性。PBDEs 的结构和多氯联苯(PCBs)相似,其结构中的溴原子使此类化学物质在大气、土壤、水体等介质中难降解,对生物降解、光降解作用有较高抵抗能力,一旦进入环境体系,可在水体、土壤和底泥等环境介质中存留数年,甚至更长时间。

PBDEs 已广泛存在于各种环境介质和生物体如大气、水体、鱼、鸟、海洋生物及人体中,其含量呈指数增长的趋势。人类主要通过食物、室内空气污染等暴露于PBDEs。过去 30 年,环境中与人体内的 PBDEs 水平不断增高。PBDEs 具有类似于多氯联苯的毒性,对实验动物具有肝肾毒性、生殖毒性、胚胎毒性、神经毒性和致癌性等,能干扰内分泌,改变动物的本能行为,对人类特别是儿童可能具有潜在的发育神经毒性。

一、 PBDEs 在环境中的分布

PBDEs 是广泛应用的溴代阻燃剂,自从首次在环境中发现至今已有近 30 年的历史。1979 年,deCarlo 在美国一家 PBDEs 生产企业周围的土壤和污泥中首次检测出了 BDE-209。之后英国、日本、瑞典、西班牙等发达国家都相继在各环境介质中检测出了 PBDEs。近年研究发现 PBDEs 已经在北极地区缺少本地污染的多种环境介质中被检出,这说明 PBDEs 在环境中难降解,滞留时间长,可在环境中远距离迁移。

目前在空气、土壤、底泥等环境介质中都有 PBDEs 的检出。世界各地区各环境介质中的 PBDEs 的分布情况见表 8-2。PBDEs 已成为一类全球性的环境污染物,在环境中 BDE-209 的含量相对较多。PBDEs 主要作为电子产品等的溴代阻燃剂而广泛使用,因此它的污染程度与该地区的电子等工业发达程度休戚相关。美国、韩国等经济发达尤其有大规模电子产品生产的地区,其 PBDEs 的含量在环境中相对较高。而其他地区如发展中国家的 PBDEs 含量在环境中相对较低,但是PBDEs 污染有明显增加的趋势。

表 8-2　不同各环境介质中的 PBDEs 含量

检测地区	检测点	环境	PBDEs 总浓度	BDE-209 浓度	备注
美国	Shiawassee 河	漫滩土壤	55 ng/g(干重)		
德国	污水处理厂	污泥	12.5～288 ng/g(干重)(不包括 BDE-209)	97.1～2 217 ng/g 干重	BDE-209 为主要污染物
土耳其	伊兹密尔市	大气	11～149 pg/m³（夏天）		主要同系物依次为 BDE-209、-99、-47
			6～81 pg/m³（冬天）		
韩国	沿岸	底泥	0.45～494 ng/g(干重)(Σ₂₀PBDEs)		工业园区附近检测到最大值
澳大利亚	水生环境	沉积物	ND-60.9 ng/g		PBDEs 总含量相对较低
中国	珠江和东江	沉积物	1 217～7 361 ng/g	1 199 ng/g	PBDEs 尤其 BDE-209 的污染相当严重
	广州	大气	41.5～256.8 pg/m³	116.3～888.7 pg/m³	BDE-209 的含量高于其他地区
中国	长江三角洲	沉积物	ND-0.55 ng/g 不包括 BDE-209)	0.16～94.6 ng/g	Σ PBDEs 的含量世界范围内处于较低水平

　　中国是溴代阻燃剂的使用大国,但国内溴代阻燃剂的研究刚刚起步,而且主要集中于沉积物中 PBDEs 的研究,我国各地河底底泥中的总 PBDEs 含量相差很大。国内最早关于环境中 PBDEs 的报道是杨永亮关于青岛近岸表层沉积物的研究。之后对香港、厦门、珠江三角洲、长江三角洲以及渤海湾等经济发达地区周边水域沉积物进行了研究分析,发现除了珠江三角洲以外其他地区的 PBDEs 含量处于相

对较低水平。由于珠江三角洲地区拥有世界上最大的电子产品生产基地,电子类产品在生产、使用、废弃过程中会不断地向环境中释放 PBDEs,使它成为国内 PBDEs 污染最为严重的地区,它是目前世界上已报道沉积物中含量最高的区域之一,在几乎所有被分析的样品中 BDE-209 都是最主要的同系物。

二、 PBDEs 在生物及人体内的累积

1. PBDEs 在生物体内的累积

国内外对部分区域生态系统中 PBDEs 在生物体内的累积做了不少研究,在淡水鱼、海水鱼、海洋哺乳动物、水生食物链、鸟类、鸟蛋、人体血清及脂肪组织中都有涉及,其中以淡水和海洋鱼类的 PBDEs 的研究报道最多。研究发现,不同地区同一生物、同一地区不同生物体内的 PBDEs 含量差异较大,各地区不同生物中的 PBDEs 的含量见表 8-3。

表 8-3 各地区不同生物中的 PBDEs 含量

检测地区	检测点	检测生物体（及组织）	PBDEs 总浓度	备注
意大利	Maggiore 湖	斑马贻贝	40～447 ng/g(脂重)	占主要的是 BDE-47,其次是 BDE-99
瑞士	Emme、LBK、Necker、Venoge 四条河流	鱼体胆汁	0.8～240 ng/g	
		鱼体肝脏	16～7 400 ng/g	
挪威	Mjøsa 湖	鳟鱼	72～1 120 ng/g(湿重)	
		江鳕	156～2 265 ng/g(湿重)	
美国	维吉尼亚水域	鱼体肌肉	5～47 900 ng/g	BDE-47、BDE-99 为主要检出物,二者占总含量的 40%～70%
日本	Hirakata、Osaka	肉	6.25～63.6 pg/g(鲜重)	
		蔬菜	38.4～134 pg/g(鲜重)	
中国	海河、渤海湾水域	鲫鱼	6.81～35.50 ng/g	其中含量较高单体为 BDE-28 和 BDE-47

从表 8-3 可以知道各种生物的生物富集作用有很大差异,同一种生物的不同组织其生物富集作用也有很大差异,如对瑞士 Emme 等四条河流中鱼体的检测,发现肝脏组织中 PBDEs 的检出水平较胆汁中的 PBDEs 要高,表明肝脏更容易富

集 PBDEs。比较表 8-2 和 8-3 可以看出,环境中的 PBDEs 浓度与生物体内 PB-DEs 含量是存在着密切关系。环境中的 PBDEs 浓度高的,往往该检测区域生物体内 PBDEs 含量也比较高,并明显表现出生物富集性。

在环境样品中单体 BDE-209 含量比较高,然而大多发达国家对生物体进行检测发现单体 BDE-47 和 BDE-99 含量比较高,这可能是 BDE-209 可被生物代谢为低溴代联苯醚的缘故。我国生物体内 PBDEs 相对含量比发达国家要低,含量较高的单体为 BDE-28 和 BDE-47,这可能与溴代阻燃剂的使用和我国各种天然环境因素造成与其他国家的略微不同。

2. PBDEs 在人体内的累积

目前,对 PBDEs 在人体内的累积的相关研究还不是很多,但已经有了一些进展。人类主要是通过饮食摄入 PBDEs,食用鱼类尤其是富含脂肪的鱼类,是人体最主要的 PBDEs 摄入源,占摄入总量的 2/3。通过对 PBDEs 在人体脂肪组织、血液、母乳中分布的研究,证实了人体 PBDEs 暴露的普遍性。日本于 20 世纪 70 年代最早报道了人群生物监测结果,之后各国研究人员都以本国居民为分析对象,进行了 PBDEs 的含量检测。

表 8-4 各地区人体中的 PBDEs 含量

检测地区	组织	PBDEs 总浓度	BDE-47 浓度	平均值	备注
美国	女性血清			43.3 ng/g	美国人群血清中总 PBDEs 浓度是迄今为止报道的人体内 PBDEs 暴露的最高水平
	男性血清			25.1 ng/g	
英国	母乳	26～530 ng/g			污染水平较欧洲其他国家严重
日本	母乳	0.01～23.0 ng/g			BDE-47 是检测到的浓度最高的同系物
新加坡	脂肪		0.5～9.01 ng/g		主要检测到 BDE-47
中国	脐带血	1.5～12 ng/g			其中 BDE-47 和 BDE-153 为最主要的同系物,总浓度远低于美国所报道的水平

从表 8-4 可以看出,全世界大多数人群已经受到 PBDEs 不同程度的污染。一般来讲,某些从事电子行业的人体内相对含量比较高,很明显可以看出电子产业越

发达的国家或地区污染越大,如美国电子产业世界最发达,美国妇女母乳中 PB-DEs 的浓度是目前报道的国家中母乳 PBDEs 水平最高的国家。总体而言,欧美发达国家的 PBDEs 在生物体内的累积比较严重,测出的数值相对比较大,而世界其他地方生物体内 PBDEs 浓度还不是很大。由于我国是发展中国家,经济相对落后,电子产业比发达国家相对起步晚,因此从现有的研究资料看,我国的 PBDEs 在人体内的累积比大多发达国家要少,尤其要远远低于美国。但由于我国并未对 PBDEs 做出任何限制,而且伴随着我国经济的发展和物质生活水平的提高,电子产品拥有量的增加,人群中 PBDEs 污染也将越来越严重。

总体说来,PBDEs 在人体内各组织中的含量要比其他生物体低得多,但是 PBDEs 含量在人体内快速增加应该引起大家注意,如瑞典妇女母乳中 PBDEs 含量在 1972—1997 年期间每隔 5 年浓度增加一倍。在人体内起支配作用的同样是 BDE-47,另外 BDE-153 的含量相对较多。这可能由于人体和其他生物处于不同营养级以及他们有不同代谢系统而引起的细微差别。

三、 对 PBDEs 生态毒理效应的研究

近年来在土壤、沉积物、大气和生物体中普遍检出 PBDEs,PBDEs 对哺乳动物、鸟类和鱼类都存在不同程度的毒害作用。对于 PBDEs 的生态毒理效应,相关研究还比较有限,但是逐渐成为科研人员关注的热点。

1. PBDEs 对生物体内酶系统活力的影响

对西班牙东北部埃布罗河流域的野生鲃鱼的生物标志物研究证明,PBDEs 能增强肝 Ⅰ 相和 Ⅱ 相的代谢酶和抗氧化谷胱甘肽过氧化物酶(GPx)的活力,而从下游段采集的鱼样第一阶段 CYP1A 依赖的 EROD(乙氧基异酚噁唑酮)、抗氧化酶以及脑的胆碱脂酶活力明显下降。用 BDE-47 对体外原代培养的大鼠海马细胞进行染毒,实验表明,BDE-47 可引起细胞内活性氧(ROS)水平的上升,丙二醛(MDA)含量的增加,还原型谷胱甘肽(GSH)含量的下降,以及超氧化物歧化酶(SOD)和 GPx 酶活力降低,说明 BDE-47 可诱导大鼠海马细胞的氧化应激。

2. PBDEs 对生物体甲状腺、生殖系统、神经系统以及免疫系统的影响

由于 PBDEs 的分子结构与甲状腺素(T4)和三碘甲状腺原氨酸(T3)非常相似,一些 PBDEs 同系物可以增强、降低或模仿甲状腺激素的生物学作用。利用 BDE-71 染毒 Wistar 大鼠,30、60 mg/kg 剂量组雌鼠染毒后 21 d,血清 T4 水平明显下降;3、30 和 60 mg/kg 剂量组雄鼠染毒后 31 d,血清 T4 水平明显下降;30、60 mg/kg 剂量组雄鼠染毒后 31 d,血清 T3 和 TSH 水平明显下降,BDE-99 的神经系统的毒性大于 BDE-47。刚出生 10 d 的小鼠暴露于 10.5 mg/kg 的 BDE-47

或 12.0 mg/kg 的 BDE-99,均导致小鼠运动行为异常,成年后记忆和学习能力明显下降。PBDEs 与具有免疫毒性的卤代芳香烃化合物(如 PAHs、PBBs 和 TC-DD)结构上的相似性,说明 PBDEs 可能会影响免疫系统。PBDEs 暴露的雏鸟具有很强的植物凝血素(PHA)反应,脾、囊和胸腺结构都发生变化,雏鸟的免疫系统受到损伤,对病毒感染、恶性细胞和微生物入侵缺乏适当的反应。

3. PBDEs 的致癌、致畸和致突变作用

目前关于 PBDEs 的致癌、致畸和致突变作用的研究尚少。目前只有美国动物实验发现 DeBDE 可致癌。(0、25、50 mg/kg DeBDE)分别染毒 F344/N 大鼠和 B6C3F1 小鼠 103 周。高剂量组肝腺瘤和胰腺瘤的发生率明显增高,甲状腺滤泡细胞腺瘤和癌发生率轻微升高。从目前的研究资料来看,PBDEs 没有致突变和致畸作用,相关机制还不是很清楚,尚需要进一步研究。

4. PBDEs 对人体健康的影响

目前关于 PBDEs 对人体健康影响的研究尚少,对 PBDEs 毒性的了解远不如 PCBs,而且 PBDEs 对于人体健康影响的研究都是以动物为研究材料的,不同 PB-DEs 同系物的健康危害不完全相同,对健康造成相同影响所需的五溴联苯醚的剂量要比十溴联苯醚低得多。有统计表明,生产十溴联苯醚产品的工人易患甲状腺功能减退。孕妇、胎儿和新生婴儿可对微小的甲状腺紊乱做出反应,因此他们可能是 PBDEs 的敏感群体。对十溴联苯醚进行毒理学效应研究发现其具有肝毒性、生殖毒性、甲状腺毒性以及潜在的致癌性。它进入生物体后,代谢为 5~9 溴代的低溴联苯醚,引起更强的毒性效应。

虽然目前有关 PBDEs 对人体健康的直接危害鲜见报道,但是在环境各介质、各种生物体以及人体中高含量的 PBDEs 已被大量报道,PBDEs 高的生物富集性和人类处在生物链的顶端,这些都使得 PBDEs 对人体的健康存在一定的风险。实验研究使用的剂量明显高于人类实际暴露量的剂量,所以对于低剂量暴露下的 PBDEs 毒性了解还很有限,PBDEs 的含量是否已达到对人类造成危害的水平还不是很清楚,对 PBDEs 的毒害作用和机制的研究还需要进一步地展开。

四、 对今后 PBDEs 研究的展望

从目前的发展趋势来看,PBDEs 在环境中的含量呈上升趋势。由于 PBDEs 在环境中具有持久性、高脂溶性和环境稳定性等特点,并且随着溴代阻燃剂广泛使用,PBDEs 污染越来越严重,将对生物及人体造成更大危害,因此 PBDEs 将作为一大类新的环境污染物而受到人们越来越多的关注。目前有以下几点有关 PB-DEs 的问题亟待解决:

（1）关于 PBDEs 在环境各介质中含量的研究比较多，但是对全球一些欠发达地区（如非洲等）以及人类难以居住地（如南极）的检测数据还很缺乏，需要进一步检测分析。大气、水、土壤作为自然界能量流动和物质循环的媒介，存在于其中的污染物会在生物体的组织器官中蓄积。因此，测定不同营养水平上生物体内的 PBDEs 含量是十分必要的。

（2）目前对 PBDEs 引起生态毒理效应的机理研究的资料非常有限，很多问题还有待解决。例如，PBDEs 污染对生物体各组织酶活性影响如何？PBDEs 与其他环境污染物，如与 PCB、PCN 等污染物之间形成的多种污染物复合污染及联合毒性效应如何？PBDEs 早期暴露如何影响神经和生殖发育？许多对 PBDEs 生物毒理效应还仅仅停留在实验室里研究，其条件往往不能代表自然环境，野外自然条件下的生态毒理效应研究还比较少，今后更需要加强这一方面的探索研究。

（3）关于 PBDEs 对人类的毒性效应的研究仅针对于小范围人群开展，调查的数量和次数还太少，所得到的结果缺乏代表性和普遍性。因此，必须进行大范围的调查和研究，才能真实地反映出 PBDEs 对人体健康产生的毒性效应，从而准确评价 PBDEs 在环境中的含量及来源。

（4）目前关于 PBDEs 降解作用的研究尚未开始，鉴于 PBDEs 对人和生物产生的毒性效应，而且 PBDEs 含量呈逐年上升的趋势，应积极开展与 PBDEs 降解有关的探索性研究，以降低 PBDEs 在环境、生物以及人体内的含量，为生态环境改善做出贡献。

第三节　药物

过去的几十年，在污染物研究领域中人们把关注的焦点集中在常规的"优先"污染物，特别是那些持久性有机污染物（POPs）、重金属及具有急慢性毒性的农药及化工产品和中间产物中。然而这类化学品仅仅是整个环境风险评价体系中的一部分，另一类数量巨大、生物活性复杂的新型污染物却在过去几十年中很少被提及和研究，这类新型污染物中有一大部分是我们目前大量使用的人用和兽用药物。据估计全世界每年消耗 100 000 t 以上的药物，有 3 000 种以上不同的药品在欧洲广泛使用，包括消炎止痛药、抗生素、抗菌药、降血脂药、β-阻滞剂、激素、类固醇、抗癌药、镇静剂、癫痫药、利尿剂、X 射线显影剂、咖啡因等。养殖业药物使用量巨大，很多抗生素和药物不但作为治疗剂，同时还用作畜牧业饲料添加剂，水产养殖业使用量也不可低估。根据忧思科学家联盟（union of concerned scientists，UCS）

报道,在美国每年生产 16 000 t 的抗生素,其中 70％用于非治疗性的生长促进剂。大部分污水处理厂是针对传统意义上的污染物而设计,导致低浓度的药物活性物质持续不断地排放至水环境,持续的低剂量的暴露和摄取对水生生物及人体健康存在潜在的危险。

一、 水环境中药物的分布

在国外,药物在水环境中的残留研究开展较早,相关残留在污水出水厂、地表水、地下水及饮用水等各类水体中均有大量的报道。在西班牙 Llobregat 河流域,共有 13 种常用药物被检出,其中布洛芬、双氯酚酸、三氯生、雌激素在污水处理厂的出水和自然河水中均有较高浓度的检出,双氯酚酸最高浓度达到 1 200 ng/L。在英国 Tyne 河下游段检测到了克霉唑、右旋丙氧芬、红霉素、布洛芬、心得安、替莫西林和甲氧苄氨嘧啶共七种常用药物,其中布洛酚浓度最高达到 2 370 ng/L。不同水文条件下塞纳河中喹诺酮类、磺胺类、二氨基嘧啶类和硝基咪唑类药物残留的调查结果表明,诺氟沙星在枯水期有较高的输入量,而磺胺甲噁唑、甲氧氨基嘧啶和氟甲喹在洪水期有较高的输入量,同时发现诺氟沙星、磺胺甲噁唑和氟甲喹三种药物具有较高的检出率,最高检测浓度分别为 163 ng/L、544 ng/L 和 32 ng/L。值得注意的是近几年在饮用水中检出药物频率增大,如硫酸雌酮、解热镇痛药安替比林(400 ng/L)、异丙基安替比林(270 ng/L)及其相对较高浓度的代射物 AM-DOPH(900 ng/L)。

在我国,药物残留分布调查研究刚刚起步。叶计朋等调查了 9 种典型抗生素类药物在珠江三角洲重要水体的污染特征,结果显示珠江广州河段(枯季)和深圳河抗生素药物污染严重,最高含量 1 340 ng/L,大部分抗生素含量明显高于美国、欧洲等发达国家河流中药物含量,红霉素(脱水)、磺胺甲噁唑等与国外污水中含量水平相当甚至更高,深圳湾不同区域水体抗生素药物含量在 10～100 ng/L 水平,作者认为深圳湾和维多利亚港周边水产养殖废水的排放成为水体中抗生素污染的重要来源之一。叶赛等对环渤海水域磺胺类药物的含量特征进行了调查,检出了磺胺醋酰(2.1～4.4 ng/L)、磺胺嘧啶(为 5.7～12.9 ng/L)、磺胺甲基异噁唑(3.6～13.0 ng/L)、磺胺噻唑(9.2～32.2 ng/L)、磺胺甲噻唑(5.3～6.2 ng/L)、磺胺氯哒嗪(2.2 ng/L)、磺胺间二甲氧嘧啶(2.7～2.9 ng/L),认为城市生活污水排放是环渤海水域磺胺类污染物的主要来源。

药物本身的理化性质特别是极性决定了其在水环境中的残留分布特点。常用药物大都是偏极性化合物,较易溶于水(见表 8-5)。亲脂性强的药物易于被底泥吸附。

表 8-5　常用药物的在水溶液中的特性

药物类别	药物名称	英文名称	CAS 号	分子式	$\log K_{ow}$	溶解度（mg/L）
抗生素	诺氟沙星	Norfloxacin	70458-96-7	$C_{16}H_{18}FN_3O_3$	−1.03	178 000
	氧氟沙星	Ofloxacin	82419-36-1	$C_{18}H_{20}FN_3O_4$	−0.39	28 300
	磺胺嘧啶	Sulfadiazine	68-35-9	$C_{10}H_{10}N_4O_2S$	−0.09	77
	磺胺甲恶唑	Sulfamethoxazole	723-46-6	$C_{10}H_{11}N_3O_3S$	0.89	610
	氯霉素	Chloramphenicol	56-75-7	$C_{11}H_{12}Cl_2N_2O_5$	1.14	2 500
	阿莫西林	Amoxycillin	26787-78-0	$C_{16}H_{19}N_3O_5S$	0.87	3 430
	罗红霉素	Roxithromycin	80214-83-1	$C_{41}H_{76}N_2O_{15}$	2.75	0.018 9
	红霉素	Erythromycin	114-07-8	$C_{37}H_{67}NO_{13}$	3.06	1.44
	头孢拉定	Cefradine	38821-53-3	$C_{16}H_{19}N_3O_4S$	0.41	21 300
β-受体阻滞剂	阿替洛尔	Atenolol	29122-68-7	$C_{14}H_{22}N_2O_3$	0.16	13 300
	普萘洛尔	Propranolol	525-66-6	$C_{16}H_{21}NO_2$	3.48	61.7
抗焦虑	甲丙氨酯	Meprobamate	57-53-4	$C_9H_{18}N_2O_4$	0.7	4 700
	安定	Diazepam	439-14-5	$C_{16}H_{13}ClN_2O$	2.82	50
解热镇痛	布洛芬	Ibuprofen	15687-27-1	$C_{13}H_{18}O_2$	3.97	21
	酮基布洛芬	Ketoprofen	22071-15-4	$C_{16}H_{14}O_3$	3.12	51
	双氯芬酸	Diclofenac	15307-86-5	$C_{14}H_{11}Cl_2NO_2$	4.51	2.37
	萘普生	Naproxen	22204-53-1	$C_{14}H_{14}O_3$	3.18	15.9
	阿司匹林	Aspirin	50-78-2	$C_9H_8O_4$	1.19	4 600
	扑热息痛	Paracetamol	103-90-2	$C_8H_9NO_2$	0.46	14 000
抗癫痫	卡巴咪嗪	Carbamazepine	298-46-4	$C_{15}H_{12}N_2O$	2.45	112
降血脂	降固醇酸	Clofibric acid	882-09-7	$C_{10}H_{11}ClO_3$	2.57	583

二、 水环境中药物分析检测

药物经过污水处理厂的处理，环境中的水解、光解、生物降解及水体的自然稀释作用，以痕量级别存在于自然水体中。特殊水体如城市污水、医院废水及养殖业用水中含量更高。环境样品基质极为复杂，药物污染种类繁杂，基质和目标化合物之间易发生复杂的物理和化学反应。从复杂的水样品基质中分离和浓缩出感兴趣的痕量组分,并且获得最高的回收率和最小的干扰测定结果是水环境痕量分析目标。对水环境中的药物进行定性、定量检测,是对药物在水体环境中的迁移转化、生物降解以及生态毒理效应等进行研究的关键。典型的分析检测程序为取样—过滤—富集提取—净化—检测(图 8-3)。

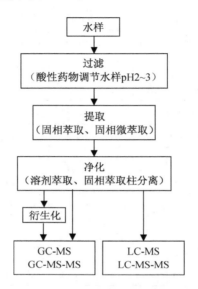

图 8-3 水环境中药物分析检测流程

取样:水环境本是变化的体系,要求样品在时间或空间上具有一定的代表性。

过滤:采样后应立即过滤,一般使用 $0.22\sim0.45\ \mu m$ 的滤膜抽滤,去除漂浮物和微生物。药物大部分含有酸性基团,在 pH>7 时,以离子形式存在,酸化处理促使目标化合在水溶液中以分子存在形式。根据目标化合的特性加入一定量的 Na_2EDTA,可以防止部分药物和 Mg^{2+}、Ca^{2+} 等金属离子结合生成稳定的络合物。

富集提取:固相萃取(SPE)是目前应用最广泛的提取技术。固相微萃取(SPME)因使用溶剂和样品量少、污染小、易控制等优点应用也较多,主要和 GC-MS 和 GC-MS^2 联合使用。表 8-6 列出了常用提取水中药物的固相萃取柱。

净化:净化步骤取决于仪器对杂质和目标化合物的分辨能力以及提取的选择性。色谱和质谱的联合使用,能够排除更多的杂质对目标化合物的测定干扰,所以对净化的要求标准降低。固相萃取富集后,根据目标化合物的特性,选择合适的淋洗剂,有选择性地淋洗富集的各类化合物。可以使用柱层析淋洗或液相萃取等方法进一步净化。

检测:色谱和质谱的联用是检测水环境中微量或痕量药物的常用检测方法(表

8-6)。色谱对化合物进行有效的分离,质谱根据产生的分子和分子碎片信息进行定性和定量分析,提高度了准确性和灵敏度。常用的检测仪器有 LC-MS、LC-MS^2、GC-MS 和 GC-MS-MS。很多药物是极性化合物,且高温下不稳定,在使用 GC-MS 和 GC-MS^{2}检测过程中,一般采用在线或脱线衍生化。

表 8-6　水环境中常用药物的分析检测方法

药品	提取柱类型	检测方法	LOD(ng/L)	水环境类别
红霉素	SPE（Isolut ENV＋）	LC-MS^2	12	天然水
	SPE Oasis MCX and Lichrolut EN	LC-MS^2	0.4	污水
	SPE Oasis HLB	LC-MS^2	9.2	污水
磺胺甲噁唑	SPE Oasis HLB	LC-MS^2	10	天然水
	SPE（Isolut ENV＋）	LC-MS^2	6.2	天然水
	SPE Oasis HLB	GC-MS	6.7	污水
	SPE Oasis MCX and Lichrolut EN	LC-MS^2	1.48	污水
	SPE Oasis HLB	LC-MS^2	10～20	天然水、污水
甲氧苄氨嘧啶	SPE Oasis HLB	LC-MS^2	10	天然水
	SPE（Isolut ENV＋）	LC-MS^2	4.8	天然水
	SPE Oasis HLB	LC-MS^2	3.8	污水
罗红霉素	SPE（Isolut ENV＋）	LC-MS^2	4.5	天然水
	SPE Oasis HLB	GC-MS	6.7	污水
氧氟沙星	SPE Oasis HLB	LC-MS^2	10	天然水
	SPE Oasis MCX and Lichrolut EN	LC-MS^2	1.3	污水
	SPE Oasis HLB	LC-MS^2	10～20	天然水、污水
诺氟沙星	SPE Oasis HLB	LC-MS^2	10	天然水
阿替洛尔	SPE（PPL Bond-Elut）	LC-MS^2	8.2	天然水
	SPE Isolute C18	LC-MS^2	17	污水
	SPE Oasis MCX and Lichrolut EN	LC-MS^2	1.07	污水
	SPE Oasis HLB	LC-MS^2	28	污水
普萘洛尔	SPE（PPL Bond-Elut）	LC-MS^2	4.6	天然水
	SPE（LiChrolut ENV＋）	GC-MS	4	天然水
	SPE Oasis HLB	LC-MS^2	9.7	污水

（续表）

药品	提取柱类型	检测方法	LOD(ng/L)	水环境类别
安定	SPE (RP-C18)	GC-MS	22	天然水
	SPE Oasis HLB	GC-MS	30	天然水
	SPE Oasis HLB	GC-MS	18.9	污水
	SPE Oasis MCX and Lichrolut EN	LC-MS^2	1.08	污水
布洛芬	SPE (LiChrolut ENV+)	GC-MS	4	天然水
	SPE C18	GC-MS	0.6~20	污水
	SPE Oasis HLB	GC-MS	6.7	污水
	SPE Oasis MCX and Lichrolut EN	LC-MS^2	1.38	污水
	SPE Oasis HLB	LC-MS^2	31	污水
	SPE Strata X	GC-MS	2~6	天然水、污水
	SPE LC-18	GC-MS^2	0.8	天然水、污水
酮基布洛芬	SPE (RP-C18)	GC-MS	4.8	天然水
	SPE (LiChrolut-EN)	GC-MS	5	天然水
	SPE Oasis HLB	GC-MS	20~50	污水
	SPE Oasis HLB	GC-MS	1~10	天然水、污水
	SPE Strata X	GC-MS	2~6	天然水、污水
	SPE LC-18	GC-MS^2	1.0	天然水、污水
降固醇酸	SPE (RP-C18)	GC-MS	5.3	天然水
	SPE (LiChrolut-EN)	GC-MS	5	天然水
	SPE C18	GC-MS	0.6~20	污水
	SPE Isolute C18	LC-MS^2	60	污水
	SPE Oasis HLB	GC-MS	1~10	天然水、污水
卡巴咪嗪	SPE (RP-C18)	GC-MS	9.6	天然水
	SPE Oasis HLB	GC-MS	30	天然水
	SPE Oasis HLB	GC-MS	22.2	污水
	SPE Oasis MCX and Lichrolut EN	LC-MS^2	1.3	污水
	SPE Oasis HLB	LC-MS^2	7	污水
	SPE Oasis HLB	GC-MS	1~10	天然水、污水

（续表）

药品	提取柱类型	检测方法	LOD(ng/L)	水环境类别
萘普生	SPE Oasis HLB	GC-MS	20~50	污水
	SPE Oasis HLB	GC-MS	6.7	污水
	SPE Oasis HLB	GC-MS	1~10	天然水、污水
	SPE Strata X	GC-MS	2~6	天然水、污水
	SPE LC-18	GC-MS^2	0.5	天然水、污水
双氯芬酸	SPE (RP-C18)	GC-MS	8.7	天然水
	SPE Oasis HLB	GC-MS	20~50	污水
	SPE C18	GC-MS	0.6~20	污水
	SPE Oasis HLB	GC-MS	16.7	污水
	SPE Oasis HLB	LC-MS^2	3.8~47	污水
	SPE Oasis HLB	GC-MS	1~10	天然水、污水
	SPE Strata X	GC-MS	2~6	天然水、污水
	SPE LC-18	GC-MS^2	1.0	天然水、污水

三、 水环境中药物迁移转化

进入动物体的药物大约 30%~95% 随母体粪便排出体外,而对污水处理厂的污水检测表明污水处理厂是地表水中药物污染的重要来源。人用药物摄入人体后,原药及其代谢物随排泄物进入市政污水排放系统,如果不能被有效处理,将排入天然水体,最后可能进入饮用水系统,如图 8-4 所示。一部分养殖业药物的使用直接污染天然水体。部分兽用药代谢后,原药及代谢物直接排入地表水,进入水源地,最终可能进入市政饮水系统。动物的排泄物制成堆肥,其含有的药物可以经过地表径流直接污染地表水,也可以通过淋溶污染地下水,甚至随着农作物根系对水和养分的吸收而污染农作物,重新回到人体物质循环中。因此,研究药物在堆肥和土壤中的迁移和转归及对地下水的影响具有很强的现实意义。污水处理厂和饮用水厂是隔离药物进入生态环境及人体的关键点,对污水处理厂和饮用水厂原有处理工艺进行改造,或优化工艺参数,提高药物的去除效率,是一项降低水环境药物污染风险的可行性措施。

药物在转化过程中,容易发生吸附和生物富集。通常认为亲脂性强的药物容

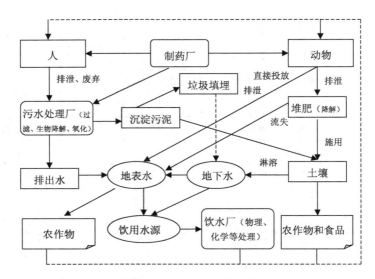

图 8-4　药物在环境中的来源、分布、迁移

易被底泥吸附。Maoz 等研究了药物与溶解的有机质的吸附关系,发现 pH 影响药物和溶解有机质之间的吸附。Yamamoto 等发现在中性 pH 下,有机碳吸附系数值稍大于或远大于通过辛醇-水分配系数预测值,表明除了亲水疏水关系外,药物在水环境中的吸附还存在其他电化学吸引机制。一般认为,药物的 $\log K_{ow} \geqslant 4$ 时具有潜在的生物积累特性。Valeska 等发现美托洛尔对无脊椎动物斑马贝的生物富集因子(BCF)为 20。药物在水生生物体内的富集特性因器官的不同表现出的差异很大。Schwaiger 等研究了虹鳟鱼体中双氯酚酸($\log K_{ow} \geqslant 4$)的富集特性,发现肝脏 BCF 值最大,其次为肾和鳃,最低为肌肉。水环境中的药物在迁移过程中发生光解和生物降解等分解反应,而光解被认为是地表水中药物转化的重要机制。

四、 水环境中药物的毒理效应

药物毒性研究一般选择藻、水蚤和鱼作为供试生物,卤虫、水螅等水生生物也经常作为水污染毒性供试生物。经济合作与发展组织(OECD)、美国环境保护署(U. S. EPA)、欧洲经济共同体(EEC)、国际标准化组织(ISO)等都发布了比较科学的测试规范。急性毒性主要观察水生生物在一定时间内的死亡情况,通常测定受试生物的 LD_{50}、LC_{50} 值,慢性毒性主要研究相对低剂量长期影响下生物的生物学习性和能力(生长、攻击性、繁殖力等)的变化,经常测定生物的 EC_{50}、EC_{10} 值或最低可观察效应浓度(LOEC)和无可观察效应浓度(NOEC)。水环境中常见药物的毒性见表 8-7。

表 8-7　水环境中常见药物的毒性

药物名称	测试生物	作用时间	考察指标	影响浓度(mg/L)
氧四环素	扁藻	96 h	生长	$IC_{50}=11.18$
氟苯尼考	扁藻	96 h	生长	$IC_{50}=6.06$
双氯酚酸	水蚤	48 h	热激蛋白	$LOEC=40$
非诺贝特	水蚤	48 h	生长	$EC_{50}=50$
安定	扁藻	96 h	生长	$IC_{50}=16.5$
	卤虫	48 h	死亡率	$LC_{50}=12.2$
	食纹鱼	96 h	死亡率	$LC_{50}=12.7$
降固醇酸	扁藻	96h	生长	$IC_{50}=39.7$
	卤虫	48h	死亡率	$LC_{50}=36.6$
	食纹鱼	96h	死亡率	$LC_{50}=7.7$
布洛酚	水螅	96 h	死亡率生长	$LC_{50}=22.36$ $LOEC=1,NOEC=0.1$
萘普生	水螅	96 h	死亡率生长	$LC_{50}=22.36$ $LOEC=5,NOEC=1$
卡巴咪嗪	水螅	96 h	死亡率生长	$LC_{50}=29.4$ $LOEC=5,NOEC=1$
阿替洛尔	虹鳟鱼	10 d	生长	$LOEC=10,NOEC=1$
美托洛尔	斑马贝	1~7 d	mRNA	$LOEC=5.34\times10^{-4}$

　　水环境中的药物残留水平一般在 ng/L 至 μg/L 水平,而常用药物对藻、水蚤和鱼等敏感水生生物的急性毒性数据 LC_{50} 值在 mg/L 级水平,所以在真实水体中的药物对水生生物产生急性毒性的可能性不大。但是持续暴露在低剂量的水环境中,潜在的慢性毒性污染和负面生态效应不容忽视。目前有关药物对水生生物的实验室急性毒性数据较多,但是慢性数据相对较少。急性毒性和慢性毒性的比值(ACR)受到研究者的关注,在毒性研究中可以通过稳定 ACR 值推测慢性毒性值。另外 ACR 能够体现测试生物对化合物的敏感性,值越大,表明产生可观察效应浓度到显著毒性浓度区间跨度大,产生的毒性比较隐蔽,容易被忽略。

　　微量或痕量的药物单独存在下,可能不表现出毒性,但当同时存在时可能表现出联合效应。Hernando 等研究了 4 种 β-阻滞剂和 4 种血脂调节剂对水蚤的毒性特点,发现 48 h 内单独暴露仅非诺贝特和吉非贝齐两种药物表现出一定的毒性,但当 8 种药物均以环境相关浓度存在的背景下,对水蚤表现中很强的联合效应。

生物标志物被越来越多地用来研究水环境中药物对水生生物的影响。生物标志物是衡量环境污染物的暴露及效应的生物反应,有利于确定活性污染物和攻击靶标,测定的是污染物的亚致死效应。指示水中药物污染的生物标志物有传统的生物转化酶、抗氧化防御系统、组织细胞、DNA 损伤和 DNA 加合物等,基因组学方面的评价方法还在进一步完善中。评价污染物的基因毒性时可以使用 DNA 损伤和 DNA 加合物等标志物,慧星实验(单细胞凝胶电泳)是判断 DNA 损伤最为简单、可靠的方法。

五、 水环境中药物的去除

污水处理厂预处理和一次沉淀对药物去除没有显著影响。普通污水处理厂对抗生素的总体去除率达 80% 以上,但不同的药物去除率差别比较大,对四环素类的去除率小于 50%。Peng 等跟踪检测了广州两个污水处理厂污水处理过程中磺胺嘧啶、磺胺甲恶唑、氧氟沙星和氯霉素等四种抗生素浓度,发现活性污泥处理是去除抗生素的有效途径。Carballa 等研究也得出相同的结果。Roberts 等研究了 Tyne 河下游的三级污水处理厂对常用药物的处理效果,发现 UV 处理(红霉素除外)对药物的去除起到了关键性的作用。但是即使是废水的三级处理也不能完全去除所有的污染药物。水环境中常见药物处理方法及去除率见图 8-5。

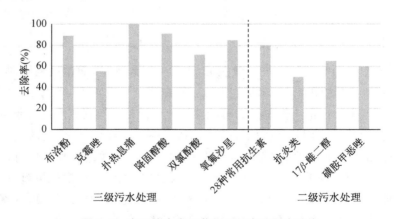

图 8-5　水环境中常见药物处理方法及去除率

活性炭和膜处理是典型的物理工艺,不产生二次污染物,目前在水处理工艺中使用较普遍,但是存在活性炭再生及膜截取物去除问题,一般适用于较洁净的地表水处理或饮用水处理工艺。活性炭已经广泛商业化,常见有粒状活性炭(GAC)和粉状活性炭(PAC)。膜处理类型较多,包括微滤(MF)、超滤(UF)、纳滤(NF)和反渗透(RO)等。活性污泥(CAS)是一种好氧生物处理方法,去除机理包括了吸附和生物降解两个过程。

常用的化学氧化工艺利用 O_3、H_2O_2 和 Cl_2 等氧化剂的氧化能力不强且有选择性等缺点难以满足要求,高级氧化技术主要包括 O_3/H_2O_2、UV/H_2O_2、UV/TiO_2、芬顿和光芬顿氧化等,产生的羟基自由基·OH 氧化能力强,对水环境中的药物发生普遍性的氧化反应。

单一的处理工艺均有本身的限制条件,不同工艺的组合能达到更高的去除效率。膜生物反应器是膜分离技术与生物处理的高效结合,对水中药物的去除具有显著优势。

药物的去除效率与药物本身的理化性质关联很大,吸附系数 K_d 和辛醇-水分配系数 $\log K_{ow}$ 直接影响化合物在污水的吸附和水固相的分配。K_d 越大物理吸附去除效果好,但常用药物的 K_d 正常小于 500 L/kg,这也正是各类初级处理效果差的原因。化合物含有酯类、腈类及芳香醇类官能团,有利于增加生物降解特性,而芳香胺基、碘基、硝基及偶氮基存在时则相反。

一些药物的分解产物仍有生物学活性,有的甚至超过母体化合物,鉴于此有必要对药物的降解产物进行鉴定和生态风险评价。

我们国家对水环境中药物污染的研究还处于初级阶段,有必要对重要的流域水系进行药物污染调查和研究,全面掌握地表水,尤其是水源地药物污染情况,评估药物污染对生态系统及人体健康的潜在风险。开发高效、低有机溶剂使用量的水环境药物多残留分析检测技术,完善水环境中药物对水生生物毒性测试技术和风险评价体系,明确"优先污染药物"在环境中的迁移途径和转化行为,以及开发新的药物去除工艺等是今后需要重点开展的研究工作。

第四节　有机滤光剂

有机滤光剂是指具有羰基共轭或杂环的芳香族有机化学品,具有强烈地选择性吸收紫外线的性能,一般使用于化妆品以及护肤品(包括防晒霜、护发剂、香水等)中,用来减少紫外线对皮肤的伤害,但如今家居产品、纺织品、塑料、黏合剂、橡胶、光学产品以及建筑外墙等产品和材料中也添加有机滤光剂。常用的有机滤光剂包括对氨基苯甲酸及其酯类、二苯甲酰甲烷类、二苯甲酮类、樟脑衍生物类、苯并三唑类、水杨酸类及三嗪类等几大类型。

由于有机滤光剂在个人护理品及抗紫外辐照材料中广泛使用，并被源源不断地排入环境，在水体、沉积物及野生生物体内都检测到了有机滤光剂的赋存。而且由于有机滤光剂中主要的有机活性成分大多含有单环或多环的芳香类结构，具有较高的辛醇-水分配系数，可能在食物链中累积。某些有机滤光剂还具有内分泌干扰效应，能够影响机体正常的内分泌功能。很多有机滤光剂类化合物已被证明具有雌激素效应，对鱼类及某些哺乳动物具有内分泌干扰效应，能引起鱼类的雌性化效应，还能对鱼类的生长繁殖产生不利影响。

一、 有机滤光剂来源及分布

总体来说，有机滤光剂排入环境主要有两种途径，即直接途径和间接途径。所谓直接途径，是指人们通过游泳和洗海水澡等水上娱乐活动，或者通过日常的沐浴和衣物的洗涤等方式直接将有机滤光剂排入河湖等自然水体。而间接途径则是指生活污水及工业废水含有的有机滤光剂，通过污水处理厂部分去除后，随尾水排入环境水体；或者是倾倒进入环境的含有机滤光剂的生活垃圾及具有抗紫外保护涂层的建筑垃圾及固体垃圾填埋场中的渗滤液，被表层土壤吸附而污染土壤，再经渗滤径流等途径进入水体；而经人体皮肤吸收及经口摄取（口红等）的有机滤光剂，通过肾排泄进入环境。此外，还有部分有机滤光剂可以通过挥发进入大气，经干湿沉降进入土壤、水体，最终回到生物链。

目前，欧盟将 27 种有机滤光剂列入化妆品导则，另有 43 种有机滤光剂作为化妆品的产品原料被列入材料清单。在美国，食品药品管理局允许 16 种有机滤光剂作为非处方药物添加到个人护理品中。我国 2007 版的《化妆品卫生规范》中规定，在化妆品中可使用 26 种有机滤光剂，分为对氨基苯甲酸类、水杨酸类、肉桂酸类、二苯甲酮类、樟脑衍生物类、三嗪类、二苯甲酰甲烷类、苯并噻唑类及苯并三唑类等，最大允许使用浓度为 2%～15%。

有机滤光剂在全球各种环境介质中相继检出，其浓度水平一般在 ng/L 或 μg/kg 级别，也有少数达到 μg/L 或 mg/kg 级别。世界各地环境中有机滤光剂的分布情况见表 8-8。

表 8-8　有机滤光剂的环境分布

环境介质	种类	名称(缩写)	浓度 (ng/L 或 μg/kg)	来源
空气	苯并三唑类	2-(3,5-二叔戊基-2-羟苯基)苯并三唑	50	菲律宾马尼拉住宅区
		(UV-328)	46～149	西班牙加利西亚私人住宅区
			62±4	西班牙加利西亚车辆座舱
		苯并三氮唑(1-H-BTR)	≤125	美国奥巴尼城市住宅区
			≤1 940	中国北京等城市及农村地区
			≤508	日本长崎等城市住宅区
		2′-(2′-羟基-3′-叔丁基-5′-甲基苯基)-5-氯苯并三唑	53	菲律宾马尼拉住宅区
		(UV-326)	42～333	西班牙加利西亚私人住宅
			17	菲律宾柏雅塔斯市政堆填区
	二苯甲酮类	2-羟基-4-甲氧基二苯甲酮(BP3)	3.74～285	中国北京等城市及农村地区
			65.4～1 690	美国奥巴尼市住宅区
			16.5～3 280	日本长崎等城市住宅区
		4-羟基二苯甲酮(HBP)	1.920～280	中国北京等城市及农村地区
			3.52～689	美国奥巴尼城市住宅区
			3.49～53.4	韩国安山和安养市住宅区
	肉桂酸类	甲氧基肉桂酸乙基己酯(EH-MC)	≤6 220	西班牙里奥哈等办公楼
			177～6 570	西班牙里奥哈等车厢座舱
		2-氰基-3,3-二苯基丙烯酸异辛酯	≤34 400	西班牙里奥哈等住宅区
		(OC)	≤41 000	西班牙里奥哈等办公楼
			450～7 700	西班牙里奥哈等车厢座舱
		对甲氧基肉桂酸异戊酯(IAMC)	≤1 290	西班牙里奥哈等住宅区
			58～92	西班牙里奥哈等办公楼

（续表）

环境介质	种类	名称（缩写）	浓度 （ng/L 或 μg/kg）	来源
水环境	二苯甲酮类	2,4-二羟基苯甲酮（DHB）	27	韩国工业废水处理厂尾水
			47	韩国河流地表水
		2-羟基-4-甲氧基二苯甲酮（BP3）	2.6	日本关东河流地表水
			80～125	瑞士湖滨浴场上层水体
			≤165.5	挪威奥斯陆峡湾水样
			10～700	瑞士污水处理厂尾水
			900～7 700	瑞士污水处理厂进水
			97～722	中国天津污水处理厂进水
			68～506	中国天津污水处理厂尾水
		二苯甲酮（BP）	32～51	韩国工业废水处理厂尾水
			360～790	美国加州南部饮用水原水
			260	美国加州南部饮用水
			277.7	日本关东河流地表水
	肉桂酸类	2-氰基-3,3-二苯基丙烯酸异辛酯（OC）	22～27	瑞士湖滨浴场上层水体
			≤105.1	挪威奥斯陆峡湾水样
			10～270	瑞士污水处理厂尾水
			100～1 200	瑞士污水处理厂进水
			290±59	西班牙巴塞罗那自来水
			34～153	中国天津污水处理厂进水
			21～95	中国天津污水处理厂尾水
		甲氧基肉桂酸乙基己酯（EHMC）	15～26	瑞士湖滨浴场上层水体
			38.6～189.3	挪威奥斯陆峡湾水样
			10～100	瑞士污水处理厂尾水
			500～1 900	瑞士污水处理厂进水
			560～5 610	美国加州南部饮用水原水
			450	美国加州南部饮用水

（续表）

环境介质	种类	名称（缩写）	浓度（ng/L 或 μg/kg）	来源
水环境	肉桂酸类	甲氧基肉桂酸乙基乙酯（EHMC）	380.6	日本关东河流地表水
			870±46	西班牙巴塞罗那自来水
			770±83	西班牙巴塞罗那井水
			54～116	中国天津污水处理厂进水
			30～67	中国天津污水处理厂尾水
	樟脑衍生物类	4-甲基亚苄亚基樟脑（4MBC）	60～80	瑞士湖滨浴场上层水体
			≤262.1	挪威奥斯陆峡湾水样
			60～2 700	瑞士污水处理厂尾水
			600～6 500	瑞士污水处理厂进水
			475～2 128	中国天津污水处理厂进水
			299～287	中国天津污水处理厂尾水
	二苯甲酰类	丁基甲氧基二苯甲酰基甲烷（BM-DBM）	<20	瑞士湖滨浴场上层水体
沉积物	二苯甲酮类	2,2′-羟基-4-甲氧基二苯甲酮（DHMB）	0.5～2.140	韩国汉江等河湖底泥
			1.2	美国加州海洋沉积物
			0.5	日本东京湾沉积物
			3.6	德国莱茵河流域湖泊底泥
		4-羟基二苯甲酮（HBP）	18.38	韩国汉江等河湖底泥
			2.66～10.1	中国黑龙江污水处理厂污泥
		2-羟基-4-甲氧基二苯甲酮（BP3）	0.272～0.545	中国松花江底泥
			2.05～13.3	中国黑龙江污水处理厂污泥
		二苯甲酮（BP）	128.9	日本东京湾沉积物
			0.5～3	德国哈维尔和施普雷河底泥
			1.52～9.73	韩国汉江等河湖底泥

（续表）

环境介质	种类	名称（缩写）	浓度（ng/L 或 μg/kg）	来源
沉积物	肉桂酸类	奥克立林（OC）	6.1～9.3	德国莱比锡城市湖泊底泥
			642	德国莱茵河地区湖泊底泥
			25.2	德国莱茵河地区河流底泥
		甲氧基肉桂酸乙基己酯（EHMC）	79.0	日本东京湾沉积物
			4	德国哈维尔和施普雷河底泥
沉积物	肉桂酸类	甲氧基肉桂酸乙基己酯（EHMC）	14～34	德国莱比锡城市湖泊底泥
			6.8	德国莱茵河流域湖泊底泥
			3.4	德国莱茵河流域河流底泥
	樟脑类	4-甲基亚苄亚基樟脑（4MBC）	2.0	德国莱茵河流域湖泊底泥
			1.6	德国莱茵河流域河流底泥
	二苯甲酰类	丁基甲氧基二苯甲酰基甲烷（BM-DBM）	62.2	德国莱茵河流域湖泊底泥
			22.2	德国莱茵河流域河流底泥

1. 空气污染

为了改善物理性能，减少光降解的危害，在一些家用产品添加了有机滤光剂。这些添加剂会缓慢释放，挥发到空气中，存在于气相中，或被空气中悬浮颗粒物及落尘吸收，是室内空气中有机滤光剂的主要来源。在对菲律宾室内灰尘中的 7 种苯并三唑类滤光剂进行测定的研究发现，在来源于住宅区和市政堆填区的室内灰尘中检测到的最大总浓度分别为 1 020 和 277 ng/g。除住宅区外，行政区和车辆座舱也是人类主要的有机滤光剂暴露源，而西班牙私人住房、办公楼及车辆座舱中的灰尘样品中苯并三唑光稳定剂的浓度范围为 71～780 ng/g，且办公楼灰尘中的污染物浓度相对较高。美国及包括中国在内的几个亚洲国家的室内灰尘中的苯并三唑类、苯并噻唑类和二苯甲酮类污染物的浓度范围分别为 20～90、600～2 000 和 80～600 ng/g。

2. 水污染

目前，在地表水中被广泛检出的有机滤光剂包括 EHMC、OC、4MBC、BP3 和 BP 等，其污染水平一般在几十 ng/L。瑞士湖滨浴场的上层水体中检测到的 BP3、4MBC 和 OC 浓度范围分别为 80～125、60～80 和 22～27 ng/L。由于水上娱乐活动,一些沿海地区的海水中也检测到了有机滤光剂。相对于自然水体,污水处理厂的污水中有机滤光剂的浓度明显更高,一般在 $\mu g/L$ 级。例如希腊的污水处理厂的废水样品中检测到了 8 种苯并三唑类和苯并噻唑类有机滤光剂,浓度为几个 $\mu g/L$。经过污水厂处理后,有机滤光剂在一定程度上得到去除。如在瑞士的污水处理厂中,对于 BP3、4MBC、OC 等的去除率为 44%～99%。此外,在美国加利福尼亚州南部的饮用水原水和饮用水中也检出了有机滤光剂,BP 和 EHMC 在饮用水原水中的浓度范围分别为 0.36～0.79 和 0.56～5.61 $\mu g/L$,而在饮用水中的平均浓度分别为 0.26 和 0.45 $\mu g/L$。

3. 沉积物污染

在水环境中,疏水性的有机滤光剂更易于在沉积物中累积。从美国加利福尼亚到日本东京湾的海洋沉积物中都检测到了 $\mu g/g$ 级别的 BP3,东京湾沉积物中 EHMC 的浓度达 79 $\mu g/g$,BP 的浓度高达 128.9 $\mu g/g$。此外,在河流及湖泊底泥中也有多种有机滤光剂分布,在德国莱茵河流域的河流和湖泊底泥样品中检测到了 7 种有机滤光剂,而且夏季湖泊底泥中的污染物浓度明显高于河流底泥,如 OC 在湖泊底泥中的最大浓度为 642 $\mu g/kg$,而河流底泥中的 OC 最高浓度只有 25.2 $\mu g/kg$。主要由于夏季是湖滨沐浴的旺季,湖泊中污染物的浓度在此时达到最大值,在秋季则显著减少;而河流底泥中污染物主要来源于污水处理厂的尾水排放,与季节变化相关性很小。

二、 有机滤光剂在污水中的分布与去除

城市污水是排入下水管道系统的各种生活污水、工业废水和城市降雨径流的混合水。其中淋浴、衣物洗涤、娱乐活动等产生的生活污水中是污水厂有机滤光剂的主要来源。但是污水处理厂的处理工艺几乎都是针对常规污染物的,不能有效去除有机滤光剂,使其随污水、污泥排放到环境中。因此,污水处理厂尾水和剩余污泥成为有机滤光剂的主要来源之一。目前污水中有机滤光剂处理技术研发和去除机制研究已经成为水处理领域关注的重点。

1. 有机滤光剂在污水中的分布

① 污水中有机滤光剂浓度

污水处理厂尾水是环境地表水中有机滤光剂的主要来源之一。近年来,世界各国都对不同污水处理厂中有机滤光剂的种类、浓度水平等进行了广泛研究。研究发现,污水处理厂中有机滤光剂的分布特征与其在不同国家和地区的情况存在密切关系。例如在日本 4 个污水处理厂尾水中均未检测到 4-甲基苄亚基樟脑(4-MBC),其原因为日本化妆品中不允许使用 4-MBC,而在瑞士污水处理厂检测到 4-MBC 浓度最高为 6 500 ng/L,但是西班牙、葡萄牙及挪威尾水中有机滤光剂浓度都不高。

表8-9中汇总了不同国家不同污水处理厂进出水中有机滤光剂浓度分布情况。

相对于其他有机滤光剂，苯酮类衍生物的 $\log K_{ow}$ 偏低，所以在各国污水处理厂污水中苯酮类最常被检出。其中二苯酮-4（BP4）因其 $\log K_{ow}$（0.89）最低，在水中溶解度较高，所以检出浓度最高，进水最高浓度为1 548 ng/L，尾水最高浓度为1 420 ng/L。而肉桂酸类衍生物中甲氧基肉桂酸乙基己脂（EHMC）的 $\log K_{ow}$（5.80）较大，但是在污水中检出浓度却不低，进水最高浓度为19 000 ng/L，其原因为EHMC吸收紫外线波长较宽且安全性较高，商家便在含防晒功能的护肤品中大量添加该物质。检测有机滤光剂的季节不同导致了进出水浓度的波动。夏天大量使用各种防晒产品，频繁的水上娱乐活动及淋浴等都增加了生活污水中的有机滤光剂浓度，这也是污水处理厂夏天浓度比其他季节高的原因。例如夏天BP3和BP1进水平均浓度分别为462 ng/L和245 ng/L，冬天进水平均浓度分别为216 ng/L和161 ng/L。

表8-9　各国污水处理厂污水中有机滤光剂检出浓度

种类	物质	浓度（ng/L）		处理工艺	地区
		进水	尾水		
苯酮类	二苯酮-1（BP1）	23.3～168.9	19.6～146.4	混凝（三氯化铁）	中国
		114.8～240.1	＜LOD-122.0	可以紫外消毒的A/O	
		204.9～281.3	64.1～89.8	A/O、反渗透	
		96.3～172.9	56.1～155.0	过滤	
		37.0	＜LOD	SBR、氯化、紫外消毒	
	二苯酮-3（BP3）	152.4～722	＜LOD-31.1	传统活性污泥法	西班牙
		159.5～371.3	62.6～115.8	混凝（三氯化铁）	中国
		141.1～374.1	18.4～67.5	可以紫外消毒的A/O	
		155.7～450.7	15.6～55.2	A/O、反渗透	
		116.3～576.5	91.0～541.1	过滤	
		113.8	19.3	SBR、氯化、紫外消毒	
		97～722	68～506	混凝絮凝、微滤、臭氧氧化	中国
		75.6～306	7.71～34	传统活性污泥法	西班牙
		80.8～171	17.2～68.2	生物滤池	葡萄牙
		—	29～164	传统活性污泥法	日本
		700～7 800	＜LOD-700	砂滤	瑞士
		234	19	SBR	德国

（续表）

种类	物质	浓度(ng/L)		处理工艺	地区
		进水	尾水		
苯酮类	二苯酮-4 (BP4)	620.1～945.7	374.5～457.1	混凝(三氯化铁)	中国
		601.1～904.7	343.3～496.8	可以紫外消毒的 A/O	
		426.5～872.8	218.9～466.4	A/O、反渗透	
		389.2～567.2	312.4～409.3	过滤	
		739～1 548	ND-1420	传统活性污泥法	西班牙
樟脑类	4-甲基苄亚基樟脑 (4-MBC)	<LOD-288.6	<LOD-181.8	混凝(三氯化铁)	中国
		67.1～350.0	<LOD-118.0	可以紫外消毒的 A/O	
		101.9～320.8	<LOD	A/O、反渗透	
		70.5～335.4	<LOD-207.2	过滤	
		475～2 128	299～1 287	混凝絮凝、微滤、臭氧氧化	中国
		600～6 500	60～2 700	砂滤	瑞士
		278	<LOD	SBR	德国
二苯甲酰甲烷类	丁基甲氧基二苯甲酰基甲烷 (BMDM)	93.9～169.4	17.5～59.4	混凝(三氯化铁)	中国
		58.1～257.1	27.8～99.3	可以紫外消毒的 A/O	
		44.4～194.8	15.5～92.7	A/O、反渗透	
		35.0～1 290.2	27.9～1 018.3	过滤	
		256.6	<LOD	SBR、过滤、氯化、紫外消毒	
		2 935	168.1	消毒、生物滤池	葡萄牙
		407	<LOD	SBR	德国
水杨酸类	3,3,5-三甲基环己烷水杨酸酯 (HMS)	61.4～262.3	<LOD-153.9	混凝(三氯化铁)	中国
		75.6～1 650.4	<LOD-154.2	可以紫外消毒的 A/O	
		93.7～404.8	<LOD-21.0	A/O、反渗透	
		<LOD-149.8	<LOD-93.3	过滤	
	水杨酸乙基己酯(EHS)	<LOD-1188	<LOD-128.9	可以紫外消毒的 A/O	中国
		<LOD-218.3	<LOD	A/O、反渗透	

（续表）

种类	物质	浓度(ng/L)		处理工艺	地区
		进水	尾水		
肉桂酸类	甲氧基肉桂酸乙基己酯（EHMC）	295.3~1 134.4	86.9~492.1	混凝（三氯化铁）	中国
		119.5~558.6	90.0~174.4	可以紫外消毒的 A/O	
		249.3~755.9	<LOD-105.8	A/O、反渗透	
		50.2~989.8	36.1~505.2	过滤	
		104.7	<LOD	SBR、过滤、氯化、紫外消毒	
		159.3	153.9	消毒、生物滤池	葡萄牙
		54~116	30~67	混凝絮凝、连续微滤、臭氧氧化	中国
		500~19 000	<LOD-100	砂滤	瑞士
	P-甲氧基肉桂酸异戊酯（IMC）	<LOD-111.1	<LOD-56.7	混凝（三氯化铁）	中国
		<LOD-71.2	<LOD	A/O、反渗透	
		29.4~226.0	<LOD-165.5	过滤	
	奥克立林（OC）	49.1~687	35.3~357.4	消毒、生物滤池	葡萄牙
		34~153	21~95	混凝絮凝、连续微滤、臭氧氧化	中国
		100~12 000	<LOD-2700	砂滤	瑞士
对氨基苯甲酸类	对二甲基苯甲酸异辛酯（OD-PABA）	39.2~258.9	31.2~140.5	混凝（三氯化铁）	中国
		43.3~136.9	<LOD-77.7	带紫外消毒的 A/O	
		73.8~346.4	<LOD-94.4	A/O;反渗透	
		<LOD-376.9	<LOD-224.3	过滤	

注：<LOD：低于最低检测限；ND：未检出。

② 污泥中的有机滤光剂浓度

因有机滤光剂具有特殊的结构特征,所以具有一定的疏水性,污水中的有机滤光剂可以通过吸附作用残留在污泥中。当污泥用于农田施肥或者被垃圾填埋时,其浸出液进入土壤,进而威胁地表水和地下水系统的安全。不同国家污水厂不同阶段污泥中有机滤光剂的浓度如表 8-10 所示。

在污泥中 OC 因具有较高的 $\log K_{ow}$(6.90),所以在可检测到的有机滤光剂中浓度远远高于其他有机滤光剂,其浓度最高为 41 610 ng/g dw。而 BP3 的 $\log K_{ow}$

（3.79）较小，所以在污泥中检出的浓度较低。为减少其对环境的污染，需要对污泥进行后续处理。和污水一样，污泥中有机滤光剂浓度也有季节变化，夏天浓度高于冬天。

表 8-10　各国污水处理厂污泥中有机滤光剂检出浓度

单位:ng/g dw

国家	污泥种类	BP3	4-MBC	EHMC	OC
西班牙	原污泥	60	3 100	2 200	8 000
	处理后污泥	ND	250	100	570
澳大利亚	原污泥	104～111	341～403	218～229	303～326
	初沉污泥	120～201	743～1 031	207～312	438～561
	二次污泥	189～1 785	64～171	50～62	281～443
	消化污泥	149～303	958～2 020	385～401	1 147～1 838
	处理后污泥	74.0	250	31.9	138.4
瑞士①	原污泥	—	210～1 830	920～14 450	1 200～4 680
	剩余污泥	—	340～500	150～440	1 010～1 320
	消化污泥	—	1 260～2 290	1 020～1 500	3 040～4 950
	储泥池污泥	—	1 900～2 970	30～370	1 980～9 520
瑞士②	原污泥	—	150～1 000	30～95	320～2 480
挪威	处理后污泥	<10～2 116	150～4 980	551～4 689	3 448～41 610
德国	原污泥	132	—	—	—
比利时	原污泥	6.6～29	73～3 893	35～127	585～2 479
中国	原污泥	25.6～55.2	—	<105.8	—

2. 有机滤光剂在污水处理厂中的去除技术

（1）污水中有机滤光剂的去除技术

基于有机滤光剂在水环境中的广泛分布以及较低的生物效应浓度，对其去除技术的研究显得极为必要。根据去除机理的不同，水环境中有机滤光剂的去除分为物理去除技术、化学去除技术、生物去除技术以及联用技术。

① 物理去除技术

物理去除是指将污染物从水相中分离到其他相而将污染物得到去除的方法。目前水中污染物的物理去除技术包括吸附、絮凝沉淀以及膜过滤等。研究表明，活性炭可快速地将水中的有机滤光剂吸附去除，利用粉末活性炭对含有有机滤光剂的灰水进行吸附实验,结果表明活性炭投加量为 1.25 g/L、接触 5 min 时,质量浓度为 1 600 μg/L 的有机滤光剂基本得到完全去除。在澳大利亚某污水处理厂,污泥可使进水中 54%～92% 的 6 种有机滤光剂通过吸附作用去除。而天津某再生水厂的不同处理单元中的 4 种有机滤光剂(4-MBC、EHMC、BP3、OC)在混凝-絮凝阶段去除率为 8%～21%,而连续膜过滤阶段的去除率仅为 3.6%～8.5%。通常活性炭等吸附剂对有机滤光剂有较好的去除作用,但在实际应用中存在着其他污染物的竞争吸附以及吸附剂的再生问题。而絮凝沉淀和膜过滤的去除效率都不高。因此,物理去除方法通常与其他方法联用来达到高效去除有机滤光剂的目的。

② 化学去除技术

对有机滤光剂的化学去除主要是通过化学氧化法。化学氧化法是指利用氧化剂的直接氧化作用或羟基自由基的间接氧化作用将有机滤光剂降解转化。去除水中有机滤光剂常用的氧化剂有氯气、高铁酸盐、臭氧等。有机滤光剂 EHMC 和 BMDM 与氯气的反应均符合准一级反应动力学,当所加氯气浓度为有机滤光剂浓度 10 倍时,EHMC 和 BMDM 的降解半衰期分别为 $t_1 = 73$ min 和 $t_2 = 119$ min;pH 对 EHMC 的去除影响最大,氯气浓度对 BMDM 的去除影响最大;高铁酸盐对有机滤光剂 BP3 的去除效果受到多种因素的影响,当 Fe(Ⅵ)的质量浓度为 10 mg/L、pH 为 8、温度为 24 ℃时,高铁酸盐 Fe(Ⅵ)氧化 BP3 的半衰期为 167.8 s,此外腐殖酸、Mn^{2+}、NaCl 能显著地抑制 BP3 的去除,而 Br^-、Cu^{2+} 可加强其去除;相对于氯气、高铁酸盐等氧化剂,臭氧对难降解有机物有着更强的氧化去除能力,处理 40～50 min 后 BP3 的去除率达到 95%,其降解半衰期为 12 min,当所加臭氧剂量为 209 μmol/L 时,有机滤光剂 EHMC 和 BP3 的去除率均可超过 95%。此外,光催化以及基于臭氧的高级氧化技术以产生具有强氧化能力的 ·OH 为特点,·OH 具有比臭氧更高的氧化电位,对难降解有机物有更强的氧化能力。当利用 TiO_2 做催化剂,质量浓度为 1.0 mg/L,机滤光剂 2-苯基苯并咪唑-5-磺酸(2-Phenylbenzimidazole-5-sulfonic acid,PBSA)的浓度为 45 μmol/L 时,反应进行 60 min,可使 PBSA 的去除率达到 45%,其中 ·OH 是主要的反应活性组分。另外,H_2O_2 可显著提高 O_3 对 BP3 的氧化效果,100 μmol 的 H_2O_2 可使 BP3 的去除效率比单独臭氧化时提高 64%,这是由于 H_2O_2 可以和 O_3 反应生成具有更高氧化能力的 ·OH,但 H_2O_2/O_3 过程存在 H_2O_2 最大加入量,过多的 H_2O_2 可作为 ·OH 清除剂而抑制对 BP3 的去除。

③ 生物去除技术

除了上述的物理、化学去除技术外,环境中的一些微生物也具有降解去除有机滤光剂的能力,且由于生物去除技术具有成本低、操作简单等优点,因此关于该方面的研究也越来越受到广泛的关注。在存在电子受体的情况下,水中的一些微生物可以利用有机滤光剂进行呼吸作用,从而使有机滤光剂在生物体内通过代谢的形式得到去除。水中接种活性污泥和厌氧消化污泥方法对 BP3 具有不同的去除情况,且不同电子受体[硝酸盐、Fe(Ⅲ)、硫酸盐等]对 BP3 去除效果也具有不同的影响,例如 BP3 在厌氧消化的去除效果最好,其降解半衰期为 4.2 d。

此外,近来研究发现白腐菌能够有效地降解有机滤光剂。当有机滤光剂质量浓度为 250 μg/L 时,白腐菌可将 BP3 和 BP1 在 24 h 内达到完全去除,特别是BP1,反应 2 h 时其去除率已达到 95%,表明白腐菌对有机滤光剂有极强的生物降解能力。当反应中 pH、白腐菌质量浓度、微量有机物的总质量浓度分别为 4.5、0.4 g/L、50 μg/L 时,3 种有机滤光剂的去除率均超过 60%。

④ 联用技术

由于单独的物理、化学、生物方法都存在各自的局限,因此研究人员通过开发各种联用技术来提高对有机滤光剂的去除效果。电化学/超滤联用技术可显著地提高对 4-MBC 的去除效果,这可归因于以下几个方面:由于电场的诱导对聚偏二氟乙烯超滤膜的修饰,使其具有更粗糙的表面和更大的孔径;接触角的减少使聚偏二氟乙烯超滤膜提高了亲水性,更利于纯水的渗透;电泳、电渗、电解作用以及电极的氧化还原反应对 4-MBC 的矿化作用,能够减少过滤阻力及膜污染。相对于电化学/超滤联用技术,膜生物反应器作为一种物理/生物联用技术对有机滤光剂的去除也有良好的效果。缺氧-好氧复合膜生物反应器对 BP1、BP3、OC 等 3 种有机滤光剂在 25 d 内的去除率都在 90% 以上,分析膜生物反应器对有机滤光剂去除效果的影响因素表明,较低的溶解氧或氧化还原电位以及增大反应器内部环流对滤光剂的去除有利。

(2)污泥中有机滤光剂的去除技术

对目前普遍采用的污水二级处理工艺——活性污泥法(包括其各种变形工艺)而言,进厂污水中的部分污染物是通过转化为污泥去除的,所以对污泥中有机滤光剂也有必要去除。

各级工艺处理后的污水经过澄清后剩余的污泥,需进行浓缩、脱水、硝化、堆肥和干化等处理。绝大多数污泥可以使用机械或热力的方法脱水处理,但是脱水剂、增稠剂只是降低了污泥的含水率,没有降低污泥中有机滤光剂的浓度。不同阶段的污泥中检测有机滤光剂的浓度有较大差异。污泥龄为 7 d 的消化污泥中有机滤光剂的浓度远远高于初沉污泥,如消化污泥中 4-MBC 的浓度为 2 020 ng/g,OC浓度为 1 838 ng/g,初沉污泥中则分别为 1 031 ng/g,561 ng/g。这表明,4-MBC和 OC 在厌氧消化工艺中降解的少。在采用了增稠剂、消毒、厌氧消化和储泥池的污水处理厂中,发现污泥中 EHMC 去除率大于 90%,而 4-MBC 和 OC 等都因为很强的亲脂性,堆积到储泥池中成为稳定污泥。白腐菌通过其分泌的胞外过氧化物酶系统降解木质素,它能够有效地降解有机滤光剂,对污泥中的 4-MBC、BP3、OC 和 EHMC 的去除率均为 87%~100%。生物泥浆反应器可以利用其中的变色栓菌降解有机滤光剂,污泥直接从厌氧消化后的出水中进入生物泥浆反应器。生物泥浆反应器对有机滤光剂 BP3、4-MBC、OC、OD-PABA、EHMC 和 BP1 的去除率分别为 22%、61%、58%、70%、79% 和 100%。

我国处理后的污泥主要的处置方法是农业利用,其次是土地填埋,大约 45% 的污水污泥处理后用作肥料,30% 用于土地填埋,15% 未处理,10% 的用于其他处置。这些污泥中的成分包括有机滤光剂都被释放到环境中,但这些成分在泥土中几乎没有减少,所以就需要继续监测变化。为了更好地评价有机滤光剂对环境带来的潜在危害,应该进一步对它们在泥土中的行为以及被植物吸收和富集的行为进行研究。

(3)有机滤光剂在污水中的去除效率

① 一级处理

在污水处理厂中,一级处理主要采用物理处理方法,如过滤、沉降和絮凝沉淀等。

过滤是一级处理的一种方法。仅仅通过一个直径大于 6 mm,水力停留时间低于 1 小时的格栅对有机滤光剂的去除效率不高。格栅对除了 OD-PABA 以外的有机滤光剂去除效率不高,去除率均小于 70%。

絮凝沉淀也是一种一级处理方法。如作为混凝剂的三氯化铁(Ⅲ)可以中和悬浮颗粒和胶体的表面电荷并聚合成大分子絮体沉降,而吸附在悬浮颗粒上的有机滤光剂就随之被去除。对于 $\log K_{ow} > 4$ 的有机滤光剂(如 BMDM、HMS、4-MBC、OD-PABA 和 EHMC),其去除效率可达到 30%~75%。Carballa 等研究发现絮凝沉淀对一些 $\log K_{ow}$ 值为 6 左右的微小有机物质,去除效率甚至超过 70%。而在香港污水处理厂研究结果与该结果相似,絮凝沉淀对于 $\log K_{ow}$ 小的有机滤光剂去除效率不高,如对 BP1($\log K_{ow}$ 为 3.17),BP4 的去除率低于 30%。

② 二级处理

二级处理主要采用生物处理方法等去除溶解性污染物,如活性污泥法和生物膜法等。

有机滤光剂在二级处理过程中一部分吸附于污泥上,还有一部分被微生物降解,但是吸附和降解的比例与其特性有关。如 Kupper 等在污水处理厂根据质量守恒发现 50% 以上的 OC 吸附在污泥上,45%~90% 的 4-MBC 和 OC 发生显著的降解。二级处理工艺大多是通过生物降解去除污水中有机滤光剂的,生物降解是污水处理厂去除有机滤光剂的重要机制。生物降解的速率和程度除与自身性质有关,还与二级处理工艺反应器的水力停留时间(HRT)、污泥龄(SRT)和微生物种类等有关。

　　活性污泥法包括传统活性污泥法、缺氧/好氧工艺法（A/O 工艺）、序批式活性污泥法（SBR 工艺）和氧化沟等。在传统活性污泥法下（HRT：18 h），4-MBC 和 BP3 的生物降解率分别约为 77％和 90％。在 HRT 为 11 h 的污水处理厂中，BP1 和 BP3 的降解率分别为 80％和 87％，而在 HRT 为 30 h，SRT 为 16 d 的污水处理厂中 BP1 和 BP3 的降解率分别为 97％和 99％，因此较长的水力停留时间可能提高生物降解率。此外，采用 A/O 工艺（HRT：19 h，SRT：15 d）的污水处理厂对 BP1、BP3、HMS 和 EHS 的去除效果较好，生物降解率分别为 70％、83％、99％和 83％，但是该工艺对 BMDM、IMC 和 OD-PABA 的去除效率不高。而氧化沟工艺对 HMS 和 BP3 的去除率约为 60％和 40％，EHMC、4-MBC 和 OC 的去除率约为 80％，A^2/O 工艺对 HMS、EHMC、4-MBC 和 OC 的去除率约为 70％，BP3 的去除率约为 40％。

　　通过采用在水中接种活性污泥和厌氧消化污泥方法，好氧条件下的半衰期远远高于厌氧条件下，即活性污泥法中厌氧消化的去除效果较好。根据实验室模拟实验发现，在好氧条件下活性污泥法中 BP3 先经过 5 d 左右的降解准备时间（诱导特定的代谢酶或给予可降解 BP3 的微生物足够的增长时间），从生物降解率 10％开始，到第 14 d 超过 60％，且在第 28 d 达到 84％。

　　生物膜法包括生物滤池、生物转盘及接触氧化等。生物滤池可以去除苯甲酮类滤光剂，但是去除效率差异很大，BP1 的去除率约 90％，BP3 去除率约 70％～95％，BP4 去除率小于 15％。与其他有机滤光剂相比，BP4 的溶解度和极性相对较大，滤料优先吸附其他有机滤光剂，使其与生物膜上的微生物先接触并降解。微生物种群和数量的减少，可能是导致 BP4 去除率较低的原因。

　　膜生物反应器（MBR）处理技术也被用来去除污水中的有机滤光剂，它是膜分离技术与生物处理法的高效结合。该反应器生化池内污泥龄较长，活性污泥中含有的微生物更多，提高了有机滤光剂去除率，如对 BP3 的去除率大于 96％，OC 去除率为 67％～96％。

　　总而言之，有机滤光剂在二级处理中有较好的去除效果。一般情况下，HRT 时间越长，污水与污泥中的生物体接触时间越长，去除效率越高。SRT 的增加，有利于生长速率较慢的微生物（如硝化细菌）繁殖，促进生物系统中微生物种群的多样性，这有利于污水中有机滤光剂的去除。

　　③ 三级处理

　　三级处理是采用化学法、物理化学法去除某些特定污染物的一种"深度处理"方法，如消毒、高级氧化法和反渗透等。

　　常见的消毒方法有液氯消毒、臭氧消毒和紫外线消毒等。加氯消毒是通过亲电取代反应来去除有机滤光剂。BMDM 与氯气的反应符合准一级反应动力学,当所加氯气浓度为有机滤光剂浓度 10 倍时,BMDM 的降解半衰期为 $t=119$ min。在半衰期内随着氯化作用时间增加,去除效率也变高。BMDM 经 13 min 的氯化作用后去除效率小于 30%,而经 30 min 的氯化作用后去除效率大于 99%。

臭氧消毒部分可以结合高级氧化技术。高级氧化技术是利用活性极强的羟基自由基(如·OH)氧化水中的有机污染物。·OH 能与水中的许多高分子有机物发生反应,同时·OH 引发传递链反应,将大分子难降解有机物氧化成利于后续生物降解的小分子物质,甚至直接将某些有机物降解为 CO_2 和 H_2O。臭氧具有较强的氧化性,但是在水中不稳定,与水中底物会发生反应生成·OH,·OH 是水中最强的氧化剂。但由于投加量不足,且污水中还有许多其他有机物,竞争性争夺臭氧,导致在污水处理厂中臭氧对有机滤光剂的去除效果较差,其对 BP3、4-MBC、EHMC 和 OC 的去除率分别只有 20%、25%、28% 和 17%。

紫外消毒时会发生光解,光解途径为吸收光子后生成激发态物质或光敏化溶解氧生成活性氧物质并发生自敏化,从而使污水中的有机滤光剂浓度降低。研究发现在拥有紫外消毒(波长 254 nm)的污水处理厂,4-MBC 具有很好的去除效果,去除率大于 90%,其原因为 4-MBC 具有共轭双键,在光照下易发生异构反应,对 HMS 的去除率稍低为 71%。但是对 BP1、BP3、BP4 的去除效率均小于 30%,而对 EHMC 雨季去除率小于 30%,旱季去除率小于 60%。BP1、BP3 和 BP4 在水中的具有较强的光稳定性是导致它们的去除率低的原因。BMDM 在污水中会发生异构化、脱氢和氧化反应,最后生成取代苯甲酸、苯偶酰基和联苯甲酰衍生物,但由于其他有机滤光剂对它产生光保护,导致它的去除率小于 30%。虽然 IMC、OD-PABA 和 BMDM 经 14 h 的光照后,光解产物对海藻繁殖的毒性比母体化合物小,但仍需要注意光解副产物带来的毒性影响。

反渗透法去除污水中有机滤光剂主要是通过膜孔的筛分效应,分子量大的物质容易被膜截留下来。而 BMDM、OD-PABA、HMS、EHMC、BP1、BP3 和 BP4 的分子量较大,为 100~300,所以反渗透对这些有机滤光剂的去除效果很好,去除率均大于 99%。连续微滤处理系统可以作为反渗透膜系统的预处理,微滤/反渗透联用可以减少水中消毒副产物以及去除一定程度的有机滤光剂。出水直接可以满足多用途回用的需求,且这种物理处理方法不会产生副产物。

到目前为止,反渗透是有机滤光剂的去除效果最好的方法,但是反渗透是在高能消耗下操作的,大规模的反渗透费用以及它的运行条件技术要求较高,不利于大规模使用。

三、 有机滤光剂的生物累积

脂溶性强的有机滤光剂可能在生物体内累积并在食物链上放大,使得高营养级的生物体内污染物的含量更高,最终可能对生态系统和人类产生负面作用。有机滤光剂的生物累积研究刚刚起步,涉及的生物种类包括鱼类、鸟类和海洋哺乳动物,其中以水生生物报道最多。

1. 水生生物累积

在 Maarfelder 湖的鲈鱼(*Perca fluviatilis*)和斜齿鳊(*Rutilus rutilus*)样品中检测出 6 种滤光剂,其总浓度分别为 2 000 和 500 ng/g。而在瑞士湖泊中检测到 4MBC、BP3、EHMC 和 OC,其中触须白鱼(*Barbus barbus*)和白鲑(*Leucisus cephalus*)肌肉组织中的最高浓度达到 700 ng/g。此外,在德国湖泊中的虹鳟鱼(*Oncorhynchus mykiss*)体内的 4MBC 和 BP3 等的浓度范围在 193～525 ng/g。而在污水处理厂下游河流鱼类体内检测出的污染物浓度更高,在 7 条接收污水厂尾水排放的瑞士河流中鱼类肌肉组织中 4MBC 和 OC 的浓度分别高达 1 800 和 2 400 ng/g。除鱼类外,在瑞士河湖两种不同营养级的底栖生物贻贝(*Dreissena polymorpha*)和钩虾(*Gammarus sp.*)中检测出 EHMC 的浓度分别为 22～150 和 91～133 ng/g。在法国地中海海岸的贻贝(*Dreissena polymorpha*)体内也检测到了有机滤光剂的存在,在所有的贻贝样品均含有 EHMC,最高浓度达 256 ng/g;55% 的样品中含有 OC,其中有一个样品 OC 含量高达 7 112 ng/g,是目前为止检测的生物样品中含量最高的。

2. 人体暴露水平

有机滤光剂主要通过防晒用品的使用或者通过空气/灰尘、食物链等途径进入人体。早在 1995 年就有研究发现人类母乳中存在防晒剂。对瑞士 54 位母亲的研究发现,在 85.2% 的母乳样品中检测到 EHMC、OC、4MBC、HMS(3,3,5 -三甲基环己醇水杨酸酯)和 BP3 等,其浓度分别为 2.10～79.85、4.70～134.95、6.70～48.37、11.40～61.20 和 7.30～121.40 ng/g。对来自美国 3 个不同城市的 90 个女孩(平均年龄为 7.7 岁)的尿液样品进行检测,发现 BP3 的平均浓度为 14.7 μg/L,但样品中 BP3 的最高浓度达到 26 700 μg/L。而在美国犹他州和加利福尼亚州 600 名女性尿液中的二苯甲酮类中的 BP3 和 2,4 -二羟基二苯甲酮(BP1)的检出率分别为 99.0% 和 93.3%,其浓度范围分别为 0.28～5 900 μg/L 和 0.082～3 200 μg/L。同样,在美国 2003—2004 年度全民健康和营养检查调查中发现,2 517 份尿液样品中,BP3 的检出率高达 96.8%,其平均浓度为 22.9 μg/L,而且女性尿液样品中的 BP3 浓度明显高于男性。

第五节　双酚类化合物

双酚 A(bisphenol A，BPA)是苯酚和丙酮的重要衍生物，呈白色针晶或片状粉末状，是世界上产量最大的化学品之一。双酚 A 被广泛应用于日常生活产品中，如数字媒体、电子设备、汽车、建筑玻璃、运动安全设备、医疗设备、餐具、可重复使用的塑料瓶和食品储存容器等。经研究证实，双酚 A 具有毒性，对动物的生殖发育、神经网络、心血管、新陈代谢和免疫系统会产生不良影响。基于此，欧盟、美国、加拿大、中国等众多国家相继颁布法律法规限制或禁止生产和使用 BPA。截至 2016 年，全世界范围内约有 16 种双酚类物质作为 BPA 的替代品被研发，以补充工业生产及市场需求。

双酚类似物(bisphenol analogues，BPs)是一类化学结构相似，有机工业上不可或缺的原料，其除与双酚 A 具有相同用途外，还用于环氧树脂、热敏纸、硫化物、农药、皮革鞣剂等的生产。在双酚 A 被限制生产使用后，一些 BPS 的生产和应用规模在全球范围内均在扩大。然而，有研究报道双酚 F(bisphenol F，BPF)和双酚 S(bisphenol S，BPS)等 BPS 同样也存在潜在的毒性作用。目前，我国的水体、沉积物、土壤、空气和生物体内等环境介质中均不同程度地检测出了 BPs。已有研究表明，BPs 可能引起内分泌干扰作用，并且通过饮食或非饮食方式作用于人体，对人体健康造成危害。目前关于 BPs 的生物有效性方面的研究较多，但对其环境化学行为及生态风险方面进行全面研究的较少。

一、 BPs 在水环境中的赋存与归宿

BPs 及其产品的生产、处理、加工和水解过程中，双酚类污染物及其降解产物可通过大气沉降、工业废水排放、径流、城市污水等释放进入水体。

1. 地表水中的赋存和归宿

韩国、中国和日本在全球 BPA 生产中占有很大份额。目前，已有大量报道称在中国、印度、日本和韩国的地表水中检测到了 BPs(见表 8-11)。此外，在水源水和饮用水中也检测到了 BPs。在 8 种检测到的 BPs 中，BPF、BPS 和双酚 AF(bisphenol AF，BPAF)的检测频率最高，检测浓度甚至高于 BPA。太湖中的 BPAF 浓度达 140 ng/L，日本玉川河中的 BPF 浓度达到 2 850 ng/L，而印度阿德亚尔河中的 BPS 浓度高达 3 640 ng/L。BPB、BPAP 和 BPZ 均在数十 ng/L 的水平。

单位:ng/L

表8-11 水样样品中检测到的BPs浓度

采样点	采样时间	BPA	BPS	BPF	BPAF	TBBPA	BPAP	BPB	BPZ
太湖	2013.09	8.5(7.9) 4.2~14	6.0(2.0) 0.28~67	0.83(0.5) ND~5.6	0.28(0.2) 0.13~1.1	—	0.033(0.018) ND~0.39	ND	ND
	2015.05	92.6(53.2) 28~565	—	—	—	26.2(11.8) 11.8~40.7	—	—	—
	2015.11	86(45) 27~565	101(17) 4.5~1 569	114(15) ND~1 634	7.8(7.7) 0.71~23	—	4.8(4.8) 1.0~15	6.6(5.1) ND~28	4.0(3.4) ND~17
	2015.11	97(40) 28~560	120(16) 4.5~1 600	140(18) ND~1 600	8.2(7.7) 0.7~23	—	4.8(4.8) 1.0~15	5.8(5.1) ND~28	3.9(3.5) ND~17
	2016.04	25.7(23.8) 19.4~68.5	15.9(6.6) 4.1~157	78(30) 25.6~723	114(111) 110~140	—	—	—	—
	2016.11	217(157) 73~678	61(32) 8~319	7.1(4.6) 1.1~40	2.7(2.1) 0.3~17.7	3.5(3.0) 1.7~7.1	—	—	—
		19.4~68.5	4.1~157	25.6~723	110~140	—	—	—	—
	2018.08	217(157) 73~678	61(32) 8~319	7.1(4.6) 1.1~40	2.7(2.1) 0.3~17.7	3.5(3.0) 1.7~7.1	—	—	—
骆马湖	2016.04	86(77) 49~110	21(18) ND~94	6.8(6) 3.5~14	17(13) 12~84	—	11(6.5) 4.3~56	8.8(7.25) 6.4~23	7.7(3.65) 2.7~45
辽河	2013.09	47(29) 5.9~141	14(8.9) 0.22~52	ND[b]	1.9(1.0) 0.5~9.6	—	0.003 5 ND~0.045	ND	0.054 ND~0.70
浑河	2013.09	40(42) 4.4~107	11(8.4) 0.61~46	ND	2.4(0.94) 0.61~11	—	ND	ND	ND

（续表）

采样点	采样时间	BPA	BPS	BPF	BPAF	TBBPA	BPAP	BPB	BPZ
珠江	2017.12	31.45(24.6) 9.48~173	16.62(10.3) 1.6~59.8	55.03(35.0) 2.37~282	0.83(0.70) 0.40~3.59	—	—	3.32(1.51) 0.17~13.1	—
	2013.07— 2014.03	73(73) ND-98	135(135) ND-135	773(757) 448~1 110	ND	—	—	—	—
西江	2013.07— 2014.03	43(43) ND-43	ND	64(64) ND-105	ND	—	—	—	—
长江	2015.03	—	1.39(0.98) 0.18~14.9	—	—	—	—	—	—
中国 水源水	2017.11	12.8(10.5) ND-34.9	1.1(0.4) ND-5.2	2.2 ND-12.6	3.0(0.1) ND-10.8	—	—	—	—
日本 河湾	2013.07	14(15) 6.5~21	3.4(2.8) 2.7~47	340(316) 259~445	—	—	—	—	—
	2014.03	48(13) 11~120	4.7(3.9) 1.5~8.7	1 740(2 290) 90~2 850	—	—	—	—	—
韩国 河流	2013.07	325(325) ND-431	8.5(7.8) ND-15	373(171) ND-1470	—	—	—	—	—
	2014.03	141(144) 4.6~272	41(41) ND-42	633(555) 121~1 300	—	—	—	—	—
印度 河湖	2013.07	40(39) 1.0~80	ND	ND	—	—	—	—	—
	2014.03	423(391) 264~628	768(30) 15~3 640	ND	—	—	—	—	—

注：表中数据表示形式为:平均值(中值),最小值~最大值;"ND"表示未检出。

我国水体环境中对双酚类污染物赋存研究主要集中在太湖、辽河和珠江流域。从空间分布来看,珠江流域和西江的 BPS 和 BPF 污染比太湖和辽河严重,这与工业区的发展特征直接相关。珠江三角洲轻工业基地以加工业为主,故 BPs 污染较长三角地区水域严重。根据表 8-11,太湖从 2013 年 9 月到 2015 年 5 月,BPs 的总浓度迅速增加。在此之后,平均浓度稳定在 272~380 ng/L;而 BPF 和 BPS 浓度分别高达 1 634 ng/L 和 1 600 ng/L。太湖中,2013 年 9 月 BPA 浓度占 BPs 总浓度的 55%,而在 2016 年 11 月降至 9.5%,BPF、BPS 和 BPAF 成为主要污染物,占 BPs 总浓度的 76.4%。

2. 沉积物中的赋存和归宿

沉积物中污染物的浓度比水样中更稳定、更具代表性。研究发现,在河流和浅海的沉积物中检出了 BPs。在一项对美国、日本和韩国天然水沉积物中 BPs 污染物的调查中,检测到了 8 种 BPs,浓度范围从几 ng/g 干重到上万 ng/g 干重(表 8-12)。与美国和日本相比,韩国沉积物中 BPs 的污染水平高出了近 80 倍。从日本东京湾沉积物中 BPs 的年际变化(1988—2012 年)来看,沉积物中 BPA 的浓度在 2001 年后总体呈下降趋势,而 BPS 的浓度呈上升趋势。

在中国杭州湾、辽河、浑河和其他流域的水体沉积物中均检测到了 BPs。它们的浓度通常在几 ng/g(干重)至数百 ng/g(干重)之间,其中杭州湾的 BPAF 最高浓度达到 2 009.8 ng/g,远高于 BPA 的浓度(42.76 ng/g)。太湖地区 BPs 的总浓度从 2013 年 9 月的 2.1 ng/g 迅速增至 2016 年 11 月的 64.3 ng/g,而 BPA 的比重从 70% 降至 50%。BPF,BPAP,BPA,BPAF 和 BPS 的平均沉积物—水分配系数($\log K_{oc}$)分别为 4.7、4.6、3.8、3.7 和 3.5。这表明,由于 BPA 的禁令,大多数双酚类似物作为 BPA 的替代品已被逐步应用并进入环境。

3. 污水中的赋存和归宿

传统污水处理方法只能部分去除 BPs,所以污水处理厂的出水和污水污泥可能是 BPs 进入环境的主要来源之一。根据对韩国 40 个典型污水处理厂尾水中 8 种 BPs 的调查,单个工厂的出水每日 BPs 排放量为 286~1 176 g/d,比污泥中 BPs 排放量(19.3~116 g/d)高一个数量级。据美国环境保护署全国污水污泥专项调查估算,污水污泥中 BPA、BPS、BPF 的去除率仅 2.0%~9.6%。在对中国厦门的 7 个典型废水处理厂的研究中,BPA、BPF 和 BPS 的去除效率较高(>78%)。而 BPAF、BPE 的去除效率均为负(-153% 和 -82.5%),即它们在出水中的浓度高于进水。这 7 个污水处理厂的尾水中 BPA、BPAF、BPF 和 BPS 的平均浓度分别为 231、1.17、4.07、1.67 和 0.596 ng/L,单个污水处理厂出水中的 BPs 排放通量为 246 g/d。其中悬浮颗粒物中 BPF 吸附的量占 BPF 总排放量的 76.8%,远高于 BPA(0.4%),BPS(15.3%)和 BPAF(41.0%)。污水处理厂尾水在城市地表水

表 8-12　沉积物样品中的 BPs 浓度

单位：ng/g

采样点	采样时间	BPA	BPS	BPF	BPAF	TBBPA	BPAP	BPB	BPZ
太湖	2016.11	32(6.0) 3.6~270	3.1(0.57) 0.22~47	12(5.1) 3.0~95	12(12) 11~19	0.29(0.24) 0.16~0.68	2.1(2.0) 1.8~4.0	2.0(2.0) 1.7~2.6	2.0(2.0) 1.7~2.6
	2016.04	9.72(7.28) 3.94~33.2	2.55(0.942) 0.323~27.3	1.24(1.14) 0.50~3.28	0.266(0.08) 0.06~2	ND[b]	ND	ND	(0.69) 0.61~1.1
	2015.05	20(5.8) 1.1~200	4.1(1.6) 0.3~31	4.7(1.8) 0.54~20	0.195(0.03) ND~0.27	0.76(0.72) 0.68~1.2	2.2(1.6) 1.1~6.5	0.69(0.66) 0.61~1.1	ND
	2013.09	1.3(0.72) 0.19~7.4	0.15(0.071) ND~0.76	0.47(0.47) ND~1.2	0.032(0.014) 0.01~0.36	0.031(0.026) ND~0.4	ND	0.12(ND) ND~2.5	0.12(ND) ND~2.5
辽河	2013.09	0.14(0.11) ND~0.45	0.092(ND) ND~1.1	0.034(ND) ND~0.41	0.0016(ND) ND~0.01	0.022(0.018) 0.01~0.059	ND	0.05(ND) ND~0.36	0.05(ND) ND~0.36
洋河	2013.09	1.0(0.93) 0.15~2.1	0.0073(ND) ND~0.051	0.92(ND) ND~3.8	0.0017(ND) ND~0.012	0.026(0.024) 0.014~0.053	ND	0.06(ND) ND~0.42	0.06(ND) ND~0.42
珠江	2017.12	(24.6) 9.48~173	(10.3) 1.6~59.8	(35.0) 2.37~282	(0.70) 0.40~3.59	—	(1.51) 0.17~13.1	—	—
骆马湖	2016.04	8.0(8.2) 6.2~9.3	0.12(0.24) ND~0.25	1.0(1.06) 0.68~1.4	0.94(1.4) 1.5	0.49(0.45) 0.43~0.62	0.36(0.67) ND~0.83	0.33(0.34) 0.26~0.38	(0.33) 0.26~0.38
美国河湖		5.14(1.49) ND~106	0.21 ND~4.65	3.24(1.44) ND~27.5	ND	ND	ND	ND	ND
日本河湖	1998—2012	8.17(8.30) 1.88~23.0	0.42 ND~4.46	3.94(3.57) ND~9.11	ND	ND	ND	ND	ND
韩国河湖		567(6.02) ND~13370	61.4 ND~1970	338 ND~9650	0.23 ND~4.23	8.63 ND~252	0.31 ND~10.6	1.86 ND~63.3	1.86 ND~63.3

注：表中数据表示形式：平均值(中值)，最小值~最大值；"ND"表示未检出。

循环中起着重要作用,因此研究废水处理厂进水 BPs 的环境化学行为对实现城市水体中 BPs 的预防和控制具有重要意义。此外,污水处理厂污泥是 BPs 赋存的重要场所,如污泥中 BPS 的含量高达 523 mg/kg(干重),同时部分 BPs 可以使污泥中的 α-淀粉酶变性,抑制污泥的水解,从而影响污泥的处置,因此对排入环境的污泥中的 BPs 环境行为应当进行进一步研究。

在中国 30 个城市的 52 个污水处理厂进行的 13 次 BPs 污染调查中,发现四溴双酚 A(tetrabromobisphenol A,TBBPA)是污泥中最重要的 BPs 单体(平均浓度 20.5 ng/g),占总 BPs 浓度的 37.4%。BPS(3.02 ng/g)与 BPF(3.84 ng/g)是 BPA 的优势替代物,二者的在污泥中的残留浓度相似,共占总 BPs 的 47.1%。厦门 7 家污水处理厂的污泥中 BPs 的排放量为 63 g/d,其中 BPF 也是主要的 BPs 单体,占总排放量的 87%(BPA 除外)。一篇关于印度污水处理厂的调查显示,比较污泥和尾水中的 BPs 残留水平,发现污泥和尾水中 BPS 或 BPF 浓度之比远高于 BPA。由此可见,相对于 BPA,新型双酚类污染物如 BPF 和 BPS 更易于与固相结合。

在综合分析了 BPs 在地表水、沉积物、污水和污泥等水环境介质中的存在之后,发现它们在地表水中的浓度通常为数十 ng/L 至数百 ng/L。在一些污染严重的地区,其浓度达到 μg/L。在调查区域的污水处理厂的进水和出水中检测到了不同浓度的 BPS 和 BPF。总体而言,污水处理厂尾水中的 BPs 含量与地表水相当。固相中污泥和沉积物中 BPs 造成的污染比水相中的更严重。由于 BPs 的亲水性和疏水性不同[1.65(BPS)<$\log K_{ow}$<7.20(TBBPA)],其环境归宿截然不同。

胶体具有很强的吸附能力,但通常很容易被忽视。胶体是各种污染物的重要载体,其吸附能力比悬浮颗粒物高 2～4 个数量级,它对 BPA 的贡献率在 0～72%。胶体对 BPAF、TBBPA、BPF、BPA 和 BPS 的吸附贡献率也分别达到 50.4%、33.4%、25.2%、10.9% 和 9.5%,与 $\log K_{ow}$ 呈明显正相关。作为传统溶解相中的主要部分,胶体在调节水环境中 BPs 的环境行为中起重要作用。与悬浮颗粒物相比,纳米颗粒与污染物结合具有更高的生物活性,这可以进一步控制水中污染物的环境行为和生态影响。胶体在水生系统中具有很高的丰度和可迁移性,其对 BPs 的环境影响仍未可知。因此,研究胶体对 BPs 在水生系统中的行为、生物利用度和毒性影响等将更有助于认知 BPs 污染问题。

二、 BPs 的生态毒理和风险分析

1. 生态毒理作用

BPs 在结构上与 BPA 相似,并且具有良好的稳定性,难降解性和生物蓄积性。

作为 BPA 的替代品,它们很可能引起与 BPA 类似的生物健康和生态风险问题。以 BPS 和 BPF 为例,体外 25 次和体内 7 次实验表明,BPS 和 BPF 可以改变血液中性激素的含量,减少精子的数量,降低孵化率,增加胚胎的孵化时间、畸形率和雌雄比例等,对鱼类生殖系统造成损害。同时,它会导致内分泌系统功能异常,影响甲状腺激素浓度,血液参数和酶活性,甚至引起诸如细胞功能异常,基因损伤和染色体异常等不良反应。

① 急性毒性

BPs 对水生生物的毒性数据可见于表 8-13。BPF 的急性毒性[1.1 mg/L≤L(E)C$_{50}$≤80 mg/L],与 BPA[5.7 mg/L≤L(E)C$_{50}$≤19.6 mg/L]相当。除 BPS 和 BPP 以外的所有 BPs 都具有中度毒性,而 BPP 处于高毒性水平。

表 8-13　BPs 对水生生物的毒性数据

污染物	测试物种	毒性指标	毒性结果(mg/L)	测试终点
BPA	绿藻	72 h-IC$_{50}$	19.6	生长率
	大型蚤	24 h-EC$_{50}$	8.90	死亡率
		48 h-EC$_{50}$	7.30	死亡率
		24 h-EC$_{50}$	24.0	死亡率
		48 h-EC$_{50}$	10.0	死亡率
		21 d-NOEC	5.00	生殖
		21 d-LOEC	10.0	生殖
		21 d-NOEC	5.00	体长
		21 d-LOEC	10.0	体长
		21 d-NOEC	5.00	死亡率
		21 d-LOEC	10.0	死亡率
	斑马鱼成鱼	24 h-LC$_{50}$	9.51	死亡率
		48 h-LC$_{50}$	9.31	死亡率
		72 h-LC$_{50}$	8.09	死亡率
		96 h-LC$_{50}$	8.09	死亡率
BPAF	绿藻	72 h-IC$_{50}$	3.00	生长率

（续表）

污染物	测试物种	毒性指标	毒性结果（mg/L）	测试终点
BPAF	大型蚤	24 h-LC$_{50}$	3.40	死亡率
		48 h-LC$_{50}$	2.70	死亡率
		21 d-NOEC	0.23	体长
		21 d-LOEC	0.45	体长
		21 d-NOEC	0.23	增殖
		21 d-LOEC	0.45	增殖
		21 d-NOEC	0.90	死亡率
		21 d-LOEC	1.80	死亡率
	斑马鱼成鱼	24 h-LC$_{50}$	3.15	死亡率
		48 h-LC$_{50}$	2.64	死亡率
		72 h-LC$_{50}$	2.47	死亡率
		96 h-LC$_{50}$	2.47	死亡率
BPS	大型蚤	24 h-EC$_{50}$	76.0	死亡率
		48 h-EC$_{50}$	55.0	死亡率
	斑马鱼成鱼	24 h-LC$_{50}$	343.0	死亡率
		48 h-LC$_{50}$	343.0	死亡率
		72 h-LC$_{50}$	343.0	死亡率
		96 h-LC$_{50}$	343.0	死亡率
BPF	绿藻	48 h-LC$_{50}$	22.1	死亡率
	大型蚤	48 h-LC$_{50}$	8.70	死亡率
		24 h-EC$_{50}$	80.0	死亡率
		48 h-EC$_{50}$	56.0	死亡率
		21 d-NOEC	6.70	死亡率
		21 d-LOEC	13.4	死亡率
		21 d-NOEC	1.68	体长
		21 d-LOEC	3.36	体长

(续表)

污染物	测试物种	毒性指标	毒性结果(mg/L)	测试终点
BPF	大型溞	21 d-NOEC	0.84	生殖
		21 d-LOEC	1.68	生殖
	斑马鱼成鱼	24 h-LC$_{50}$	10.10	死亡率
		48 h-LC$_{50}$	9.86	死亡率
		72 h-LC$_{50}$	9.51	死亡率
		96 h-LC$_{50}$	9.51	死亡率
BPB	大型溞	24 h-EC$_{50}$	9.00	死亡率
		48 h-EC$_{50}$	5.50	死亡率
	斑马鱼成鱼	24 h-LC$_{50}$	5.07	死亡率
		48 h-LC$_{50}$	4.64	死亡率
		72 h-LC$_{50}$	4.15	死亡率
		96 h-LC$_{50}$	4.15	死亡率
BPAP	斑马鱼成鱼	24 h-LC$_{50}$	3.04	死亡率
		48 h-LC$_{50}$	2.70	死亡率
		72 h-LC$_{50}$	2.42	死亡率
		96 h-LC$_{50}$	2.28	死亡率
BPP	大型溞	24 h-EC$_{50}$	4.00	死亡率
		48 h-EC$_{50}$	1.60	死亡率
	斑马鱼成鱼	48 h-LC$_{50}$	0.70	死亡率
		72 h-LC$_{50}$	0.46	死亡率
		96 h-LC$_{50}$	0.40	死亡率
BPZ	斑马鱼成鱼	24 h-LC$_{50}$	3.43	死亡率
		48 h-LC$_{50}$	2.72	死亡率
		72 h-LC$_{50}$	2.63	死亡率
		96 h-LC$_{50}$	2.63	死亡率

注:EC$_{50}$:半数效应浓度;LC$_{50}$:半数致死浓度;IC$_{50}$:半数最大抑菌浓度;NOEC:无显见效果浓度;LOEC:最低可见效应浓度。

② 内分泌干扰

斑马鱼的内分泌系统是通过内分泌激素沿下丘脑-垂体-甲状腺(HPT)轴和

下丘脑-垂体-性腺轴（HPG）的协调作用来调节的。因此,影响相关基因表达、激素和酶浓度来通过影响内分泌系统的正常运行和斑马鱼的生长。现有研究表明BPs可扰乱水生生物的内分泌系统。BPS 和 BPF 作为内分泌干扰物,能够通过结合雌激素受体,发挥雌激素和抗雄激素活性来干扰内分泌系统。BPF 和 BPS 具有与 BPA 相似的激素作用,其平均雌激素效价分别是 BPA 的 1.07 倍和 0.32 倍。而相比 BPA,BPS 和 BPF 更易诱导羟孕酮、黄体酮和类固醇合成,从而导致雄性激素含量降低和精子数量减少。BPA,BPAF 和 BPF 显著上调了斑马鱼的CYP19a1 基因和 HSD17b1 基因。CYP19a1 基因参与编码将雄激素转化为雌激素的芳香酶。HSD17b1 基因参与调节靶器官局部组织中的 17β-雌二醇（E2）水平,并调节雌激素对靶组织的作用。其他研究报道,BPS、BPF 和 BPZ 会上调与甲状腺合成、分化和发育有关的 tg、hhex 和 ttr 等基因。睾丸激素（T）和 E2 是斑马鱼性腺发育的生物标志物。在浓度为 10 μg/L BPF、BPAP 和 BPAF 的影响下,会导致成年雄性斑马鱼的 T 水平显著降低,E2 水平升高。实验还表明 BPS 降低了斑马鱼幼鱼和成鱼中的 T3（三碘甲状腺素）和 T4（甲状腺素）水平,说明 BPS 会导致斑马鱼幼鱼的甲状腺功能减退。

卵黄蛋白原（VTG）是一种可诱导雌激素的卵黄蛋白前体,它依赖雌激素并在卵母细胞发育中发挥作用。在卵生脊椎动物如大型蚤中,VTG 的诱导已被用作暴露于环境中雌激素化学物质的生物标记。BPF 强烈诱导成年雄性斑马鱼的 VTG合成。雄性斑马鱼肝脏中的 VTG 暴露于 1 μg/L BPAF、BPAP 和 BPZ 后显著增加,二者呈剂量-效应关系。

BPS 和 BPF 还增加了斑马鱼的超氧化物歧化酶含量,提高了过氧化氢酶活性和总抗氧化水平,从而诱导了氧化应激并干扰了斑马鱼的免疫反应。故可推测,斑马鱼胚胎、幼鱼和成鱼暴露于 BPA、BPS、BPAF 和 BPF 会显著改变全身甲状腺激素（THs）浓度、性腺激素浓度,在最高环境浓度下,影响下丘脑-垂体-甲状腺（HPT）轴和下丘脑-垂体性腺（HPG）轴相关基因的转录。

③ 生殖毒性

BPs 会影响与生殖缺陷相关的基因表达,改变血浆性激素（T、E2、T3、T4）,相关酶（VTG）的水平,从而导致鱼类生殖功能障碍。就生物繁殖毒性而言,连续暴露>0.5 μg/L BPS 会导致产卵率和孵化率降低,孵化时间增加,胚胎畸形增加,精子数量减少,提高雌雄比例;BPAF 也具有类似的毒性作,暴露于 1 mg/L 的 BPAF后,精子细胞数量减少,孵化率降低 20%。导致孵化率降低的还有 BPF,5 mg/L的 BPF 和 10 mg/L 的 BPF 对孵化率的抑制作用分别为 15% 和 64%。

④ 发育毒性

在实验研究中发现 BPs 和 BPA 一样,对甲状腺激素有干扰作用。环境相关水平的 0.5 μg/L BPS 和 BPF 可以调节斑马鱼早期发育过程中与免疫相关的基因表达。在相同的暴露剂量(4.5～4.8 mg/L)下,BPS 可以显著抑制黑斑蛙胚胎的生长。单独接触 BPF 后,斑马鱼畸形表现为尾巴和背部弯曲,头、脸和腹水肿,水泡等现象。此外,BPAF 还可以降低胚胎心率,在 BPS 中也观察到类似的作用。斑马鱼胚胎心率的降低与 BPS 浓度的增加呈正相关,同时 BPS 还导致眼、卵黄囊和胚胎脊索的色素沉着减少。

⑤ 生物学形态

从生物学形态上看,实验观察到的斑马鱼致死作用表现为心包水肿、颅面畸形、色素沉着、脊柱畸形和卵黄囊畸形。暴露于 0.5 μg/L 的 BPS 21 d 后,斑马鱼出现弯腰症状;当剂量增加到 50 μg/L 时,斑马鱼不仅弯腰,而且还出现心包水肿和尾巴缩短等症状;暴露于 100 μg/L 的 BPS 75 d 可以显著降低生长指数,如雄斑马鱼的体重和体长会显著减少。

2. 生态风险

当一个生态系统受到各种环境压力的影响时,可以使用风险熵方法来评估对生态系统的影响。目前由 BPs 引起的生态风险相关研究较少。为了评估其对生态系统的影响,采用了欧盟提出的风险熵(RQ)来对风险等级进行分类,并基于多种毒性数据评估河流中的潜在风险。RQ 为在环境中检测到的浓度(MEC)与预测的无效浓度($PNEC$)的比值。$PNEC$ 为毒理学终点数据与评估因子(AF)的比率。

$$RQ = MEC/PNEC \qquad (8-1)$$

$RQ > 1$,高风险;$0.1 < RQ < 1$,中等风险;$0.01 < RQ < 0.1$,低风险。为了更严格地评价水中双酚类污染物的潜在危害,当 $RQ > 0.3$ 时,水中双酚类污染的潜在风险视为高。

通过(8-1)式计算结果可知,来自中国、日本、韩国和印度的河流中 BPA 和 BPS 的生态风险并不高。但在中国、日本和韩国,天然水中 BPF 的风险相对较高。比较水中五种污染物的生态风险,BPF 产生生态风险的概率最高,其次是 BPA(BPF:83.3%;BPS:22.2%;BPA:75.0%)。此外,在中国、日本和韩国,BPF 是唯一一种具有高生态风险的污染物。由于生物富集作用,五种污染物对斑马鱼的生态风险较高,这与毒理学测试的终点和指标的敏感性直接相关。总而言之,在中国、日本和韩国,斑马鱼暴露于 BPF 的风险最高,其次是 BPA 和 BPS。暴露风险最敏感的指标与甲状腺激素和性腺激素有关,对斑马鱼的生长、发育和性别分化有影响。

三、 现状与展望

随着 BPA 禁令等相关法律法规的颁布，BPs 逐渐取代了 BPA 在工业中的应用。然而近年来 BPs 在各环境介质中被不断检出，特别是 BPs 对人体健康和水生生态环境的影响开始引起广泛重视。通过综合分析相关研究，得出以下结论。

（1）BPs 逐渐取代了 BPA 的应用，尤其是 BPS、BPF 和 BPAF，在很多地区，检测频率已经超过了 BPA。根据现有研究，地表水中 BPs 的污染主要集中在其生产地，城市化和人口密集区域；沉积物中 BPs 的浓度在不断升高，BPA 的浓度在不断降低；污水处理厂尾水中的 BPs 含量与地表水相当，固相中污泥和沉积物中 BPs 造成的污染比水相中的更严重。

（2）大部分 BPs 都具有中毒性，BPF 毒性与 BPA 相近，BPP 具有高毒性，BPS 毒性较低，故 BPS 作为 BPA 的替代品使用具有一定的合理性，而 BPP、BPAF 和 BPF 则不宜作为替代品大量使用；BPs 通过内分泌干扰作用，干扰斑马鱼的内分泌系统，导致斑马鱼的精子数量降低、幼鱼甲状腺功能降低；通过增加酶的含量，还会干扰斑马鱼的免疫反应；长期暴露于高浓度的 BPs 会显著影响斑马鱼的生长形态。

（3）采用风险熵法评价 BPs 的生态风险，发现 BPF 具有高风险，其生态风险高于 BPA，其次是 BPS。

尽管目前 BPs 水环境化学行为与生态风险研究工作有了一定进展，尚存在以下不足。

（1）国内外研究者针对 BPs 的赋存和环境化学行为进行了广泛的深入研究，而对 BPs 的分布及扩散途径研究的较少。

（2）单一双酚污染物的毒理学效应研究已经趋于成熟，但共同暴露于多种 BPs 和其他环境毒物的毒性机制尚缺乏可靠的研究。

（3）人类接触 BPs 的来源和途径需要进一步监测。BPs 暴露于人体的主要方式是食物摄入，然而目前关于 BPs 在体内的累积和代谢等研究较少，同时也缺乏多种 BPs 共同作用下对于机体影响的研究。

第六节　微塑料

塑料制品由于重量轻、成本低、耐用、易塑形、隔热绝缘等特性被广泛应用于日常生活,但随着塑料产量的增长,塑料废物的监管不善和随意填埋、丢弃引发的环境问题也愈发严重。其中,粒径小于 5 mm 的塑料微粒被称为微塑料,这类塑料通常由个人护理产品、喷砂介质、树脂颗粒、合成纤维或大型塑料制品破裂中产生,且广泛分布在世界范围内的海洋、河流、湖泊、水库等水环境介质中。微塑料能通过摄食等多种路径对浮游生物、底栖生物和鱼类等水生生物的生长和繁殖产生不利影响,被称为水体环境的 PM$_{2.5}$,已经成为一种新型污染物而受到学者和公众的关注。$Nature$ 和 $Science$ 等杂志多次发文关注海洋微塑料的研究进展,呼吁人们重视水体环境中的微塑料污染及其危害。海洋作为微塑料污染的集中地,其中约80%来自内陆,河流汇集成为微塑料进入海洋的主要途径之一。淡水环境中的微塑料污染自 2013 年被首次报道后,相关研究已经开展起来。我国作为最大的塑料生产和使用国,内陆淡水环境中的微塑料污染研究刻不容缓。因此需要针对我国淡水环境中微塑料赋存情况、环境介质中微塑料的分析方法以及生物效应进行探讨,以期推进我国淡水环境中微塑料污染的研究。

一、 微塑料研究的分析方法

微塑料研究的分析方法主要包括采样、前处理、定性和定量分析等步骤。其中水样采集一般采用拖网和现场大水量分离法,沉积物多用箱形抓斗或直接铲取,生物样则主要通过解剖分离肝、鳃、肠等组织部位获得。前处理方法主要包括分离和消解,其中分离一般采用密度分离法,消解一般采用生化学消解法去除样品中的有机质。热解吸或热分解气相色谱耦合质谱法、傅里叶变换红外光谱法(FT-IR)和拉曼光谱法(RS)则是目前常用的微塑料定性技术。

1. 微塑料的前处理方法

微塑料的密度是影响其在水体中分布和生物利用率的主要因素。饱和 NaCl 溶液(1.20 g/cm^3)通常是分离环境样本中微塑料的首选解决方案。为了得到密度大于 1.20 g/cm^3 的塑料颗粒,部分学者采用密度较高的 ZnCl$_2$、NaI 等溶液,但存在环境污染和经济成本问题。有学者基于密度梯度开发了一种简单快速测量微塑料的方法,利用乙醇-水-碘化钠体系(0.8~1.8 g/cm^3)观察微塑料在密度梯度溶液中的浮沉情况,不仅可以测定微塑料的密度,还可以简单判别微塑料的类型。

为了消除生物有机质和无机粉尘对观察微塑料的干扰,需要对初步得到的微塑料样品消化提纯。一般采用化学消解法提取环境中的微塑料,其关键在于消解试剂是否对各种微塑料聚合物类型造成破坏(表 8-14)。对于生物组织,Enders 等验证了国际海洋考察理事会提出的硝酸和高氯酸的消解方案,发现混合酸试剂对鱼体内几种常见的微塑料都造成了极强的破坏,特别是对聚酰胺(PA)和聚氨酯

(PU)，但 30%稀释的 1∶1 的 KOH∶NaClO 碱性消解液却可以在保护微小塑料颗粒的同时去除有机组织。此外，NaOH 碱性消解体系对苯二甲酸乙二醇酯（PET）、聚碳酸酯（PC）、高密度聚乙烯（HDPE）等塑料材质的影响也很轻微。10% KOH 在 60 ℃下消解 24 h 被认为是提取生物样品中微塑料的最佳方案，其一方面能有效消解生物组织，另一方面对除醋酸纤维素外的其他聚合物没有明显影响；KOH 消解体系处理时间短，消解彻底且回收率高。而对于污泥和沉积物等复杂环境基质，Fenton 试剂法（$FeSO_4 \cdot 7H_2O + H_2O_2$）被认为是最优的消解方案，不会对塑料微粒产生降解，且对不同形态的微粒都具有极高的提取效率。

表 8-14　环境样品提取微塑料的化学消解法

消解对象	消解试剂	消解步骤	消解效果	是否破坏粒子	是否温度 >60 ℃
水生生物（鱼、贝、蟹等生物组织）	4∶1 的 69% HNO_3 和 70% $HClO_4$	每克样品加入 5 mL 混合酸试剂消解 5 h，后在 80 ℃下加热 10 min	—	PA、PU 和轮胎橡胶均完全溶解	是
	100% KOH（饱和）	每克样品加入 5 mL 试剂，超声 15 min，后 2 h 振荡	有棕色黏液，无大块组织残留	轻微分解	否
	30% NaClO	每克样品加入 5 mL 试剂，超声 15 min，后 2 h 振荡	乳状溶液，组织未消解	无明显影响	否
	30% 的 1∶1KOH∶NaClO 混合液	每克样品加入 5 mL 试剂，超声 15 min，后振荡 2 h	少量泡沫，组织完全消解	无明显影响	否
	1 mol/L NaOH 和 5 g/L SDS（十二烷基硫酸钠）	每克样品加入 10 mL NaOH 和 5 mL SDS，50 ℃下 24 h 后再振荡孵化 24 h	—	PET 质量发生轻微变化	否
	10%（w/v）KOH	在 60 ℃下消解 24 h	组织消解良好，无剩余颗粒	乙酸纤维素（CA）轻微降解	否
	10 mol/L 的 KOH	在 60 ℃下消解 24 h	—	PC 完全降解；CA 和 PET 部分降解	否

（续表）

消解对象	消解试剂	消解步骤	消解效果	是否破坏粒子	是否温度>60 ℃
水生生物（鱼、贝、蟹等生物组织）	0.27 mol/L 的 $K_2S_2O_8$ ＋0.24 M 的 NaOH	在 65 ℃下消解 24 h	存在小的碎片组织	CA 几乎完全降解	是
	30% H_2O_2 (60 ℃)	超声 5 min，在 60 ℃ 的振荡培养箱消解 24 h	存在少量白色固体有机质	—	否
水和沉积物	30% H_2O_2 (70 ℃)	超声 5 min，在 70 ℃ 的振荡培养箱中消解 24 h	—	聚酰胺（PA-6,6）和聚丙烯（PP）部分降解	是
	Fenton 试剂（20 g/L 的 $FeSO_4 \cdot 7H_2O$＋30% 的 H_2O_2）	加入 20 mL $FeSO_4 \cdot 7H_2O$ 和 20 mL H_2O_2，反应稳定后重复加入 20 mL H_2O_2 四次	—	无明显影响	室温下进行，但反应温度超过 60 ℃
	1 mol/L NaOH (60 ℃)	—	—	PET 小部分降解，PC 轻微降解迹象	否
	10 mol/L NaOH (60 ℃)	—	—	PET，PC 严重降解	否
	224 g/L KOH ＋35% H_2O_2	加入 30 mL KOH 在 60 ℃ 下磁性搅拌 1 h，冷却后加入 5 mL H_2O_2，搅拌 15 min 静置 2 h	—	球形微珠和泡沫聚乙烯（PSF）受到影响	否

除消解试剂外，高温也会破坏高聚物结构，因此温度对消解过程也有明显影响。室温下或者低于 60 ℃ 的碱性消解可能更加适合生物组织的消化，而温度超过 70 ℃ 的 Fenton 试剂法可能会造成微塑料颗粒缺失。有研究发现 60 ℃ 的 KOH（10% w/v）消化方法对荧光 PS 微球的荧光强度、形态和组成都没有显著影响。因此，在微塑料颗粒的提取过程中，任何在消化过程中加热或产生温度超过 60 ℃ 的消解法都应谨慎使用。

2. 微塑料的定性定量分析

提纯后的微塑料需要进一步进行化学组分的鉴定和定量分析，定性分析一般采用光谱分析和热分析方法。基于热解-气相色谱/质谱法(Pyr-GC/MS),Hendrickson 等对苏必利尔湖水体中的微塑料定性分析后发现,聚氯乙烯(PVC)是主要的聚合物类型,但基于 FT-IR 确定的则是聚乙烯(PE),分析鉴定结果的不一致表明微塑料在环境中可能包含共聚物,使得聚合物的测定区分更加困难。此外,FT-IR 和 Pyr-GC/MS 技术受限于粒子粒径,使得小于 20 μm 的塑料颗粒难以被检测,而且 FT-IR 对于非透明粒子很难做出分析。考虑到粒径干扰,Mintening 等借助一种基于焦平面阵列的 FT-IR 的透射红外成像技术识别出污水处理厂中 20 μm 大小的微塑料聚合物类型。

对于小尺寸的微塑料(纳米级、低微米级),显微拉曼光谱(RS)不失为一种合适的分析鉴定方法。Imhof 等使用显微 RS 观察到湖泊中存在的 130 μm 左右的塑料颗粒以及 50 μm 的染料颗粒,强调粒径更小的染料颗粒可能是淡水生态系统中被忽视的污染物。市场上塑料瓶装、饮料盒装和玻璃瓶装的水中微塑料含量也通过显微 RS 进行了探究,结果发现塑料瓶装水中大部分颗粒是聚酯(PET,84%)和聚丙烯(PP,7%),这与瓶子由 PET 制成,瓶盖由 PP 制成有关。受激拉曼散射(SRS)也被 Zada 等成功运用到莱茵河沉积物中微塑料的快速识别,与传统 RS 相比,SRS 没有费时的缺陷且映射速度更快。此外,扫描电镜-能量色散谱仪(SEM-EDS)和环境扫描电镜-能量色散谱仪(ESEM-EDS),也可以用于表征纳米级微塑料的表面形态以及元素组成(主要是 C、O 元素),增加微塑料定性分析的可信度。而多种分析技术的结合使用则可以为微塑料定性分析提供更合理、准确的支持。

野外水体、沉积物和生物体中的微塑料通常采用目检法定量分析,但测量单位尚未有统一标准。一般情况下,水体中微塑料丰度单位是"个/L"或者"个/m³",也有因利用拖网收集进而采用"个/km²"为单位;沉积物中微塑料丰度的单位为"个/kg";生物体内赋存情况根据质量定为"个/g",也有根据个体用"个/个"为单位的。但是,Simon 等指出用微塑料的质量取代粒子数,用质量浓度进行定量更可靠,可以较少受到分析方法和颗粒大小差异的影响。实验室则多用荧光法标记微塑料进行定量研究,探究生物体内微塑料的累积情况。

二、 我国淡水环境中微塑料的污染现状

1. 淡水环境中微塑料的赋存情况

我国淡水环境中微塑料污染情况研究主要集中在长江、珠江及东南沿海诸河流域,环境介质包括水体和沉积物等。在长江中上游流域,研究发现三峡水库中表层水的微塑料丰度达到了 12 611 个/m³,沉积物中也高达 300 个/kg,微塑料污染程度在城市地区的地表水以及农村地区的沉积物中显得最为严重。此外,微塑料

在三峡大坝长江干流中的丰度要高于附近4个支流的丰度,支流的回水区域显示出最高的微塑料丰度。三峡大坝对水体的微塑料污染显示出明显的蓄积作用,越靠近三峡坝体,微塑料丰度越高,水库可能成为微塑料污染的汇。在洞庭湖和洪湖水体中检测到微塑料的丰度分别为900～2 800个/m³和1 250～4 650个/m³,远低于三峡库区。作为长江中游的特大城市,武汉的地表水中也存在广泛的微塑料污染,丰度范围为1 660～8 925个/m³,并与城市中心的距离呈负相关性,人为活动因素对微塑料分布有着决定性作用。另外,我国最大的淡水湖——长江中游的鄱阳湖也存在不同程度的微塑料污染,有研究发现饶河-鄱阳湖入湖段的底泥中的微塑料丰度为938个/kg。在太湖水体中,微塑料丰度为$3.4 \times 10^3 \sim 25.8 \times 10^3$个/m³,沉积物中的微塑料丰度为11～234.6个/kg。长江入海口作为河流与海洋交互的重要区域,也存在明显的微塑料污染,其中水体丰度为231个/m³,沉积物丰度为121个/kg,河口沉积物中的微塑料丰度相较于潮汐滩要高出1～2个数量级。尽管相关的微塑料采样和测量方法仍未有相关标准,采样工具的网孔尺寸也会直接影响检测到的丰度,但总体上,我国长江流域的微塑料污染和世界其他地区相比处于中上水平(表8-15)。

表8-15 世界各地淡水水体中微塑料丰度比较

研究区域	平均丰度($个/m^{-3}$)	丰度范围($个/m^{-3}$)	筛网孔径(μm)
三峡水库(中国)	4 702.6	1 597～12 611	48
洞庭湖(中国)	1 191.7	900～2 800	330
洪湖(中国)	2 282.5	1 250～4 650	330
长江中下游(中国)		500～3 100	20
太湖(中国)		3 400～25 800	330
塞纳河(法国)	0.35	0.28～0.47	330
丘西湖(意大利)	3.02	2.68～3.36	300
博尔塞纳湖(意大利)	2.51	0.82～4.42	300
29个大湖支流(美国)	1.9	32(最高)	333
安图斯河(葡萄牙)		58～193(3月)	55
		71～1 265(10月)	

与长江流域相比,我国珠江流域的微塑料污染较轻。在珠江支流——北江沿岸带的沉积物中检测到微塑料的丰度为178～544个/kg;在量化对比珠江河口香港东西部水域中的微塑料污染后发现,受河流排放强烈影响的西部地区的微塑料平均丰度更高,且雨季微塑料丰度明显高于旱季,珠江可能是该区域微塑料污染的

来源。此外,我国东南沿海诸河流域同样存在微塑料污染,温州的平原河网内沉积物的微塑料丰度高达 32 947 个/kg,远高于其他流域,而被工业区包围的支流中沉积物的微塑料丰度普遍较高。另外,我国西部的一些水域中也发现了微塑料污染,我国最大的内陆湖——青海湖水体中存在丰度范围 $0.05 \times 10^5 \sim 7.58 \times 10^5$ 个/km^2 的微塑料污染,且湖心丰度高于湖岸;西藏北部色林错流域沉积物中也发现了丰度为 $8 \sim 563$ 个/m^2 的微塑料污染。这表明即使在人类活动影响较低的偏远地区水体也存在微塑料污染,河流的输入可能是青藏内陆湖泊微塑料污染的主要来源。

总之,我国淡水环境自西向东经青海、西藏、重庆、湖北、湖南、安徽、江苏、上海、延伸至广东、浙江、福建等地均有微塑料赋存,其中长江三峡库区和城市区域的微塑料污染尤为突出。已有的研究数据中,我国的微塑料粒径主要集中在微米级别,形态以纤维状为主,类型以聚乙烯(PE)和聚丙烯(PP)最高,其次是聚苯乙烯(PS)和聚对苯二甲酸乙二醇酯(PET)。PE 和 PP 是食品包装袋、餐具餐盒的主要成分,这说明环境中微塑料污染与人类生活、工业生产密切相关。此外,微塑料的时空分布情况还有可能和动物行为、季节和水动力条件以及城区情况密切相关。河流流量的改变也有可能导致沉积物中微塑料的丰度的改变而呈现时间差异性。我国淡水微塑料污染研究仍主要集中在中东部地区,淮河、黄河、松花江等水系以及洪泽湖等渔业养殖场的相关研究比较匮乏,应尽快开展调查与防治工作。

2. 淡水生物体内微塑料的赋存情况

除水体和沉积物外,微塑料也在水生生物体内有不同程度的检出。其中,青海湖采集的鱼样中微塑料含量为 $2 \sim 15$ 个/条鱼,三峡库区香溪河流域也有 25.7% 的鱼样发现了 PE 和尼龙(PA)等微塑料。除鱼类外,珠江河口的野生牡蛎体内也发现了丰度是 $1.0 \sim 2.7$ 个/g 的微塑料,且与周围水域的微塑料分布情况呈正相关。长江中下游的 21 个水域内,Su 等检测到蛤蜊体内存在 $0.4 \sim 5$ 个/个蛤蜊的微塑料,其丰度、大小和颜色与沉积物中微塑料的赋存情况十分相似,因此建议将蛤蜊作为淡水沉积物中微塑料污染的指示生物。当前,我国淡水生物体中发现的微塑料主要存在消化系统中,但皮肤、肌肉、鳃和肝以及骨骼等生物组织中也可能有微塑料的赋存,相关研究目前在我国尚处在空白阶段。此外,微塑料是否同药物一样易在水生生物体内产生富集,乃至通过食物链进行逐级传递等特性仍需要进一步探索。

三、 微塑料对淡水生物的生物效应

1. 浮游生物

浮游生物对于水体环境污染十分敏感,在毒理试验中常被用来作为指示生物,以便评价污染物的生态风险。以浮游植物为例,暴露在 PE 微珠中的月牙藻浓度明显高于空白对照组,微塑料可以作为月牙藻生长的基质刺激其生长。而暴露在 PS 溶液中的斜生栅藻则出现种群生长抑制的现象,藻内叶绿素浓度也同时降低,显示出光合作用抑制效果。研究发现 PS 可以通过减弱光合作用显著抑制小球藻在停滞期到对数增长期早期阶段的生长;但从对数增长期到稳定期结束,小球藻则可以通过细胞壁增生、藻类同聚和藻类-微塑料的杂聚等作用来共同减少微塑料对其不利影响。

对于浮游动物如溞类,其在粒径为 1 μm 的 PE 中无法活动;但在粒径为70 μm 的 PE 溶液中则没有出现生存和繁殖上的显著改变。借助毒物动力学模型,Jaiku-mar 等发现大型溞和蚤状溞对原始 PE 和二次风化 PE 的急性敏感性随温度的升高而急剧升高,网纹溞则在整个温度梯度下保持相对稳定。此外,纳米级微塑料被大型溞摄食后也会影响其正常的生理活动。如大型溞摄食微塑料后会产生一种生态蛋白质电晕,从而对纳米级 PS 的吸收量增加,导致肠道内的清除效率降低。Martins 等的大型溞传代实验更是证明长期接触微塑料带来的毒性影响需要几代才能恢复,而且连续几代的接触则可能导致种群灭绝。腔肠动物水螅同样具备摄取微塑料的能力,且易在胃腔中积聚而造成水螅摄食率下降。

2. 底栖动物

微塑料对于底栖动物的相关毒理研究也有报道。不同粒径大小的 PS 混合溶液对贻贝产生了神经毒性,致使贻贝体内多巴胺浓度显著增加,表明神经递质在消除微塑料的累积过程中极有可能被激活。暴露于微塑料的中华绒螯蟹肝脏中也引发了一系列的氧化应激反应和物理损伤,体重增加率、特定生长率和肝指数都有所下降。同时,PE 对摇蚊幼虫的生长、生存和出现带来了不利影响,且与塑料粒径密切相关,特别是 10~27 μm 的微粒。在 PS 混合沉积物的生长环境下,微塑料对钩虾、端足虫、栉水虱、球蚬和水丝蚓的存活没有明显影响,但对钩虾的生长产生了显著抑制,且体内累积情况与微塑料浓度成正比。Weber 等也发现钩虾摄取 PET 的量和暴露剂量及钩虾年龄相关,幼年钩虾体内累积的 PET 明显多于成年个体。秀丽隐杆线虫接触微塑料后除肠道损伤外,其肠内钙含量水平也明显降低。显然,底栖动物会摄食环境中的微塑料并累积在其消化系统中,从而产生物理损伤和氧化应激等危害,进而影响其正常的生理活动。

3. 鱼类

鱼类作为最典型的水生生物,人们也最早开展了微塑料对其生物效应的研究。有研究发现 PS 可以吸附在青鳉鱼受精卵的绒毛膜上,而成年青鳉鱼在微塑料暴露下也在多个组织器官累积了 PS,血液和大脑中的赋存表明纳米颗粒能够穿透血脑屏障进入脑组织。罗非鱼对 PS 的富集情况为肠>鳃>肝≈脑,且脑中乙酰胆碱酯酶(AChE)活性受到抑制,表明微塑料存在神经毒性;而肝中 SOD 的活性降低则表明鱼体的抗氧化系统在微塑料作用下失效,有可能产生严重的氧化损伤。在 PS 溶液中发育的斑马鱼幼鱼肠道、胆囊、肝脏、胰腺和大脑都存在 PS 赋存,并呈现较低的心率和游泳活动;而接触 PS 的成年斑马鱼肝脏更是发生了代谢组学改变,脂质和能量代谢活动受到扰乱。低密度 PE 碎片短期内对斑马鱼幼体的氧化应激反应影响较小,但食物与 PE 微粒共存时会导致其捕食时间有所增加;同时斑马鱼能够识别出食物中的 PE,并通过吞吐行为排出微塑料。PA、PP 和 PVC 的存在没有对斑马鱼产生致死效应,但使其肠道产生明显的绒毛破裂和肠细胞分裂。同样的现象也发生在接触乙烯醋酸乙烯酯(EVA)纤维、PS 碎片和 PA 球团的金鱼肠道中;纤维状 EVA 的摄入可以导致肝脏和肠道炎症的发生,且末端肠比近端肠更严重;而碎片状 PS 和球团 PA 没有被摄入而是被咀嚼和排出,其上下颚有明显磨损。因此,微塑料对鱼类最直接的影响可能是使其捕食行为紊乱和消化系统损伤,其次还有可能影响其氧化应激、脂质代谢以及神经等功能。

可见,塑料微粒能对不同营养级的水生生物产生影响(图 8-6),而不同的暴露方式(如暴露时间、颗粒浓度)、微塑料特性(如类型、大小、形状)以及物种形态、生理特征和行为特征等都有可能导致不同的影响结果。此外,除微塑料本身外,一些水体共存的污染物也可能因为微塑料比表面积大、疏水性强的特征而吸附在其表面,形成复合污染。重金属、药物及个人护肤品、持久性有机污染物等污染物都已经证实可以吸附于微塑料表面而共存,但由此引发的生物效应研究仍处于起步阶段。因此,有必要加强微塑料与污染物共存下的生物效应研究。

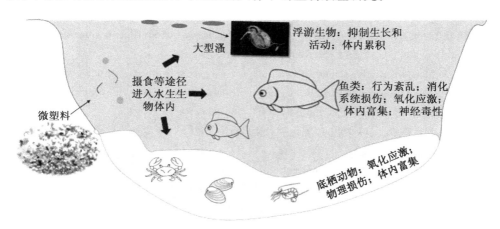

图 8-6 淡水环境中微塑料的生物效应示意图

四、 研究展望

我国淡水环境中微塑料的污染研究已经开展起来,但研究内容和成果都比较局限,今后还需要重点关注以下几个方面:

(1)国内外对环境介质中的微塑料提纯和分析方法仍没有达成共识,应尽快建立基于不同环境介质的提纯标准以及高效便捷的组分方法和定量规范,尤其是环境中较难分析且生物危害性较大的纳米级塑料颗粒,为深入研究微塑料污染提供技术支持。

(2)微塑料对淡水生物的毒理效应研究目前仍处于起步阶段,应更加注重其作用机制研究,结合组学手段展开深层次的遗传毒性研究。

(3)微塑料自身的化学添加剂如增塑剂、稳定剂、着色剂等是否会对水生生物产生影响尚未有定论,其与其他污染物的复合污染是否会在食物链(网)上产生迁移转化也尚不清楚。因此,微塑料与共存污染物的相互作用将是今后需要研究的重点问题之一,其对水体生态风险评估有重要意义。

主要参考文献

[1] Purdom C, Hardiman A, Bye V, et al. Estrogenic effects of effluents from sewage treatment works[J]. Chem Ecol, 1994, 8:275-285.

[2] Solé M, Demetrio R, Damiá B, et al. Long-term exposure effects in vitellogenin, sex hormones, and biotransformation enzymes in female carp in relation to a sewage treatment works[J]. Ecotoxicol Environ Saf, 2003, 56:373-380.

[3] 刘先利,刘彬,吴峰,等. 环境雌激素及其降解途径[J]. 环境科学与技术,2003,26(4):3-5.

[4] Augustine A. Cellular and molecular responses to endocrine-modulators and the impact on fish reproduction[J]. Mar Pollut Bull, 2001, 42(8):643-655.

[5] 杨杏芬. 环境雌激素污染与毒效应研究的现状与展望[J]. 广东卫生防疫,2001,27(1):20-24.

[6] 马陶武,王子健. 环境内分泌干扰物筛选和测试研究中的鱼类实验动物[J]. 环境科学学报,2005,25(2):135-142.

[7] 郑刚. 环境雌激素对机体的影响[J]. 国外医学卫生学分册,2001,28(4):197-201.

[8] 邱东茹,吴振斌,贺锋. 内分泌扰乱化学品对动物的影响和作用机制[J]. 环境科学研

究，2000，13(6):52-55.

[9] Tilton F, Benson W H, Schlenk D, et al. Evaluation of estrogenic activity from a municipal wastewater treatment plant with predominantly domestic input[J]. Aquat Toxicol, 2002，61:211-224.

[10] 吴妮飞，郑晓晶，张育辉. 环境雌激素对人体和动物影响机制的研究进展[J]. 陕西师范大学学报(自然科学版)，2004，32(专辑):39-44.

[11] 刘先利，刘彬，邓南圣. 环境内分泌干扰物研究进展[J]. 上海环境科学，2003，22(1):57-63.

[12] 杜永兵，李远友. 内分泌干扰物的生物学检测和评价方法[J]. 生态科学，2006，25(3):280-284.

[13] 邱东茹，吴振斌，贺锋. 内分泌扰乱化学品活性筛选和测试方法[J]. 环境科学研究，2001，14(1):57-58，60.

[14] 魏慧斌，林金明. 环境雌激素检测方法研究进展[J]. 生命科学仪器，2005，3(5):3-10.

[15] 何世华，梁增辉，晁福寰. 环境雌激素测评方法研究进展[J]. 中国公共卫生，2002，18(10):1254-1256.

[16] Streck G. Chemical and biological analysis of estrogenic, progestagenic and androgenic steroids in the environment[J]. Trends Anal Chem, 2009，28:635-652.

[17] Salste L, Leskinen Piia, Virta M, et al. Determination of estrogens and estrogenic activity in wastewater effluent by chemical analysis and the bioluminescent yeast assay[J]. Sci Total Environ, 2007，378:343-351.

[18] Mueller S O. Xenoestrogens: mechanisms of action and detection methods[J]. Anal Bioanal Chem, 2004，378:582-587.

[19] Breithofer A, Graumann K, Scicchitano MS, et al. Regulation of Human Estrogen Receptor by Phytoestrogens in Yeast and Human Cells[J]. J Steroid Biochem Mol Biol, 1998，67:421-429.

[20] Campbell C G, Borglin S E, Bailey Green F, et al. Biologically directed environmental monitoring, fate, and transport of estrogenic endocrine disrupting compounds in water: A review[J]. Chemosphere, 2006，65:1265-1280.

[21] Rempel MA, Reyes J, Steinert S, et al. Evaluation of relationships between reproductive metrics, gender and vitellogenin expression in demersal flatfish collected near the municipal wastewater outfall of Orange County, California, USA[J]. Aquat Toxicol, 2006，77:241-249.

[22] 梁勇，徐盈，杨方星，等. 鲤和团头鲂幼鱼卵黄蛋白原的诱导、纯化及电泳比较[J]. 水生生物学报，2002，26(4):317-311.

[23] Roy LA, Steinert S, Bay SM, et al. Biochemical effects of petroleum exposure in hornyhead turbot (*Pleuronichthys verticalis*) exposed to a gradient of sediments collected from a natural petroleum seep in CA, USA[J]. Aquat Toxicol, 2003，65:159-169.

［24］Solé M，Raldua D，Piferrer F，et al. Feminization of wild carp，*Cyprinus carpio*，in a polluted environment：plasma steroid hormones，gonadal morphology and xenobiotic metabolizing system［J］. Comp Biochem Phys C，2003，136：145-156.

［25］Carpinteiro J，Quintana JB，Rodríguez I，et al. Applicability of solid-phase microextraction followed by on-fiber silylation for the determination of estrogens in water samples by gas chromatography-tandem mass spectrometry［J］. J Chromatogr A，2004，1056：179 -185.

［26］Quednow K，Püttmann W. Endocrine disruptors in freshwater streams of Hesse，Germany：Changes in concentration levels in the time span from 2003 to 2005［J］. Environ Pollut，2008，152：476-483.

［27］Ribeiro C，Pardal MÂ，Martinho F，et al. Distribution of endocrine disruptors in the Mondego River estuary，Portugal［J］. Environ Monit Assess，2009，149：183-193.

［28］Kuster M，Azevedo DA，López de Alda MJ，et al. Analysis of phytoestrogens，progestogens and estrogens in environmental waters from Rio de Janeiro (Brazil)［J］. Environ Int，2009，35：997-1003.

［29］Nagler JJ，Bouma J，Thorgaard GH，et al. High incidence of a malespecific genetic marker in phenotypic female chinook salmon from the Columbia River［J］. Environ Health Perspe，2001，109：67-69.

［30］Chowen TR，Nagler JJ. Temporal and spatial occurrence of female Chinook salmon carrying a male-specific genetic marker in the Columbia River watershed［J］. Environ Biol Fish，2004，69：427-432.

［31］Mikaelian I，De Lafontaine Y，Harshbarger JC，et al. Health of lake whitefish (*Coregonus clupeaformis*) with elevated tissue levels of environmental contaminants［J］. Environ Toxicol Chem，2002，21：532-541.

［32］Bjerregaard LB，Madsen AH，Korsgaard B，et al. Gonad histology and vitellogenin concentrations in brown trout (*Salmo trutta*) from Danish streams impacted by sewage effluent［J］. Ecotoxicology，2006，15：315-327.

［33］Li CR，Lee SH，Kim SS，et al. Environmental estrogenic effects and gonadal development in wild goldfish (*Carassius auratus*)［J］. Environ Monit Assess，2009，150：397-404.

［34］Ying GG，Kookana RS，Kumar A，et al. Occurrence and implications of estrogens and xenoestrogens in sewage effluents and receiving waters from South East Queensland［J］. Sci Total Environ，2009，407：5147-5155.

［35］Cargouë TM，Perdiz D，Mouatassim-Souali A，et al. Assessment of river contamination by estrogenic compounds in Paris area (France)［J］. Sci Total Environ，2004，324：55 -66.

［36］Danish Environmental Protection Agency (DEPA). Degradation of estrogens in sewage treatment processes［J］. Environmental project No. 899. Danish environmental protection agency, Danish ministry of the environment, 2004.

［37］Belfroid AC, Van der Horst A, Vethaak AD, et al. Analysis and occurrence of estrogenic hormones and their glucuronides in surface water and wastewater in Netherlands[J]. Sci Total Environ, 1999, 225:101-108.

［38］Larsson DGJ, Adolfsson-Erici M, Parkkonen J, et al. Ethinyloestradiol-an undesired fish contraseptive? [J]. Aquat Toxicol, 1999, 42:91-97.

［39］Desbrow C, Routledge EJ, Brighty GC, et al. Identification of estrogenic chemicals in STW effluent. 1. chemical fractionation and in vitro biological screening[J]. Environ Sci Technol, 1998, 32:1549-1558.

［40］Fawell JK, Sheahan D, James HA, et al. Oestrogens and oestrogenic activity in raw and treated water in severn trent water[J]. Water Res, 2001, 35:1240-1244.

［41］Xiao XY, Mccalley DV, Mcevoy J. Analysis of estrogens in river water and effluents using solid-phase extraction and gas chromatographynegative chemical ionization mass spectrometry of the pentafluorobenzoyl derivates[J]. J Chromatogr A, 2001, 923:195-204.

［42］Ternes TA, Stumpf M, Mueller J, et al. Behavior and occurrence of estrogens in municipal sewage treatment plants. I. investigations in Germany, Canada and Brazil[J]. Sci Total Environ, 1999, 225:81-90.

［43］Johnson AC, Belfroid A, Di Corcia A. Estimating steroid estrogen inputs into activated sludge treatment works and observations on their removal from the effluent[J]. Sci Total Environ, 2000, 256:163-173.

［44］Kuch HM, Ballschmiter K. Determination of endocrine-disrupting phenolic compounds and estrogens in surface and drinking water by HRGC-(NCI)-MS in the pictogram per liter range[J]. Environ Sci Technol, 2001, 35:3201-3206.

［45］Spengler P, KöRner W, Metzger JW. Substances with estrogenic activity in effluents of sewage treatment plants in Southwestern Germany. 1. chemical analysis[J]. Environ Toxicol Chem, 2001, 20:2133-41.

［46］Baronti C, Curini R, D'Ascenzo G, et al. Monitoring natural and synthetic estrogens at activated sludge sewage treatment plants and in receiving river water[J]. Environ Sci Technol, 2000, 34:5059-5066.

［47］D'Ascenzo G, Di Corcia A, Gentili A, et al. Fate of natural estrogen conjugates in municipal sewage transport and treatment facilities[J]. Sci Total Environ, 2003, 302:199-209.

［48］Laganá A, Bacaloni A, De Leva I, et al. Analytical methodologies for determining the occurrence of endocrine disrupting chemicals in sewage treatment plants and natural waters [J]. Anal Chim Acta, 2004, 501:79-88

［49］Petrovic M, Solé M, LóPez De Alda MJ, et al. Endocrine disruptors in sewage treatment plants, receiving river waters, and sediments: integration of chemical analysis and biological effects on feral carp[J]. Environ Toxicol Chem, 2002, 21:2146-2156.

[50] Behnish PA, Fujii K, Shiozaki K, et al. Estrogenic and dioxin-like potency in each step of a controlled landfill leachate treatment plant in Japan[J]. Chemosphere, 2001, 43:977 -979.

[51] Isobe T, Shiraishi H, Yasuda M, et al. Determination of estrogens and their conjugates in water using solidphase extraction followed by liquid chromatography-tandem mass spectrometry[J]. Chromatogr A, 2003, 984:195-202

[52] Solé M, De Alda LMJ, Castillo M, et al. Estrogenicity determination in sewage treatment plants and surface waters from the Catalonian Area (NE Spain)[J]. Environ Sci Technol, 2000, 34:5076-5083.

[53] Isobe T, Nishiyama H, Nakashima A, et al. Distribution and behavior of nonylphenol, octylphenol, and nonylphenol monoethoxylate in Tokyo metropolitan area: their association with aquatic particles and sedimentary distributions[J]. Environ Sci Technol, 2001, 35:1041-1049.

[54] Ahel MG. Determination of alkylphenols and alkylphenol monoand diethoxylates in environmental samples by high-performance liquid chromatography[J]. Anal Chem, 1985, 57:1577-1583.

[55] Lee HB, Peart TE. Determination of 4-nonylphenol in effluent and sludge from sewage treatment plants[J]. Anal Chem, 1995, 67:1976-1980.

[56] Snyder SA, Keith TL, Verbrugge DA, et al. Analytical methods for detection of selected estrogenic compounds in aqueous mixtures[J]. Environ Sci Technol, 1999, 33: 2814 -2822.

[57] 金士威, 徐盈, 惠阳, 等. 污水中 8 种雌激素化合物的定量测定[J]. 中国给水排水, 2005, 21(12):94-97.

[58] Imai S, Koyama J, Fujii K. Effects of 17β-estradiol on the reproduction of Java-medaka (*Oryzias javanicus*), a new test fish species[J]. Mar Pollut Bull, 2005, 51:708-714.

[59] Kawahara S, Hrai N, Arai M, et al. The effect of *in vivo* co-exposure to estrone and AhR-ligands on estrogenic effect to vitellogenin production and EROD activity[J]. Environ Toxicol Phar, 2009, 27:139-143.

[60] 曾红燕. 环境雌激素的色谱测定方法研究[D]. 成都:四川大学, 2004.

[61] Pawlowski S, van Aerle R, Tyler CR, et al. Effects of 17α-ethinylestradiol in a fathead minnow (*Pimephales promelas*) gonadal recrudescence assay[J]. Ecotox Environ Saf, 2004, 57:330-345.

[62] Colman JR, Baldwin D, Johnson LL, et al. Effects of the synthetic estrogen, 17α-ethinylestradiol, on aggression and courtship behavior in male zebrafish (*Danio rerio*)[J]. Aquat Toxicol, 2009, 91:346-354.

[63] Vázquez GR, Meijide FJ, Da Cuña RH, et al. Exposure to waterborne 4-*tert*-octylphenol

induces vitellogenin synthesis and disrupts testis morphology in the South American fresh-water fish *Cichlasoma dimerus* (Teleostei, Perciformes)[J]. Comp Biochem Phys C, 2009, 150:98-306.

[64] Yang LH, Lin L, Weng SP, et al. Sexually disrupting effects of nonylphenol and diethyl-stilbestrol on male silver carp (*Carassius auratus*) in aquatic microcosms[J]. Ecotox Environm Saf, 2008, 71:400-411.

[65] Arukwe A, Røe K. Molecular and cellular detection of expression of vitellogenin and *zona radiata* protein in liver and skin of juvenile salmon (*Salmo salar*) exposed to nonylphenol [J]. Cell Tissue Res, 2008, 331:01-712.

[66] Metcalfe CD, Metcalfe TL, Kiparissis Y, et al. Estrogenic potency of chemicals detected in sewage treatment plant effluents as determined by in vivo assays with Japanese medaka (*Oryzias latipes*)[J]. Environ Toxicol Chem, 2001, 20:297-308.

[67] Kwak HI, Bae MO, Lee MH, et al. Effects of nonylphenol, bisphenol A, and their mixture on the viviparous swordtail fish (*Xiphophorus helleri*)[J]. Environ Toxicol Chem, 2001, 20:787-795.

[68] 沈万赟. 双酚 A、壬基酚慢性暴露对斑马鱼(*Danio rerio*)生长和生殖影响的研究[D]. 上海:华东师范大学,2007.

[69] 陈玺,孙继朝,黄冠星,等. 酞酸酯类物质污染及其危害性研究进展[J]. 地下水,2008, 30(2):57-59.

[70] Lal B. Pesticide induced reproductive dysfunction in Indian fishes[J]. Fish Physiol Biochem, 2007, 33:455-462.

[71] Bayley M, Junge M, Baatrup E. Exposure of juvenile guppies to three antiandrogens causes demasculinization and a reduced sperm count in adult males[J]. Aquat Toxicol, 2002, 56:227-239.

[72] Matta MB, Linse J, Cairncross C, et al. Reproductive and transgenerational effects of methylmercury or Aroclor 1268 on Fundulus heteroclitus[J]. Environ Toxicol Chem, 2001, 20:327-335.

[73] Denier X, Couteau J, Baudrimont M, et al. In vitro study of the effects of cadmium on the activation of the estrogen response element using the YES screen[J]. Mar Environ Res, 2008, 66:108-110.

[74] Brion F, Tyler CR, Palazzi X, et al. Impacts of 17β-estradiol, including environmentally relevant concentrations, on reproduction after exposure during embryo-larval-, juvenile-and adult-life stages in zebrafish (*Danio rerio*)[J]. Aquat Toxicol, 2004, 68:193-217.

[75] 林海涛. 太湖梅梁湾和胥口湾多环芳烃、有机氯农药和多溴联苯醚的沉积记录研究[D]. 广州:中国科学院广州地球化学研究所,2007.

[76] 金军,安秀吉. 多溴代二苯醚化合物的研究进展[J]. 上海环境化学,2003,22(12):855 -859.

［77］魏爱雪，王学彤，徐晓白. 环境中多溴联苯醚类（PBDEs）化合物污染研究［J］. 化学进展，2006，18(9)：1227-1233.

［78］刘晓华，高子燊，于红霞. GC/MS法测定生物样品中多溴联苯醚类化合物［J］. 环境科学，2007，28(7)：1597-1599.

［79］任金亮，王平. 多溴联苯醚环境行为的特征与研究进展［J］. 化工进展，2006，25(10)：1152-1157.

［80］Yun S H，Addink R，McCabe J M，et al. Polybrominated Diphenyl Ethers and Polybrominated Biphenyls in Sediment and Floodplain Soils of the Saginaw River Watershed，Michigan，USA［J］. Arch Environ Contam Toxicol，2008，55：1-10.

［81］Knoth W，Mann W，Meyer R，et al. Polybrominated diphenyl ether in sewage sludge in Germany［J］. Chemosphere，2007，67：1831-1837.

［82］Cetin B，Odabasi M. Atmospheric concentrations and phase partitioning of polybrominated diphenyl ethers（PBDEs）in Izmir，Turkey［J］. Chemosphere，2008，71：1067-1078.

［83］Moon H B，Kannan K，Lee S J，et al. Polybrominated diphenyl ethers（PBDEs）in sediment and bivalves from Korean coastal waters［J］. Chemosphere，2007，66：243-251.

［84］Toms L M L，Mortimer M，Symons R K，et al. Polybrominated diphenyl ethers（PBDEs）in sediment by salinity and land-use type from Australia［J］. Environ Int，2008，34：58-66.

［85］陈社军，麦碧娴，曾永平，等. 珠江三角洲及南海北部海域表层沉积物中多溴联苯醚的分布特征［J］. 环境科学学报，2005，25(9)：1265-1271.

［86］陈来国，麦碧娴，许振成，等. 广州市夏季大气中多氯联苯和多溴联苯醚的含量及组成对比［J］. 环境科学学报，2008，28(1)：150-159.

［87］陈社军. 珠江三角洲河流、河口及邻近南海海域和长江三角洲主要水体沉积物中的多溴联苯醚［D］. 广州：中国科学院广州地球化学研究所，2006.

［88］Binelli A，Guzzella L，Roscioli C. Levels and congener profiles of polybrominated diphenyl ethers（PBDEs）in Zebra mussels（*D. polymorpha*）from Lake Maggiore（Italy）［J］. Environ Pollut，2008，153(3)：610-617.

［89］Hartmann P C，Burkhardt-Holm P，Giger W. Occurrence of polybrominated diphenyl ethers（PBDEs）in brown trout bile and liver from Swiss rivers［J］. Environ Pollut，2007，146：107-113.

［90］Mariussen E，Fjeld E，Breivik K，et al. Elevated levels of polybrominated diphenyl ethers（PBDEs）in fish from Lake Mjøsa，Norway［J］. Sci Total Environ，2008，390：132-141.

［91］Hale R C，Guardia M J，Harvey E P，et al. Polybrominated diphenyl ether flame retardants in virginia freshwater fishes（USA）［J］. Environ Sci Technol，2001，35（23）：4585-4591.

［92］Ohta S，Ishizuka D，Nishimura H，et al. Comparison of polybrominated diphenyl ethers in fish，vegetables，and meats and levels in human milk of nursing women in Japan［J］.

Chemosphere，2002，46(5)689-696.

［93］吕杨，王立宁，黄俊，等. 海河渤海湾地区沉积物、鱼体样品中多溴联苯醚的水平与分布［J］. 环境污染与防治，2007，29(9)：652-660.

［94］Lind Y，Aune M，Atuma S，et al. Food intake of the brominated flame retardants PBDEs and HBCD in Sweden［J］. Organohalogen Compounds. 2002，58:181-184.

［95］Schecter A，Papke O，Tung K C，et al. Polybrominated diphenyl ether flame retardants in the U. S. population: current levels, temporal trends, and comparison with dioxins, dibenzofurans, and polychlorinated biphenyls［J］. J Occup Environ Med，2005，47(3)：199-211.

［96］Kalantzi O I，Martin F L，Thomas G O，et al. Different levels of polybrominated diphenyl ethers(PBDEs)and chlorinated compounds in breast milk from two U. K. Regions［J］. Environ Health Perspect，2004，112(10):1085-1091.

［97］Eslami B，Koizumi A，Ohta S，et al. Large-scale evaluation of the current level of polybrominated diphenyl ethers (PBDEs) in breast milk from 13 regions of Japan［J］. Chemosphere，2006，63(4):554-561.

［98］Li Q Q，Loganath A，Chong Y S，et al. Determination and occurrence of polybrominated diphenyl ethers in maternal adipose tissue from inhabitants of Singapore［J］. J Chromatogr B，2005，819:253-257.

［99］屈伟月，王德超，盛国英，等. 婴儿脐带血和母亲血中多溴联苯醚的研究［J］. 中国环境科学，2007，27(2):269-272.

［100］何卫红，何平，张明，等. 2,2′,4,4′-四溴联苯醚对原代新生大鼠海马细胞氧化应激、DNA 损伤和凋亡的影响［J］. 环境与健康杂志，2007，24:19-22.

［101］Mariottini M，Corsi I，Torre C D，et al. Biomonitoring of polybrominated diphenyl ether (PBDE) pollution: A field study［J］. Comp Biochem Phys，2008，148(1):80-86.

［102］Raldúa D，Padrós F，Solé M，et al. First evidence of polybrominated diphenyl ether (flame retardants) effects in feral barbel from the Ebro River basin (NE，Spain)［J］. Chemosphere，2008，73:56-64.

［103］Birnbaum L S，Staskal D F. Brominated flame retardants: cause for concern［J］. Environ Health Persp，2004，112(1):9-17.

［104］徐志强，周启星，张惠，等. 多溴二苯醚动物毒理学研究进展及其生态毒理学展望［J］. 应用生态学报，2007，18(5):1143-1152.

［105］Branchi I，Alleva E，Costa L G. Effects of perinatal exposure to a polybrominated diphenyl ether(PBDE 99)on mouse neurobehavioural development［J］. Neurotoxicol，2002，23 (3):375-384.

［106］Fernie K J，Mayne G，Shutt J L，et al. Evidence of immunomodulation in nestling American kestrels (*Falco sparverius*) exposed to environmentally relevant PBDEs［J］. Environ Pollut，2005，138:485-493.

［107］杜红燕，朱琳，陈中智，等. 十溴联苯醚的毒理学效应研究进展［J］. 毒理学杂志，2008，22(1)：50-52.

［108］Sarmah A K, Meyer M T, Boxall A B A. A global perspective on the use, sales, exposure pathways, occurrence, fate and effects of veterinary antibiotics (VAs) in the environment［J］. Chemosphere. 2006, 65(5)：725-59.

［109］Kuster M, López de Alda MJ, Dolores Hernando M, et al. Analysis and occurrence of pharmaceuticals, estrogens, progestogens and polar pesticides in sewage treatment plant effluents, river water and drinking water in the Llobregat river basin (Barcelona, Spain)［J］. J Hydrol, 2008, 358(1-2)：112-123.

［110］Roberts P H, Thomas K V. The occurrence of selected pharmaceuticals in wastewater effluent and surface waters of the lower Tyne catchment［J］. Sci Total Environ, 2006, 356(1-3)：143-153.

［111］Tamtam F, Mercier F, Le Bot B, et al. Occurrence and fate of antibiotics in the Seine River in various hydrological conditions［J］. Sci Total Environ, 2008, 393(1)：84-95.

［112］Reddersen K, Heberer T, Dünnbier U. Identification and significance of phenazone drugs and their metabolites in ground- and drinking water［J］. Chemosphere, 2002, 49(6)：539-44.

［113］叶计朋，邹世春，张干，等. 典型抗生素类药物在珠江三角洲水体中的污染特征［J］. 生态环境，2007，16(2)：384-348.

［114］叶赛，张奎文，姚子伟，等. 环渤海水域磺胺类药物的含量特征［J］. 大连海事大学学报，2007(02)：71-74.

［115］Fatta D, Achilleos A, Nikolaou A, et al. Analytical methods for tracing pharmaceutical residues in water and wastewater［J］. TrAC Trend Anal Chem, 2007, 26(6)：515-33.

［116］Ternes T A. Analytical methods for the determination of pharmaceuticals in aqueous environmental samples［J］. TrAC Trend Anal Chem, 2001, 20(8)：419-434.

［117］Moldovan Z. Occurrences of pharmaceutical and personal care products as micropollutants in rivers from Romania［J］. Chemosphere, 2006, 64(11)：1808-1817.

［118］Öllers S, Singer H P, Fässler P, et al. Simultaneous quantification of neutral and acidic pharmaceuticals and pesticides at the low-ng/l level in surface and waste water［J］. J Chromatogr A, 2001, 911(2)：225-34.

［119］Rodríguez I, Quintana J B, Carpinteiro J, et al. Determination of acidic drugs in sewage water by gas chromatography-mass spectrometry as tert. -butyldimethylsilyl derivatives［J］. J Chromatogr A, 2003, 985(1-2)：265-274.

［120］Sacher F, Lange F T, Brauch H J, et al. Pharmaceuticals in groundwaters：Analytical methods and results of a monitoring program in Baden-Württemberg, Germany［J］. J Chromatogr A, 2001, 938(1-2)：199-210.

［121］Verenitch S S, Lowe C J, Mazumder A. Determination of acidic drugs and caffeine in municipal wastewaters and receiving waters by gas chromatography-ion trap tandem mass spectrometry[J]. J Chromatogr A, 2006, 1116(1-2):193-203.

[122] Watkinson A J, Murby E J, Kolpin D W, et al. The occurrence of antibiotics in an urban watershed: From wastewater to drinking water[J]. Sci Total Environ, 2009, 407(8): 2711-2723.

[123] Pavlovic D M, Babic S, Horvat A J M, et al. Sample preparation in analysis of pharmaceuticals[J]. TrAC Trend Anal Chemi, 2007, 26(11):1062-1075.

[124] Balakrishnan V K, Terry K A, Toito J. Determination of sulfonamide antibiotics in wastewater: A comparison of solid phase microextraction and solid phase extraction methods[J]. J Chromatogr A, 2006, 1131(1-2):1-10.

[125] Castiglioni S, Bagnati R, Calamari D, et al. A multiresidue analytical method using solid-phase extraction and high-pressure liquid chromatography tandem mass spectrometry to measure pharmaceuticals of different therapeutic classes in urban wastewaters[J]. J Chromatogr A, 2005, 1092(2):206-215.

[126] Gómez M J, Petrovic M, Fernández-Alba A R, et al. Determination of pharmaceuticals of various therapeutic classes by solid-phase extraction and liquid chromatography-tandem mass spectrometry analysis in hospital effluent wastewaters[J]. J Chromatogr A, 2006, 1114(2):224-233.

[127] Carballa M, Omil F, Lema J M, et al. Behavior of pharmaceuticals, cosmetics and hormones in a sewage treatment plant[J]. Water Res, 2004, 38(12):2918-2926.

[128] Brown K D, Kulis J, Thomson B, et al. Occurrence of antibiotics in hospital, residential, and dairy effluent, municipal wastewater, and the Rio Grande in New Mexico[J]. Sci Total Environ, 2006, 366(2-3):772-783.

[129] Hernando M D, Petrovic M, Fernández-Alba A R, et al. Analysis by liquid chromatography-electrospray ionization tandem mass spectrometry and acute toxicity evaluation for [beta]-blockers and lipid-regulating agents in wastewater samples[J]. J Chromatogr A, 2004, 1046(1-2):133-140.

[130] Bound J P, Voulvoulis N. Predicted and measured concentrations for selected pharmaceuticals in UK rivers: Implications for risk assessment[J]. Water Res, 2006, 40(15):2885-2892.

[131] Koutsouba V, Heberer T, Fuhrmann B, et al. Determination of polar pharmaceuticals in sewage water of Greece by gas chromatography-mass spectrometry[J]. Chemosphere, 2003, 51(2):69-75.

[132] Kosjek T, Heath E, Krbavcic A. Determination of non-steroidal anti-inflammatory drug (NSAIDs) residues in water samples[J]. Environ Int, 2005, 31(5):679-685.

[133] Jux U, Baginski R M, Arnold H-G, et al. Detection of pharmaceutical contaminations of river, pond, and tap water from Cologne (Germany) and surroundings[J]. Int J Hyg En-

vir Health, 2002, 205(5):393-398.

[134] Maoz A, Chefetz B. Sorption of the pharmaceuticals carbamazepine and naproxen to dissolved organic matter: Role of structural fractions[J]. Water Res, 2010, 44(3):981 -989.

[135] Yamamoto H, Nakamura Y, Moriguchi S, et al. Persistence and partitioning of eight selected pharmaceuticals in the aquatic environment: Laboratory photolysis, biodegradation, and sorption experiments[J]. Water Res, 2009, 43(2):351-362.

[136] Sanderson H, Thomsen M. Comparative analysis of pharmaceuticals versus industrial chemicals acute aquatic toxicity classification according to the United Nations classification system for chemicals. Assessment of the (Q)SAR predictability of pharmaceuticals acute aquatic toxicity and their predominant acute toxic mode-of-action[J]. Toxicol Lett, 2009, 187(2):84-93.

[137] Contardo-Jara V, Pflugmacher S, Nützmann G, et al. The [beta]-receptor blocker metoprolol alters detoxification processes in the non-target organism Dreissena polymorpha[J]. Environ Pollut, 2010, 158(6):2059-2066.

[138] Schwaiger J, Ferling H, Mallow U, et al. Toxic effects of the non-steroidal anti-inflammatory drug diclofenac: Part I: histopathological alterations and bioaccumulation in rainbow trout[J]. Aquat Toxicol, 2004, 68(2):141-150.

[139] Packer JL, Werner JJ, Latch DE, et al. Photochemical fate of pharmaceuticals in the environment: Naproxen, diclofenac, clofibric acid, and ibuprofen[J]. Aquat Sci, 2003, 65 (4):342-351.

[140] Colman JR, Baldwin D, Johnson LL, et al. Effects of the synthetic estrogen, 17[alpha]-ethinylestradiol, on aggression and courtship behavior in male zebrafish (Danio rerio)[J]. Aquat Toxicol, 2009, 91(4):346-354.

[141] Nunes B, Carvalho F, Guilhermino L. Acute toxicity of widely used pharmaceuticals in aquatic species: *Gambusia holbrooki*, *Artemia parthenogenetica* and *Tetraselmis chuii*[J]. Ecotox Environ Safe, 2005, 61(3):413-419.

[142] Quinn B, Gagné F, Blaise C. An investigation into the acute and chronic toxicity of eleven pharmaceuticals (and their solvents) found in wastewater effluent on the cnidarian, *Hydra attenuate*[J]. Sci Total Environ, 2008, 389(2-3):306-314.

[143] Li ZH, Randak T. Residual pharmaceutically active compounds (PhACs) in aquatic environment-status, toxicity and kinetics: A review[J]. Vet Med, 2009, 54(7):295-314.

[144] Crane M, Watts C, Boucard T. Chronic aquatic environmental risks from exposure to human pharmaceuticals[J]. Sci Total Environ, 2006, 367(1):23-41.

[145] Raimondo S, Montague BJ, Barron MG. Determinants of variability in acute to chronic toxicity ratios for aquatic invertebrates and fish[J]. Environ Toxicol Chem, 2007, 26(9): 2019-2023.

[146] Wei L, Zhang W, Han S, et al. Acute/chronic ratios to estimate chronic toxicity from acute data[J]. Toxicol Environ Chem, 1999, 69(3):395-401.

[147] Routledge EJ, Sheahan D, Desbrow C, et al. Identification of estrogenic chemicals in stw effluent. 2. in vivo responses in trout and roach[J]. Environ Sci Technol, 1998, 32(11): 1559-1565.

[148] Breton R, Boxall A. Pharmaceuticals and personal care products in the environment: Regulatory drivers and research needs[J]. QSAR Comb Sci, 2003, 22(3):399-409.

[149] Christen V, Hickmann S, Rechenberg B, et al. Highly active human pharmaceuticals in aquatic systems: A concept for their identification based on their mode of action[J]. Aquat Toxicol, 2010, 96(3):167-181.

[150] Lu G H, Wang C, Tang Z Y, et al. Joint toxicity of aromatic compounds to algae and QSAR study[J]. Ecotoxicology, 2007, 16(7):485-490.

[151] Lu G H, Wang C, Tang Z Y, et al. Predicting toxicity of aromatic ternary mixtures to algae[J]. Chinese Sci Bull, 2009, 54:3521-3527.

[152] Sanderson H, Johnson D J, Reitsma T, et al. Ranking and prioritization of environmental risks of pharmaceuticals in surface waters[J]. Regul Toxicol Pharm, 2004, 39(2):158 -183.

[153] Yangali-Quintanilla V, Sadmani A, McConville M, et al. A QSAR model for predicting rejection of emerging contaminants (pharmaceuticals, endocrine disruptors) by nanofiltration membranes[J]. Water Res, 2010, 44(2):373-384.

[154] Haap T, Triebskorn R, Köhler H-R. Acute effects of diclofenac and DMSO to *Daphnia magna*: Immobilisation and hsp70-induction[J]. Chemosphere, 2008, 73(3):353-359.

[155] Lee R F, Steinert S. Use of the single cell gel electrophoresis/comet assay for detecting DNA damage in aquatic (marine and freshwater) animals[J]. Mutat Res-Rev Mutat, 2003, 544(1):43-64.

[156] Ferreira C S G, Nunes B A, Henriques-Almeida JMdM, et al. Acute toxicity of oxytetracycline and florfenicol to the microalgae *Tetraselmis chuii* and to the crustacean *Artemia parthenogenetica*[J]. Ecotox Environ Safe, 2007, 67(3):452-458.

[157] Hutchinson T H, Yokota H, Hagino S, et al. Development of fish tests for endocrine disruptors[J]. Pure Appl Chem, 2003, 75:2343-2353.

[158] Owen SF, Huggett DB, Hutchinson TH, et al. Uptake of propranolol, a cardiovascular pharmaceutical, from water into fish plasma and its effects on growth and organ biometry [J]. Aquat Toxicol, 2009, 93(4):217-224.

[159] Peng X, Wang Z, Kuang W, et al. A preliminary study on the occurrence and behavior of sulfonamides, ofloxacin and chloramphenicol antimicrobials in wastewaters of two sewage treatment plants in Guangzhou, China[J]. Sci Total Environ, 2006, 371(1-3):314-322.

[160] Matamoros V, Caselles-Osorio A, García J, et al. Behaviour of pharmaceutical products

and biodegradation intermediates in horizontal subsurface flow constructed wetland. A microcosm experiment[J]. Sci Total Environ, 2008, 394(1):171-176.

[161] Bui T X, Choi H. Adsorptive removal of selected pharmaceuticals by mesoporous silica SBA-15[J]. J Hazard Mater, 2009, 168(2-3):602-608.

[162] Zwiener C, Frimmel F H. Oxidative treatment of pharmaceuticals in water[J]. Water Res, 2000, 34(6):1881-1885.

[163] Nakashima T, Ohko Y, Tryk D A, et al. Decomposition of endocrine-disrupting chemicals in water by use of TiO₂ photocatalysts immobilized on polytetrafluoroethylene mesh sheets[J]. J Photoch Photobio A, 2002, 151(1-3):207-212.

[164] Radjenovic J, Petrovic M, Barceló D. Analysis of pharmaceuticals in wastewater and removal using a membrane bioreactor[J]. Anal Bioanal Chem, 2007, 387(4):1365-1377.

[165] Plagellat C, Kupper T, Furrer R, et al. Concentrations and specific loads of UV filters in sewage sludge originating from a monitoring network in Switzerland[J]. Chemosphere, 2006, 62(6):915-925.

[166] Chen X, Deng HP. Removal of ultraviolet filter from water by electro-ultrafiltration[J]. Desalination, 2013, 311:211—220.

[167] Kunz PY, Fent K. Multiple hormonal activities of UV filters and comparison of in vivo and in vitro estrogenic activity of ethyl-4-aminobenzoate in fish[J]. Aquat. Toxicol, 2006, 79(4):305-324.

[168] Marianne EB, Markus D, Thomas P, et al. Occurrence of the Organic UV Filter Compounds BP—3, 4-MBC, EHMC, and OC in Wastewater, Surface Waters, and in Fish from Swiss Lakes. [J] Environ. Sci. Technol, 2005, 39 (4):953-962.

[169] Zenker A, Schmutz H, Fent K. Simultaneous trace determination of nine organic UV absorbing compounds (UV filters) in environmental samples[J]. J. Chromatogr. A, 2008, 1202(1):64-74.

[170] 吕妍, 袁涛, 王文华, 等. 个人护理用品生态风险评价研究进展[J]. 环境与健康杂志, 2007, 24(8):650-653.

[171] 李立平, 魏东斌, 李敏, 等. 有机紫外防晒剂内分泌干扰效应研究进展[J]. 环境化学, 2012, 31(2):150-156.

[172] Wahie S, Lloyd JJ, Farr PM. Sunscreen ingredients and labelling: A survey of products available in the UK[J]. Clin. Exp. Dermatol, 2007, 32(4):359-364.

[173] 中华人民共和国卫生部. 化妆品卫生规范[S]. 北京:中国标准出版社, 2007.

[174] 张卫强, 朱英, 宋珏. 防晒类化妆品中防晒剂的使用情况[J]. 环境与健康杂志, 2008, 25(8):699-701.

[175] Maertens RM, Bailey J, White PA. The mutagenic hazards of settled house dust: A review[J]. Mutat. Res, 2004, 567(2-3):401—425.

[176] Salthammer T, Bahadir M. Occurrence, Dynamics and Reactions of Organic Pollutants in

the Indoor Environment[J]. Clean-Soil, Air, Water, 2009, 37(6):417-435.

[177] 安丽红. 室内空气污染物对人体健康的危害及防治[J]. 环境与健康杂志, 2007, 24(4): 271-273.

[178] Kim J W, Isobe T, Malarvannan G, et al. Contamination of benzotriazole ultraviolet stabilizers in house dust from the Philippines: Implications on human exposure[J]. Sci. Total Environ, 2012, 424:174-181.

[179] Carpinteiro I, Abuin B, Rodriguez I, et al. Pressurized solvent extraction followed by gas chromatography tandem mass spectrometry for the determination of benzotriazole light stabilizers in indoor dust[J]. J. Chromatogr. A, 2010, 1217(24):3729-3735.

[180] Wang L, Asimakopoulos A G, Moon HB, et al. Benzotriazole, benzothiazole, and benzophenone compounds in indoor dust from the United States and East Asian countries[J]. Environ. Sci. Technol, 2013, 47(9):4752-4759.

[181] Negreira N, Rodriguez I, Rubi E, et al. Determination of selected UV filters in indoor dust by matrix solid-phase dispersion and gas chromatography-tandem mass spectrometry [J]. J. Chromatogr. A, 2009, 1216(31):5895-5902.

[182] Jeon H K, Chung Y, Ryu J C. Simultaneous determination of benzophenone-type UV filters in water and soil by gas chromatography-mass spectrometry[J]. J. Chromatogr. A, 2006, 1131(1-2):192-202.

[183] Kameda Y, Tamada M, Kanai Y, Masunaga S. Occurrence of organic UV filters in surface waters, sediments and core sediments in Tokyo bay: Organic UV filters are new POPs? [J]. Organohalogen Compd, 2007, 69:263-266.

[184] Poiger T, Buser H R, Balmer M E, et al. Occurrence of UV filter compounds from sunscreens in surface waters: Regional mass balance in two Swiss lakes[J]. Chemosphere, 2004, 55(7):951-963.

[185] Langford K H, Thomas K V. Inputs of chemicals from recreational activities into the Norwegian coastal zone[J]. J. Environ. Monit, 2008, 10(7):894-898.

[186] Balmer M E, Buser H R, Poiger T, et al. Occurrence of some organic UV filters in wastewater, in surface waters, and in fish from Swiss lakes[J]. Environ Sci Technol, 2005, 39(4):953-962.

[187] Li W, Ma Y, Guo C, et al. Occurrence and behavior of four of the most used sunscreen UV filters in a wastewater reclamation plant[J]. Water Res, 2007, 41(15):3506-3512.

[188] Loraine G A, Pettigrove M E. Seasonal variations in concentrations of pharmaceuticals and personal care products in drinking water and reclaimed wastewater in Southern California[J]. Environ Sci Technol, 2005, 40(3):687-695.

[189] Diaz-Cruz M S, Gago-Ferrero P, Llorca M, et al. Analysis of UV filters in tap water and other clean waters in Spain[J]. Anal. Bioanal. Chem, 2012, 402(7):2325-2333.

[190] Schlenk D, Sapozhnikova Y, Irwin MA, et al. In vivo bioassay-guided fractionation of

marine sediment extracts from the Southern California Bight，USA，for estrogenic activity [J]. Environ Toxicol Chem，2005，24(11):2820-2826.

[191] Kaiser D，Wappelhorst O，Oetken M，et al. Occurrence of widely used organic UV filters in lake and river sediments[J]. Environ Chem，2012，9(2):139-147.

[192] Zhang Z，Ren N，Li Y F，et al. Determination of benzotriazole and benzophenone UV filters in sediment and sewage sludge[J]. Environ Sci Technol，2011，45(9):3909-3916.

[193] Ricking M，Schwarzbauer J，Franke S. Molecular markers of anthropogenic activity in sediments of the Havel and Spree Rivers (Germany)[J]. Water Res，2003，37(11):2607 -2617.

[194] Rodil R，Moeder M. Development of a simultaneous pressurised-liquid extraction and clean-up procedure for the determination of UV filters in sediments[J]. Anal. Chim. Acta，2008，612(2):152-159.

[195] Asimakopoulos A G，Ajibola A，Kannan K，et al. Occurrence and removal efficiencies of benzotriazoles and benzothiazoles in a wastewater treatment plant in Greece[J]. Sci Total Environ，2013，452-453:163-171.

[196] Giokas D L，Vlessidis A G. Application of a novel chemometric approach to the determination of aqueous photolysis rates of organic compounds in natural waters[J]. Talanta，2007，71(1):288-295.

[197] 林秋红，陆光华，吴东海，等. 水环境中有机滤光剂的光降解研究进展[J]. 水资源保护，2014，30(5)，9-13.

[198] 麻彬妮，陆光华，闫振华. 有机滤光剂在环境中的分布和累积研究进展[J]. 环境与健康杂志，2014，31(1)，76-79.

[199] 刘付立，吴东海，陆光华，等. 有机滤光剂在水环境中的污染现状及去除技术[J]. 水资源保护，2016，32(1):115-119.

[200] 潘婷，麻彬妮，陆光华. 有机滤光剂在污水处理厂的分布和去除[J]. 四川环境，2017，36(1)，105-112.

[201] 任文娟，杨倩，刘济宁，等. 双酚A及其类似物的生物毒性效应与管理研究进展[J]. 环境与健康杂志，2016 ，33(7):655-658.

[202] Huang Y Q，Wong C K C，Zheng J S，et al. Bisphenol A (BPA) in China: A review of sources，environmental levels，and potential human health impacts[J]. Environ Int，2012，42:91-99.

[203] Chen D，Kannan K，Tan H，et al. Bisphenol analogues other than BPA: Environmental occurrence，human exposure，and toxicity-a review[J]. Environ Sci Technol，2016，50:5438-5453.

[204] Yang Y，Yang Y，Zhang J，et al. Assessment of bisphenol A alternatives in paper products from the Chinese market and their dermal exposure in the general population[J]. Environ Pollut，2019，244:238-246.

[205] Xue Zhao，Wenhui Qiu，Yi Zheng，et al. Occurrence, distribution, bioaccumulation, and ecological risk of bisphenol analogues，parabens and their metabolites in the Pearl River Estuary，South China[J]. Ecotoxicol Environ Saf，2019，43-52.

[206] Liu A F，Qu G B，Yu M，et al. Tetrabromobisphenol-A/S and nine novel analogs in biological samples from the Chinese Bohai Sea：Implications for trophic transfer[J]. Environ Sci Technol，2016，50：4203-4211.

[207] Song S，Ruan T，Wang T，et al. Distribution and preliminary exposure assessment of bisphenol AF (BPAF) in various environmental matrices around a manufacturing plant in China[J]. Environ Sci Technol，2012，46：13136-13143.

[208] Ruan T，Liang D，Song S，et al. Evaluation of the in vitro estrogenicity of emerging bisphenol analogs and their respective estrogenic contributions in municipal sewage sludge in China[J]. Chemosphere，2015，124：150-155.

[209] 宋善军，阮挺，刘润增，等. 新型双酚类环境污染物在复杂环境基质中的分析方法研究 [C]. 中国毒理学会分析毒理专业委员会. 第八届全国分析毒理学大会暨中国毒理学会分析毒理专业委员会第五届会员代表大会论文摘要集. 中国毒理学会分析毒理专业委员会：中国毒理学会，2014：71-72.

[210] Usman A，Ahmad M. From BPA to its analogues：Is it a safe journey? [J]. Chemosphere，2016，158：131-142.

[211] Yamazaki E，Yamashita N，Taniyasu S，et al. Bisphenol A and other bisphenol analogues including BPS and BPF in surface water samples from Japan，China，Korea and India[J]. Ecotoxicol Environ Saf，2015，122：565-572.

[212] Zhang H，Zhang Y，Li J，et al. Occurrence and exposure assessment of bisphenol analogues in source water and drinking water in China[J]. Sci Total Environ，2019，655：607 -613.

[213] Wang H，Liu Z，Tang Z，et al. Bisphenol analogues in Chinese bottled water quantification and potential risk analysis[J]. Sci Total Environ，2020，713.

[214] Liu Y，Zhang S，Song N，et al. Occurrence，distribution and sources of bisphenol analogues in a shallow Chinese freshwater lake (Taihu Lake)：Implications for ecological and human health risk[J]. Sci Total Environ，2017，599：1090-1098.

[215] Jin H，Zhu L. Occurrence and partitioning of bisphenol analogues in water and sediment from Liaohe River Basin and Taihu Lake，China[J]. Water Research，2016，103：343 -351.

[216] Yang Y，Lu L，Zhang J，et al. Simultaneous determination of seven bisphenols in environmental water and solid samples by liquid chromatography-electrospray tandem mass spectrometry[J]. Journal of Chromatography A，2014，1328：26-34.

[217] 陈玫宏，郭敏，徐怀洲，等. 太湖表层水体及沉积物中双酚 A 类似物的分布特征及潜在风险[J]. 环境科学，2017，7：2793-2800.

[218] Wang Q, Chen M, Shan G, et al. Bioaccumulation and biomagnification of emerging bisphenol analogues in aquatic organisms from Taihu Lake, China[J]. Sci Total Environ, 2017, 598: 814-820.

[219] Yan Z, Liu Y, Yan K, et al. Bisphenol analogues in surface water and sediment from the shallow Chinese freshwater lakes: Occurrence, distribution, source apportionment, and ecological and human health risk[J]. Chemosphere, 2017, 184: 318-328.

[220] Liu D, Liu J, Guo M, et al. Occurrence, distribution, and risk assessment of alkylphenols, bisphenol A, and tetrabromobisphenol A in surface water, suspended particulate matter, and sediment in Taihu Lake and its tributaries[J]. Mar Pollut Bull, 2016, 112: 142-150.

[221] Wei S, Cai Y F, Liu J C, et al. Investigating the role of colloids on the distribution of bisphenol analogues in surface water from an ecological demonstration area, China[J]. Sci Total Environ, 2019, 673: 699-707.

[222] Yan j W, Wei X B, S Y Y, et al. Spatial distribution of bisphenol S in surface water and human serum from Yangtze River watershed, China: Implications for exposure through drinking water[J]. Chemosphere, 2018, 199: 595-602.

[223] Liao C, Liu F, Moon H B, et al. Bisphenol Analogues in Sediments from Industrialized Areas in the United States, Japan, and Korea: Spatial and Temporal Distributions[J]. Environ Sci Technol, 2012, 46: 11558-11565.

[224] Wang Q, Zhu L, Chen M, et al. Simultaneously determination of bisphenol A and its alternatives in sediment by ultrasound-assisted and solid phase extractions followed by derivatization using GC-MS[J]. Chemosphere, 2017, 169: 709-715.

[225] Sun Q, Wang Y, Li Y, et al. Fate and mass balance of bisphenol analogues in wastewater treatment plants in Xiamen City, China[J]. Environ Pollut, 2017, 225: 542-549.

[226] Lee S, Liao C, Song G J, et al. Emission of bisphenol analogues including bisphenol A and bisphenol F from wastewater treatment plants in Korea[J]. Chemosphere, 2015, 119: 1000-1006.

[227] Yu X, Xue J, Yao H, et al. Occurrence and Estrogenic Potency of Eight Bisphenol Analogs in Sewage Sludge from the U. S. EPA Targeted National Sewage Sludge Survey[J]. J Hazard Mat, 2015: S0304389415005415.

[228] Yang H, Hou G Y, Zhang L, et al. Exploring the effect of bisphenol S on sludge hydrolysis and mechanism of the interaction between bisphenol S and α-Amylase through spectrophotometric methods[J]. J Photoch Photobio B, 2017, 167: 128-135.

[229] Song S, Song M, Zeng L, et al. Occurrence and profiles of bisphenol analogues in municipal sewage sludge in China[J]. Environ Pollut, 2014, 186: 14-19.

[230] Karthikraj R, Kannan K. Mass loading and removal of benzotriazoles, benzothiazoles, benzophenones, and bisphenols in Indian sewage treatment plants[J]. Chemosphere,

2017, 181: 216-223.

[231] Nie M, Yang Y, Liu M, et al. Environmental estrogens in a drinking water reservoir area in Shanghai: Occurrence, colloidal contribution and risk assessment[J]. Sci Total Environ, 2014, 487: 785-791.

[232] Yan C, Yang Y, Zhou J, et al. Selected emerging organic contaminants in the Yangtze Estuary, China: A comprehensive treatment of their association with aquatic colloids[J]. J Hazard Mat, 2015, 283: 14-23.

[233] Liu J, Dan X, Lu G, et al. Investigation of pharmaceutically active compounds in an urban receiving water: Occurrence, fate and environmental risk assessment[J]. Ecotoxicol Environ Saf, 2018, 154:214.

[234] Zhang Z, Hu Y, Guo J, et al. Fluorene-9-bisphenol is anti-oestrogenic and may cause adverse pregnancy outcomes in mice[J]. Nat Commun, 2017, 8: 14585.

[235] Tisler T, Krel A, Gerzelj U, et al. Hazard identification and risk characterization of bisphenols A, F and AF to aquatic organisms[J]. Environ Pollut, 2016, 212: 472-479.

[236] 任文娟, 汪贞, 王蕾, 等. 双酚 A 及其类似物对斑马鱼胚胎及幼鱼的毒性效应[J]. 生态毒理学报, 2017, 12(1):184-192.

[237] Ji K, Hong S, Kho Y, et al. Effects of bisphenol S exposure on endocrine functions and reproduction of zebrafish[J]. Environ Sci Technol, 2013, 47:8793-8800.

[238] Naderi M, Wong M Y, Gholami F. Developmental exposure of zebrafish (*Danio rerio*) to bisphenol-S impairs subsequent reproduction potential and hormonal balance in adults[J]. Aquat Toxicol, 2014, 148:195-203.

[239] Rochester J R, Bolden A L. Bisphenol S and F: A systematic review and comparison of the hormonal activity of bisphenol A substitutes[J]. Environ Health Persp, 2015, 123: 643-650.

[240] Li Y, Fu X, Zhao Y, et al. Comparison on Acute Toxicity of Bisphenol A with Its Substitutes to Pelophylax nigromaculatus[J]. Asian J Ecotoxicol, 2015, 10:251−257. (Chinese)

[241] 国家标准化管理委员会, 国家质量监督检验检疫总局. 化学品分类和标签规范第 28 部分: 对水生环境的危害 GB3000.28—2013[S]. 北京:中国标准出版社, 2013.

[242] Mu X, Huang Y, Li X, et al. Developmental effects and estrogenicity of bisphenol a alternatives in a zebrafish embryo model[J]. Environ Sci Technol, 2018, 52(5):3222 -3231.

[243] Chen M Y, Ike M, Fujita M. Acute toxicity, mutagenicity, and estrogenicity of bisphenol-A and other bisphenols[J]. Environ Toxicol, 2002, 17(1):80-86.

[244] Moreman J, Lee O, Trznadel M, et al. Acute toxicity, teratogenic and estrogenic effects of bisphenol A and its alternative replacements bisphenol S, bisphenol F and bisphenol AF in zebrafish embryo-larvae[J]. Environ Sci Technol, 2017, 51:12796-12805.

[245] 任文娟，汪贞，杨先海，等. 双酚 A 及其类似物对斑马鱼成鱼及胚胎的急性毒性[J]. 生态与农村环境学报，2017，33(4)：372-378.

[246] Zhang L，Pan F，Liu X Y，et al. Multi-walled carbon nanotubes as sorbent for recovery of endocrine disrupting compound-bisphenol F from wastewater[J]. Chem Eng J，2013，218(3)：238-246.

[247] Rosenmai A K，Dybdahl M，Pedersen M，et al. Are structural analogues to bisphenol a safe alternatives？[J]. Toxicol Sci，2014，139：35-47.

[248] Waleeporn K，Chadamas S，Nisana N，et al. The Importance of CYP19A1 in Estrogen Receptor-Positive Cholangiocarcinoma[J]. Hormones and Cancer，2018，9(6)：408-419.

[249] Drzewiecka H，Galecki B，Jarmolowska-Jurczyszyn D，et al. Increased expression of 17-beta-hydroxysteroid dehydrogenase type 1 in non-small cell lung cancer[J]. Lung Cancer，2015，87(2)：107-116.

[250] Vincent L F，Selim Aït-A a，Manoj S，et al. In vitro and in vivo estrogenic activity of BPA，BPF and BPS in zebrafish-specific assays[J]. Ecotoxicol Environ Saf，2017：150-156.

[251] Sangwoo L，Cheolmin K，Hyesoo S，et al. Comparison of thyroid hormone disruption potentials by bisphenols A，S，F，and Z in embryo-larval zebrafish[J]. Chemosphere，2019，221：115-123.

[252] Dan-Hua Z，En-Xiang Z，Zhu-Lin Y，et al. Waterborne exposure to BPS causes thyroid endocrine disruption in zebrafish larvae[J]. PLOS ONE，2017，12(5)：e0176927.

[253] Huang G M，Tian X F，Fang X D，et al. Waterborne exposure to bisphenol F causes thyroid endocrine disruption in zebrafish larvae[J]. Chemosphere，2016，147：188-194.

[254] 杨倩，杨先海，刘济宁，等. 双酚 A 替代物对雄性斑马鱼性激素及卵黄蛋白原水平的影响[J]. 南京工业大学学报(自然科学版)，2018，40(5)：6-13.

[255] Denslow N D，Chow M C，Kroll K J，et al. Vitellogenin as a Biomarker of Exposure for Estrogen or Estrogen Mimics[J]. Ecotoxicology，1999，8(5)：385-398.

[256] Palmer B D，Huth L K，Pieto D L，et al. Vitellogenin as a biomarker for xenobiotic estrogens in an amphibian model system[J]. Environ Toxicol Chem，1998，17(1)：30-36.

[257] Folmar L C，Denslow N D，Rao V，et al. Vitellogenin induction and reduced serum testosterone concentrations in feral male carp (Cyprinus carpio) captured near a major metropolitan sewage treatment plant[J]. Environ Health Perspect，1996，104(10)：1096-1101.

[258] Wallace R A. Vitellogenesis and oocyte growth in nonmammalian vertebrates[M]. Developmental Biology，1985，1：127-177.

[259] Wen H Q，Hai Y S，Peng H L，et al. Immunotoxicity of bisphenol S and F are similar to that of bisphenol A during zebrafish early development[J]. Chemosphere，2018，194，1-8.

[260] Yang X X，Liu Y C，Li J，et al. Exposure to Bisphenol AF Disrupts Sex Hormone[J]. Environ Toxicol，2014：1-9.

［261］汪浩，冯承莲，郭广慧，等. 我国淡水水体中双酚 A(BPA)的生态风险评价［J］. 环境科学，2013,34(6)：2319-2328.

［262］徐雄，李春梅，孙静，等. 我国重点流域地表水中 29 种农药污染及其生态风险评价［J］. 生态毒理学报，2016,11(2)：347-354.

［263］Chen X W，Zhao J L，Liu Y S，et al. Occurrence and ecological risks of hormonal activities in the middle and lower reaches of Yangtze River［J］. Asian J. Chem，2016,11(3)：191-203.

［264］Commission of the European Communities. Technical guidance document on risk assessment in support of commission directive 93/67/EEC on risk assessment for new notified substances and commission regulation (EC) No 1488/94 on risk assessment for existing substances［S］. Luxembourg：Office for Official Publications of the European Communities，1996.

［265］Hernando M D，Mezcua M，Fernández-Alba A R，et al. Environmental risk assessment of pharmaceutical residues in wastewater effluents，surface waters and sediments［J］. Talanta，2006，69(2)：334-342.

［266］包旭辉，闫振华，陆光华. 我国淡水中国微塑料的污染现状及生物效应研究［J］. 2019，35(6)：115-123.

中英文关键词对照索引

中文	英文对照
2,4 - D(2,4 -二氯苯氧乙酸)	2,4 - dichlorophenoxyacetic acid
2,4,5 - T(2,4,5 -三氯苯氧乙酸)	2,4,5 - trichlorophenoxyacetic acid
5 日生化需氧量(BOD$_5$)	biochemical oxygen demand
DDT(二氯二苯基三氯乙烷)	dichlorodiphenyltrichloroethane
DDE(二氯二苯基二氯乙烯)	dichlorodiphenyldichloroethylene
DDA(二氯二苯基乙酸)	dichlorodiphenylacetic acid
Hansch 取代基常数	Hansch substituent constant
α-十二烷基苯磺酸盐(LAS)	linear alkylbenzene sulfonate
氨	ammonia
氨态氮	ammonia-N
螯合物	chelate complex
靶位	target
半静水式试验	semi-static test
半数抑制浓度(IC$_{50}$)	median inhibitory concentration
半数有效浓度(EC$_{50}$)	median effective concentration
半数致死浓度(LC$_{50}$)	median lethal concentration
半衰期	half-life
饱和键	saturated bond
苯	benzene
苯并吡	benzopyrene
苯酚	phenol
苯甲酸	benzoic acid
苯系物	benzene homologues
比较分子力场分析	comparative molecular field analysis
表面活性剂	surfactant
表面能	surface energy

（续表）

中文	英文对照
BTEX	benzene，toluene，ethylbenzene，xylenes
不饱和价键	unsaturated valence bond
产生柱法	generation column method
超氧自由基	superoxide radical，$\cdot O_2^-$
沉积物	sediment
臭氧层空洞	ozonosphere inanition
次生矿物	secondary mineral
次生污染	secondary pollution
单环芳烃	monocyclic aromatics
氮氧化物	nitrogen oxide
狄氏剂	dieldrin
电子受体	electron acceptor
定量构效关系	quantitative structure-activity relationship
定量结构生物降解性相关	quantitative structure-biodegradability relationship
定量结构-性质相关	quantitative structure-property relationship
定量相关法	quantitative correlation method
毒物的联合作用	complex-action of toxicant
毒性	toxicity
独立作用	independent effect
堆制处理	compost treatment
多环芳烃	polycyclic aromatic hydrocarbons，PAHs
多氯联苯	polychlorinated biphenyls，PCBs
多溴联苯醚	polybrominated diphenyl ethers，PBDEs
多种基质	multiple substrates
二氧化氯	chlorine dioxide
反应性毒性	reactive toxcity
反应性化合物	reactive compounds

中文	英文对照
范德华引力	Van der Waals force
芳香烃	aromatic hydrocarbons
非反应性毒性	non-reactive toxicity
非反应性化合物	non-reactive compounds
分配系数 K_p	partition coefficient
分配作用	partition
分子连接性指数	molecular connectivity index
分子片	molecular fragment
分子碎片法	molecular fragment method
酚类化合物	phenolic compounds
辐射	radiation
腐殖酸	humic acid
腐殖质	humic substance
复氧速率常数	reoxygenation rate constant
富集系数	concentration factor
富营养化	eutrophication
高分辨透射电镜	high resolution transmission electron microscopy，HRTEM
高级脂肪酸	advanced fatty acid
高效液相色谱	high performance liquid chromatography
根圈作用	rhizosphere function
共暴露	coexposure
共代谢	cometabolism
固体浓度	sediment concentration
固相萃取	solid phase extraction
固相微萃取	solid phase micro-extraction
光催化剂	photocatalyst
光催化降解	photocatalytic degradation

（续表）

中文	英文对照
光化学反应	photochemical reaction
光化学烟雾	photochemical smog
光解	photolysis
光解速率	photolysis rate
光解速率常数	photolysis rate constant
光量子产率	quantum yield
过氧化氢	hydrogen peroxide
亨利定律	Henry law
亨利定律常数	Henry constant
化学耗氧量	chemical oxygen demand
化学农药	chemical pesticide
环烷烃	cyclane
环己烷	cyclohexane
缓冲作用	buffer action
黄腐酸(FA)	fulvic acid
挥发速率	volatilization rate
挥发速率常数	volatilization rate constant
挥发作用	volatilization
活性酸度	active acidity
活性氧	reactive oxygen species，ROS
基团贡献法	group contribution method
基因工程菌	genetic engineering microorganism
急性毒性试验	acute toxicity test
剂量-效应关系	dose-response relationship
甲酚	methyl phenol
甲基汞	methyl mercury
甲醛	formaldehyde
甲烷	methane

中文	英文对照
价连接指数	valence connectivity index
间接光解	indirect photolysis
碱度	alkalinity
降解产物	degradation product
胶态微气泡	colloidal gas aphrons
胶体	colloid
拮抗作用	antagonism
解毒剂	micatrol
静水式试验	static test
居室空气污染	indoor air pollution
聚氯乙烯	polyvinyl chloride，PVC
菌根	mycorrhizal
抗氧化防御系统	antioxidant defense system
矿化过程	mineralization
矿物油	mineral oil
扩散	diffusion
乐果	dimethoate
类似物富集	analogue enrichment
离子交换吸附	ion exchange adsorption
量子化学法	quantum chemical method
林丹	lindane
临界体积	critical volume
磷酸盐	phosphate
流水式试验	flow-through test
硫醇	thiols
硫化氢	hydrogen sulfide
硫化物	sulfide
硫酸型烟雾	sulfurous smog

（续表）

中文	英文对照
六氯环己烷	hexachlorocyclohexane
六氯乙烷	hexachloroethane
氯代烃	chlorinated hydrocarbons
卵黄蛋白原	vitellogenin
麻醉作用	anesthetic action
慢性试验	chronic test
酶促反应	enzymatic reaction
酶联免疫吸附反应	enzyme linked immunosorbent assay
醚类	ethers
萘	naphthalene
内分泌干扰物	endocrine disrupting chemicals
尿素	urea
农药	pesticides
配合物	complex
配位体	ligand
配位体交换吸附	ligand exchange adsorption
气膜传质系数	gas-side mass transfer coefficient
气溶胶（13）	aerosol
气相色谱	gas chromatography
前线分子轨道能	frontier molecular orbital energy
潜性酸度	potential acidity
强化生物修复	enhanced bioremediation
氢键	hydrogen bond
取代苯胺	substituted anilines
取代苯酚	substituted phenols
取代基	substituent
全氟化合物	perfluorinated compounds
人工神经网络	artificial neural networks

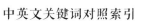
中文	英文对照
人造纳米材料	artificial nanomaterials
溶剂化色散参数	solvatochrimic parameters
溶剂-水分配系数（K_{aw}）	solvent-water partition coefficient
溶解度	solubility
溶解氧	dissolved oxygen
溶解有机碳	dissolved organic carbon
乳化能力	emulsofying property
扫描电镜	scanning electron microscopy，SEM
生长代谢	growth metabolism
生成热	heat of formation
生态结构活性关系	ecological structure activity relationships，ECO-SAR
生态效应	ecological effect
生物表面活性剂	biosurfactant
生物多样性	biodiversity
生物反应器法	bio-slurry reactor process
生物放大	biomagnification
生物富集	bioconcentration
生物富集系数	bioconcentration factor
生物积累	bioaccumulation
生物降解速率常数	biodegradation rate constant
生物降解作用	biodegradation
生物膜	biological membrane
生物强化技术	bioaugmentation
生物通气法	bioventing
生物修复	bioremediation
生物修复技术	bioremediation technology
生物注射法	air sparging

（续表）

中文	英文对照
食物链	food chain
食物网	food web
疏水性	hydrophobicity
双膜理论	double-film theory
水解速率	hydrolysis rate
水解速率常数	hydrolysis rate constant
水解作用	hydrolysis
水溶性	aqueous solubility
水生生物毒性试验	toxicity test for aquatic organism
水体净化促生液	bio-energizer
水俣事件	minamata disease event
死亡率	mortality rate
酸度	acidity
酸雨	acid rain
羧酸	carboxylates
酞酸酯	phthalates，PAEs
特征分配系数 π	characteristics partition coefficient
天然生物修复	intrinsic bioremediation
萜烯	terpenes
烃类	hydrocarbons
土壤	soil
土壤的紧实度	soil dressing
土壤的酸碱性	acidity-alkalinity of soil
土壤的吸附性	soil adsorption
土壤的氧化还原性	oxidation and reduction of soil
土地耕作法	tillage method
土壤缓冲性能	buffer action of soil
土壤胶体	colloid of soil

中文	英文对照
土壤矿物质	minerals in soil
土壤溶液	soil solution
土壤污染化学	soil pollution chemistry
土壤吸附分配系数	soil adsorption partition coefficient
土壤有机质	organic matter in soil
土著微生物	aboriginal microbial
外源性雌激素	xenoestrogens
烷基苯磺酸盐	alkylbenzene sulfonate，ABS
烷烃	alkane
微管蛋白	tubulin
微泡法	micro-bubble
微生物降解	microbial degradation
微生物群落	microbial community
温室气体	green house gas
温室效应	green house effect
污染物	pollutant
五氯酚	pentachlorophenol
吸持性能	absorbability
吸附等温线	adsorption isotherms
吸附分配系数	sorption distribution coefficient
吸附量	adsorbing capacity
吸附作用	sorption
吸光度	absorbancy
烯烃	alkene
洗涤剂	detergent
吸收、分布、代谢和排泄	absorption, distribution, metabolism, and excretion，ADME
显著性水平值	significance level

（续表）

中文	英文对照
线性溶剂化能相关	linear salvation energy relationship
线性自由能相关	linear free energy relationship
现场生物修复	on site bioremediation
相加作用	additive effect
硝基芳烃	nitroaromatic compounds
硝酸盐	nitrate
协同作用	synergism
辛醇-水分配系数 K_{ow}	octanol-water partition coefficient
新型污染物	emerging pollutants of concern
行为学指标	behavioral indicator
性腺成熟系数	gonado-somatic index
雄激素受体	androgen receptor
悬浮颗粒物	suspended particles
亚急性试验	subacute test
亚硝酸盐	nitrite
亚致死效应	sublethal effect
亚致死剂量	sublethal dose
盐基饱和度	cation saturation
氧化反应	oxidation reaction
氧化还原电位	oxidation-reduction potential
氧化还原作用（97）	oxidation and reduction
摇瓶法	shake-flask method
药物及个人护理品	pharmaceutical and personal care products
液膜传质系数	liquid-film coefficient of mass transfer
一级反应	first order reaction
乙烯	ethene
乙酰胆碱	acetylcholine
乙酰胆碱脂酶	Acetylcholinesterase，AChE

中文	英文对照
异位生物修复	off-situ bioremediation
异辛烷	isoocatane
饮用水消毒副产物	by-products of drinking-water disinfection
优先污染物	priority pollutants
有机氮化合物	organonitrogen compounds
有机毒物	organic toxicant
有机金属化合物	organomentallic compounds
有机磷农药	organophosphorus
有机磷杀虫剂	organophosphorus insecticide
有机卤化物	organic halogenated compounds
有机氯化物	chlorinated organic compounds
有机氯农药	organochlorine pesticide
有机铅化合物	organic lead compounds
有机污染物	organic pollutant
有机锡化合物	organotin compounds
有机修饰物	organic modifier
预制床	prepared bed
原生矿物	primary mineral
原位生物修复	in-situ bioremediation
遮光剂/滤紫外线剂	sunscreens or UV filters
正辛醇/水分配系数	n-octanol/water partition coefficient
脂肪烃	aliphatics
脂溶性	lipid solubility
直接光解	direct photolysis
植物修复	phytoremediation
质荷比	mass-to-charge ratio，m/z
质子化作用	protonophoric action
致癌作用	carcinogensis

（续表）

中文	英文对照
致畸作用	teratogensis
致突变作用	mutagensis
中性速率常数	neutral rate constant
专家系统	expert system
准一级速率常数	pseudo-first rate constant
自由基	free redical
总氮	total nitrogen
总磷	total phosphrous
总需氧量	total organic carbon
总有机碳	total organic carbon
组织病理学	histopathology
最低未占据轨道能	the energy of the lowest unoccupied molecular orbital, E_{LUMO}
最高占据轨道能	the energy of the highest occupied molecular orbital, E_{HOMO}
有机滤光剂	organic UV filters
微塑料	microplastics
双酚类化合物	bisphenol analogues
环境分布	environmental distribution
去除技术	removal technology
污水处理厂	wastewater treatment plant
生物效应	biological effect
生态风险	ecological risk
内分泌干扰效应	endocrine disrupting effects